内蒙古草地常见蝗虫

NEIMENGGU
CAODI CHANGJIAN
HUANGCHONG

本书编委会 编著

内蒙古人民出版社

图书在版编目(CIP)数据

内蒙古草地常见蝗虫 / 本书编委会编著. -- 呼和浩特：内蒙古人民出版社, 2025. 5. -- ISBN 978-7-204-18228-2

Ⅰ. Q969.26

中国国家版本馆 CIP 数据核字第 20241MR856 号

内蒙古草地常见蝗虫

作　　者	本书编委会
策划编辑	贾睿茹
责任编辑	贾睿茹
封面设计	刘那日苏
出版发行	内蒙古人民出版社
地　　址	呼和浩特市新城区中山东路 8 号波士名人国际 B 座 5 楼
网　　址	http://www.impph.cn
印　　刷	内蒙古金艺佳印刷包装有限公司
开　　本	889mm×1194mm　1/16
印　　张	15.25
字　　数	376 千
版　　次	2025 年 5 月第 1 版
印　　次	2025 年 5 月第 1 次印刷
书　　号	ISBN 978-7-204-18228-2
定　　价	148.00 元

如发现印装质量问题，请与我社联系。联系电话：(0471)3946120 3946124

编委会

主　　任：能乃扎布

主　　编：林　晨　那拉苏　伟　军

副 主 编：石　凯　李俊兰　白秀文

编　　委：苏　亚　韩吐雅　兴　安　琪勒莫格
　　　　　刘　昊　李艳秋　萨　拉

前　言

内蒙古自治区（简称内蒙古）位于我国北部，处于欧亚大陆腹地，地理位置为东经 97°12′～126°04′，北纬 37°24′～53°23′，东、南、西依次与黑龙江、吉林、辽宁、河北、山西、陕西、宁夏、甘肃 8 省（自治区）毗邻，北部与俄罗斯、蒙古国接壤，边境线 4200 多公里。全区总面积 118.3 万平方公里，占全国土地面积的 12.3%。

内蒙古草原是欧亚大陆草原的重要组成部分，天然草原面积 13.2 亿亩，占全国草原总面积的 23%，占全区总面积的 74%。由东向西分为温性草甸草原、温性典型草原、温性荒漠草原、温性草原化荒漠和温性荒漠 5 大地带性草原类型。内蒙古是我国北方重要生态安全屏障和国家重要农畜产品生产基地。

内蒙古地域辽阔，东西跨度较大，自然条件复杂，生态环境多样，是蝗虫多样性丰富的地区，同时也是草地蝗灾易发和多发地。蝗灾发生时牧草产量及品质下降，严重时可引起草原退化、沙化，对当地农牧业生产和生态建设产生重大的危害。根据内蒙古自治区林业和草原局发布的《2022 年内蒙古自治区草原监测报告》，2022 年全区草原虫害累计危害面积为 4423.9 万亩，严重危害面积达 2644.97 万亩，其中草原蝗虫的危害面积为 3292.33 万亩，严重危害面积达 2079.68 万亩，分别占虫害危害面积和严重危害面积的 74.4% 和 78.6%；2022 年全区累计完成草原虫害的防治面积为 2452.31 万亩。可以说，蝗灾属于草原主要生物性灾害之一。

据资料记载，内蒙古已发现的蝗虫有 197 种（包括亚种），隶属于 7 科、19 亚科、55 属（包括 4 个亚属），其中分布于山地、丘陵地区的蝗虫约 22 种，分布于森林草原区的蝗虫约 84 种，分布于荒漠草原区的蝗虫有 83 种，分布于戈壁荒漠区的蝗虫有 56 种，分布于典型草原区的蝗虫有 77 种。在这些蝗虫中，对内蒙古草原牧区造成的危害较大并引发蝗灾的主要有亚洲小车蝗 *Oedaleus decorus asiaticus*、黄胫小车蝗 *O. infernalis*、白边痂蝗 *Bryodema luctuosum luctuosum*、轮纹异痂蝗 *Bryodemella tuberculatum dilutum*、笨蝗 *Haplotropis brunneriana*、突鼻蝗 *Rhinotmethis hummeli*、大垫尖翅蝗 *Epacromius coerulipes*、小垫尖翅蝗 *E. tergestinus tergestinus*、短星翅蝗 *Calliptamus abbreviatus*、宽翅曲背蝗 *Pararcyptera microptera meridionalis*、鼓翅皱膝蝗 *Angaracris barabensis*、红腹牧草蝗 *Omocestus haemorrhoidalis*、曲线牧草蝗 *O. petraeus*、大胫刺蝗 *Compsorhipis davidiana*、狭翅雏蝗 *Chorthippus dubius*、异色雏蝗 *Ch. biguttulus*、小翅雏蝗 *Ch. fallax*、褐色雏蝗 *Ch. brunneus*、白边雏蝗 *Ch. albomarginatus*、白纹雏蝗 *Ch. albonemus*、素色异爪蝗 *Euchorthippus unicolor*、邱氏异爪蝗 *Eu. cheui*、宽须蚁蝗 *Myrmeleotettix palpalis*、毛足棒角蝗 *Dasyhippus barbipes*、中华稻蝗（无齿稻蝗）*Oxya adentata*、日本鸣蝗（条纹鸣蝗）*Mongolotettix japonicus vittatus* 等。应指出的是，草原蝗灾发生的次数、危害程度随各草原地区的地

形地貌、生态环境及蝗虫栖息地等自然条件的区别而有差异,在不同地区、不同年份、不同环境下发生蝗灾的蝗虫种类、数量、密度和危害面积等均有较大的差异。

《内蒙古草地常见蝗虫》一书是以诸位作者多年来在科研、教学和生产实践中积累的资料、取得的成果为基础,参考并汇总了夏凯龄、印象初、郑哲民、李鸿昌、任炳忠及 Bey-Bienko,Mitshenko,Chogsomzhav,Chuluunjav,Altanchimeg 等多位国内外专家、学者有关蝗虫多样性系统研究的文献资料,用两年多的时间撰写而成的科普性读物。本书共有 7 个章节,包括蝗虫的形态特征、生物学特性、卵及卵囊、蛹龄期的识别及蝗虫标本的采集、制作和保存等内容。本书记录了内蒙古草地常见蝗虫 7 科、19 亚科、51 属、119 种及每种蝗虫的名称(中名、学名、同物异名)、引证文献、形态特征,也记录了内蒙古草原牧区危害性较大的常见蝗虫的生物学特性、发生特点及分布等。为方便读者使用,书中编写了内蒙古草地常见蝗虫的分科、亚科、分属及分种检索表,并附了 451 幅彩图、632 幅特征图(图注中未标注中名的种,为我国未分布的物种)。本书可作为植物保护专业人员在生产实践中的指导性参考书籍,也可作为相关高等院校昆虫学、植物保护学课程的辅助教材。

本书由内蒙古师范大学牵头,组织了内蒙古师范大学、内蒙古大学、内蒙古农业大学、内蒙古民族大学、包头师范学院、呼伦贝尔市林业和草原事业发展中心、兴安职业技术学院等相关单位的专家学者编著。那拉苏、苏亚同志拍摄、绘制了书中所有的彩图及特征图。

本书的编写过程中得到了内蒙古师范大学生命科学学院内蒙古自治区高等学校蒙古高原生物多样性保护与可持续利用重点实验室、呼伦贝尔市林业和草原事业发展中心、内蒙古民族大学、内蒙古人民出版社等单位及中国科学院动物研究所刘春香副研究员、姜春燕博士、河北大学任国栋教授,陕西师范大学马丽滨教授,内蒙古师范大学地理科学学院包玉海教授等专家、学者的大力支持和鼎力相助,在此表示诚挚的感谢。

目　录

第一章　蝗虫的形态特征 …… 1
一、头部及其附属器 …… 1
二、胸部及其附属器 …… 3
三、腹部及其附属器 …… 7

第二章　内蒙古草地常见蝗虫 …… 9
一、癞蝗科 Pamphagidae Burmeister …… 10
　（一）垛背蝗亚科 Thrinchinae …… 10
　　1. 笨蝗属 *Haplotropis* Saussure …… 12
　　2. 短鼻蝗属 *Filchnerella* Karny …… 14
　　3. 疙蝗属 *Pseudotmethis* Bey-Bienko …… 17
　　4. 突颜蝗属 *Eotmethis* Bey-Bienko …… 19
　　5. 突鼻蝗属 *Rhinotmethis* Sjöstedt …… 20
　　6. 贝蝗属 *Beybienkia* Tzyplenkov …… 23
　　7. 蒙癞蝗属 *Mongolotmethis* Bey-Bienko …… 25
二、锥头蝗科 Pyrgomorphidae Brunner von Wattenwyl …… 27
　（二）锥头蝗亚科 Pyrgomorphinae Brunner von Wattenwyl …… 27
　　8. 锥头蝗属 *Pyrgomorpha* Serville …… 28
　（三）负蝗亚科 Atractomorphinae Bolivar …… 30
　　9. 负蝗属 *Atractomorpha* Saussure …… 30
三、斑腿蝗科 Catantopidae Brunner von Wattenwyl …… 34
　（四）瘤蝗亚科 Dericorythinae Jacobson and Bianchi …… 35
　　10. 瘤蝗属 *Dericorys* Serville …… 36
　（五）稻蝗亚科 Oxyinae Brunner von Wattenwyl …… 38
　　11. 稻蝗属 *Oxya* Serville …… 38
　（六）黑蝗亚科 Melanoplinae Scudder …… 42
　　12. 幽蝗属 *Ognevia* Ikonnikov …… 42
　　13. 黑蝗属 *Melanoplus* Stål …… 45
　（七）秃蝗亚科 Podisminae Jacobson …… 46

14. 翘尾蝗属 *Primnoa* Fischer-Waldheim ········· 47
15. 秃蝗属 *Podisma* Berthold ········· 51
(八) 裸蝗亚科 Conophyminae Mistshenko ········· 53
16. 无翅蝗属 *Zubovskia* Dovnar-Zapolsky ········· 53
(九) 刺胸蝗亚科 Cyrtacanthacridinae Kirby ········· 55
17. 棉蝗属 *Chondracris* Uvarov ········· 55
(十) 斑腿蝗亚科 Catantopinae Brunner von Wattenwyl ········· 57
18. 斑腿蝗属 *Catantops* Schaum ········· 57
(十一) 星翅蝗亚科 Calliptaminae Jacobson ········· 60
19. 星翅蝗属 *Calliptamus* Serville ········· 60

四、斑翅蝗科 Oedipodidae Walker ········· 65
(十二) 飞蝗亚科 Locustinae Kirby ········· 66
20. 飞蝗属 *Locusta* Linnaeus ········· 66
(十三) 痂蝗亚科 Bryodeminae Bey-Bienko ········· 68
21. 痂蝗属 *Bryodema* Fieber ········· 69
22. 皱膝蝗属 *Angaracris* Bey-Bienko ········· 76
(十四) 异痂蝗亚科 Bryodemellinae Yin ········· 79
23. 异痂蝗属 *Bryodemella* Yin ········· 79
(十五) 斑翅蝗亚科 Oedipodinae Walker ········· 82
24. 草绿蝗属 *Parapleurus* Fischer ········· 84
25. 沼泽蝗属 *Mecostethus* Fieber ········· 86
26. 尖翅蝗属 *Epacromius* Uvarov ········· 87
27. 绿纹蝗属 *Aiolopus* Fieber ········· 92
28. 小车蝗属 *Oedaleus* Fieber ········· 96
29. 赤翅蝗属 *Celes* Saussure ········· 99
30. 胫刺蝗属 *Compsorhipis* Saussure ········· 102
31. 疣蝗属 *Trilophidia* Stål ········· 105
32. 束颈蝗属 *Sphingonotus* Fieber ········· 107
33. 细距蝗属 *Leptopternis* Saussure ········· 118

五、网翅蝗科 Arcypteridae Bolivar ········· 120
(十六) 网翅蝗亚科 Arcypterinae Bolivar ········· 120
34. 跃度蝗属 *Podismopsis* Zubovsky ········· 122
35. 网翅蝗属 *Arcyptera* Serville ········· 127
36. 曲背蝗属 *Pararcyptera* Tarbinsky ········· 132
37. 蚱蝗属 *Eremippus* Uvarov ········· 134

38. 草地蝗属 *Stenobothrus* Fischer ········· 138
39. 牧草蝗属 *Omocestus* Bolivar ········· 140
40. 雏蝗属 *Chorthippus* Fieber ········· 147
  A. 黑翅亚属 *Megaulacobothrus* Caudell ········· 147
  B. 直隆亚属 *Chorthippus* Fieber ········· 153
  C. 曲隆亚属 *Glyptobothrus* Chopard ········· 156
  D. 短翅亚属 *Altichorthippus* Jago ········· 166
41. 褐背蝗属 *Schmidtiacris* Storozhenko ········· 176
42. 异爪蝗属 *Euchorthippus* Tarbinsky ········· 177

六、槌角蝗科 Gomphoceridae Fieber ········· 184
（十七）槌角蝗亚科 Gomphocerinae Fieber ········· 184
43. 大足蝗属 *Aeropus* Gistel ········· 185
44. 蛛蝗属 *Aeropedellus* Hebard ········· 189
45. 棒角蝗属 *Dasyhippus* Uvarov ········· 195
46. 蚁蝗属 *Myrmeleotettix* Bolivar ········· 198

七、剑角蝗科 Acrididae MacLeay ········· 200
（十八）绿洲蝗亚科 Chrysochraontinae Brunner von Wattenwyl ········· 201
47. 金色蝗属 *Chrysacris* Zheng ········· 202
48. 直背蝗属 *Euthystira* Fieber ········· 203
49. 迷蝗属 *Confusacris* Yin et Li ········· 205
50. 鸣蝗属 *Mongolotettix* Rehn ········· 207
（十九）剑角蝗亚科 Acridinae MacLeay ········· 210
51. 剑角蝗属 *Acrida* Linnaeus ········· 210

第三章 蝗虫卵及卵囊 ········· 215
一、蝗虫卵 ········· 215
二、卵囊 ········· 215

第四章 蝗蝻龄期的识别 ········· 217

第五章 蝗虫生物学简介 ········· 218
一、交配 ········· 218
二、产卵 ········· 218
三、孵化、蜕皮和羽化 ········· 218
四、变态与生活史 ········· 218
五、食性 ········· 219

第六章　蝗虫标本的采集制作和保存 ········· 220

一、准备工作 ········· 220
二、蝗虫标本的采集 ········· 220
三、蝗虫标本的制作 ········· 221
四、蝗虫标本的永久保存 ········· 222
五、蝗虫密度调查 ········· 222

参考文献 ········· 224
中名索引 ········· 226
学名索引 ········· 230

第一章 蝗虫的形态特征

蝗虫的体可分为头、胸、腹三部分,每个部分都有附属器官,构造分述如下(图1)。

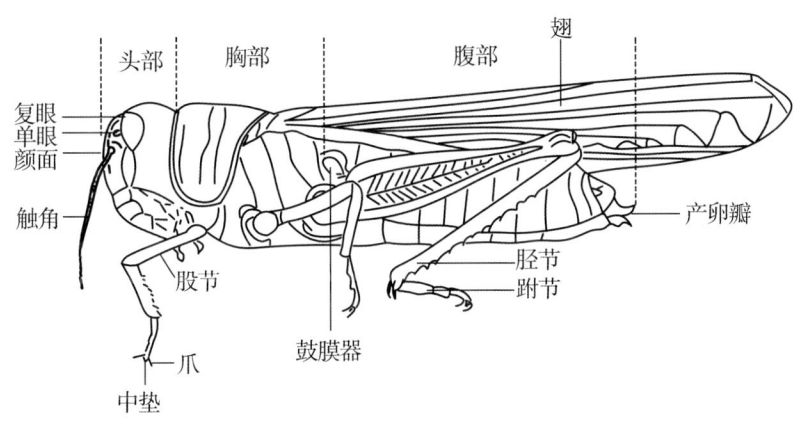

图 1 蝗虫体侧面图

一、头部及其附属器(图2—图6)

1. 头部的构造 蝗虫的头部有一个坚硬的头壳,其上的骨片和缝把头部分成几个区:

(1)颜面唇基区(图2) 这一区包括颜面(frons)和唇基(clypeus)两部分。颜面有3个单眼(ocellus),位于两侧的称侧单眼(lateral ocellus),位于中央的称中单眼(median ocellus)。颜面中央纵隆起称颜面隆起(front ridge)。颜面隆起有的宽平,有的中央具纵沟。纵沟有的贯穿整个隆起,称为全长具纵沟;有的仅在中单眼之上或之下;还有的仅在中单眼凹陷处。颜面隆起的侧缘有的近平行,有的在下端扩大。有的中央收缩而两端扩大。颜面隆起的形状在分类上很重要。

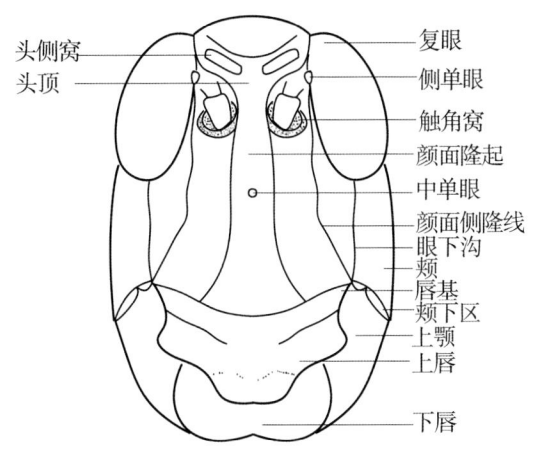

图 2 蝗虫头部正面观

颜面侧隆线(lateral facial keels 或 facial carinae),位于颜面两侧,为触角基部外侧的细隆线,有的直,有的弯曲,分类中应注意。

触角窝(fossa antennalis 或 antennary socket)为触角着生处。

(2)颅侧区　头壳的顶部和侧面合称颅侧区。在头背面的称头顶(vertex)，头顶的前端称颜顶角(fastigium)。颜顶角呈钝角形、锐角形或圆形。头顶表面有的平坦，有的凹陷。头顶的侧缘有明显的隆线，也有的不明显。头顶部有些有明显的中隆线[median keel(ridge)或carina]，有的则无，有的光滑，有的具刻点或皱纹。复眼之间的距离称眼间距(interocular distance)。头顶两侧常具有凹陷的部分称头侧窝(foveola)。头侧窝呈三角形、四角形、梯形、多边形或圆形。头顶与颜面之间呈锐角、钝角或圆形，这样从侧面观颜面部有的呈倾斜状，有的呈垂直状。

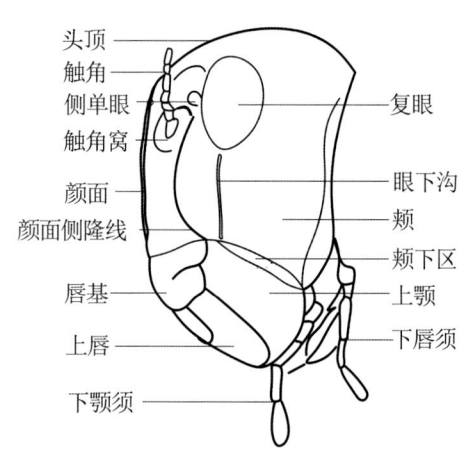

图3　蝗虫头侧面观

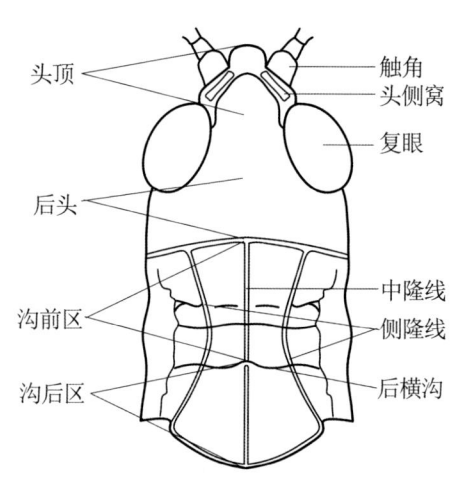

图4　蝗虫头背面观

复眼(eye)呈卵形、长卵形或圆形，也有的近三角形；有的明显突出。复眼的纵径(longitudinal diameter of eyes)与复眼的横径(水平直径)(horizontal diameter of eyes)之比，说明复眼呈圆形或卵圆形之变化。

复眼之下为颊(gena)，颊位在复眼之后，常具一条黑色带，称眼后带(postocular band)，这条眼后带可延续到前胸背板甚至腹部。

在颊部与颜面部之间有一条缝，称眼下沟(颜面颊缝)(subocular furrow)，一般由复眼之下延伸至上颚基部。眼下沟的长短与复眼纵径之比往往用来表示复眼的大小，是分类上常用的特征。

(3)后头区及次后头区　围绕着后头孔(foramen magnum)周围的两个拱形骨片，靠近后头孔的为次后头(post-occiput)，前面的为后头(occiput)。后头在颊之后的部分为后颊(postgena)。

(4)颊下区　颊下面有一条狭长的区域叫颊下区(subgenae)，这个区是支持口器的关节点。

(5)上唇(labrum)　上唇是附着在唇基下缘的一片可动的瓣。

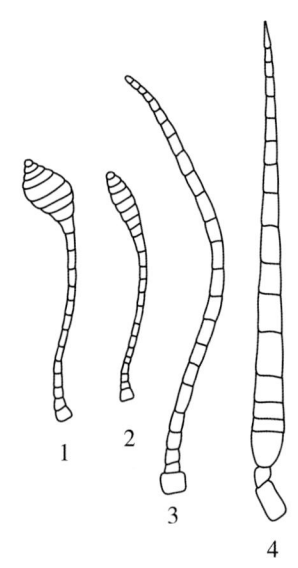

图5　蝗虫的触角

1和2.槌状触角；

3.丝状触角；4.剑状触角

2. 头部的附肢　具一对触角及三对口器。

(1)触角(antennae)(图5)　着生在触角窝中,基本构造分为三部分:柄节(scape),即最基部的一节,粗短;梗节(pedical),为第二节;鞭节(flagellum)是梗节以后的节,变化最大,又分成许多亚节或小节。

触角的形状很多,在蝗虫中主要有丝状触角(filiform)、剑状触角(ensiform)、棒状触角(clavate)。大部分蝗虫具丝状触角;蚱蜢类具剑状触角;棒状触角,顶端数节膨大,如大足蝗、棒角蝗及少数短角蝗属此类。

一般雄性触角较雌性细长。触角的长短往往用不到达、到达或超过前胸背板的后缘来表示,或用触角的长为头及前胸背板长之和来表示。触角粗细往往用触角中部的任一节的长与宽之比例来说明,即中段一节的长为宽的"X"倍。

(2)口器(图6)　由上唇(labrum)、上颚(大颚)

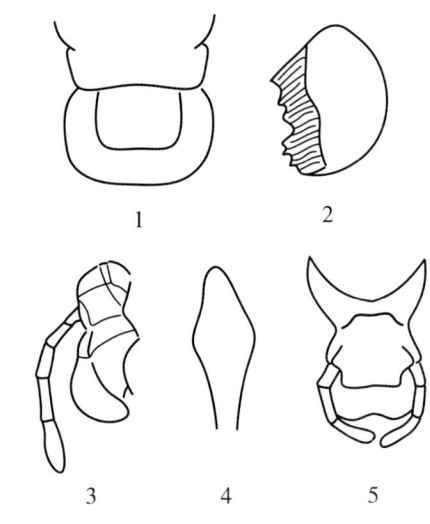

图6　蝗虫的口器

1.上唇;2.大颚;3.小颚;4.下唇;5.舌

(mandibules)、下颚(小颚)(maxilla)、下唇(labium)及舌(hypopharynx)五部分组成。上颚具有发达的齿状部分,因取食的不同,齿面常有不同的变化,是分类上可用的特征。下颚须和下唇须的形状在分类上有时也应用。

二、胸部及其附属器(图7—图15)

1. 胸部的构造　胸部(thorax)由前胸(prothorax)、中胸(mesothorax)及后胸(metathorax)组成。每一胸节由四块骨片组成,背面的为背板(notum),腹面的为腹板(sternum),两侧的为侧板(pleuron)。

(1)前胸背板(图7—图8)　蝗虫的前胸背板(pronotum)特别发达。背板的背面有的平坦,有的呈屋脊形(tectiform)隆起。前面的边缘称前缘(anterior margin),通常平直,也有的向前呈弧形、角形突出,还有的在中央凹入。后面的边缘称后缘(posterior margin),呈圆弧形或角形,也有的中央凹入。背板中央纵隆线称中隆线(median keel),中隆线有的明显,有的不明显;有的隆起很高,呈屋脊形,有的低平。中隆线有的被横沟所切断,有的不被切断。中隆线两侧的隆起线称侧隆线(lateral keels),多数蝗虫只有两条,也有的多于两条;有的呈弧形或角状弯曲。侧隆线间最宽与最狭处之比例在分类上常用。

前胸背板具有3条横沟,分别为前横沟(第一横沟)[anterior(first)transverse sulcus]、中横沟(第二横沟)[median(second)transverse sulcus]、后横沟(第三横沟)[posterior(third)transverse sulcus],一般后横沟明显,并切断中隆线。后横沟将前胸背板划分为前后两部分,前面的称沟前区(prezona),后面的称沟后区(metazona)。沟前区长与沟后区长之比说明后横沟在背板上的位置,有时也可以用后横沟在背板的中部、中前部、中后部来表示。

前胸背板侧片(lateral lobe of pronotum)(图 8)呈长方形,其高与长(宽)之比随种类而异。前缘垂直或向后倾斜,后缘也有垂直、倾斜等变化。下缘常呈波状,常在中部向前倾斜上升,也有的下缘平直。下缘与前、后缘形成了前角和后角,角有直角、钝角、圆角、圆形或具小三角形突出等变化,都是分类中常用的特征。

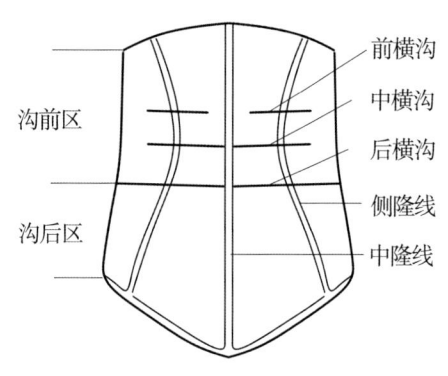

图 7　蝗虫前胸背板背面观

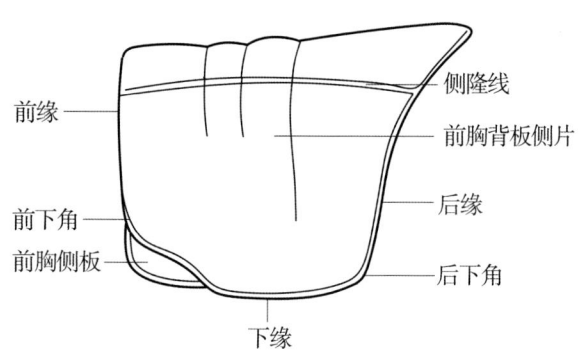

图 8　蝗虫前胸背板侧面观

(2)前胸侧板　在前胸背板侧片前角下有一个小三角形骨片,为前胸侧板(episternum),在分类上应用不多。

(3)前胸腹板(prosternum)　前胸腹板很小,位于两前足基部之间,通常略微隆起。在斑腿蝗科中形成圆锥形的突起,为前胸腹板突(prosternal spine)。前胸腹板突有的呈圆锥形(短圆锥形或长圆锥形),有的呈圆柱形;顶端有的尖,有的钝圆,有的直立,有的向后倾斜;还有的呈片状、楔状,或在片状上缘平或具2~3个齿等。在癞蝗科中前胸腹板的前缘常形成薄片状,覆盖在口器的后方。

(4)中、后胸　中、后胸的背板在有翅种类中常被前、后翅所覆盖,不清晰,只在无翅类蝗虫中可见。

侧板可分为前、后两部分,前面的称前侧片(episternum),后面的称后侧片(epimeron)。

中胸腹板(mesosternum)(图 9)后端的两侧具有两叶,称中胸腹板侧叶(mesosternal lobes),呈长方形、近方形或梯形。侧叶的内缘垂直、倾斜或向内弯曲。侧叶之间的部分称中胸腹板侧叶间中隔(interspace of mesosternal lobes),其宽、狭常用于分类,以中隔的长与宽之比来说明。

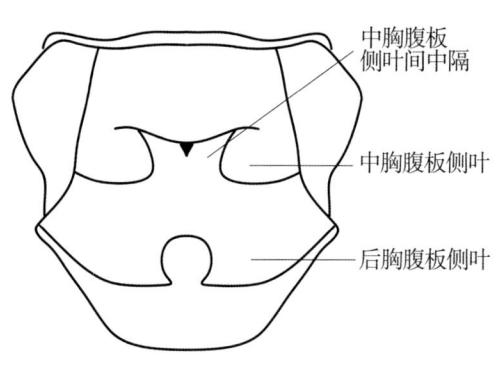

图 9　蝗虫中、后胸腹板

后胸腹板(metasternum)(图 9)同样具有侧叶和中隔,侧叶的后端互相连接或分开,分开的宽或窄在分类上常应用。

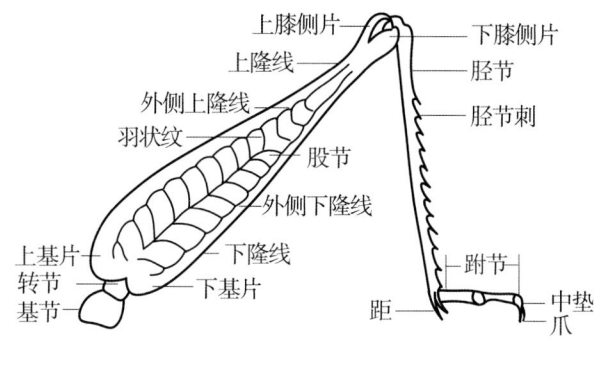

图 10　蝗虫的后足

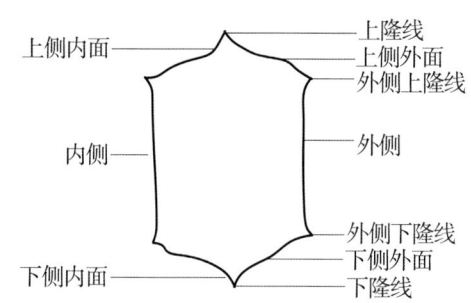

图 11　蝗虫后足股节横切模式图

2. 胸部的附属器(图 10—图 15)

(1)足(图 10)　足(leg)可分为基节(coxa)、转节(trochanter)、股节(腿节)(femura)、胫节(tibia)、跗节(tarsus),末端有爪(clow)。蝗虫的三对足中,后足在分类上较为重要。现将后足各节进行说明。

股节(腿节)(图 11),分为外侧(enter side)、内侧(inner side)、上侧(upper side)和下侧(底侧)(lower side)。外侧在有些种类的上、下隆线之间有平行的羽状纹,如斑腿蝗科、斑翅蝗科、网翅蝗科,而有些种类具有不规则的颗粒状或短棒状隆起,如癞蝗科、锥头蝗科。

在上侧和下侧中央有纵隆线,分别称上侧中隆线(median keel of upper side)和下侧中隆线(median keel of lower side),中隆线将上、下侧分为内外两部分。上侧中隆线有的光滑,有的具细齿;在其末端有的形成锐刺,有的则无。

股节末端膨大部分称膝部(knee)。膝部分内外两片,称膝侧片(kneelobe)。每一膝侧片又分为上膝侧片(upper kneelobe)和下膝侧片(lower kneelobe)。膝侧片的顶端呈圆形、钝角形、锐角形或刺状等不同形状,都是分类上的重要依据。股节上的颜色和花纹常较稳定,是分类上常用的特征。

胫节(图 12),后足胫节的构造在分类上也很重要,在胫节的内、外侧有刺,每一侧刺的数目在同一类群中较固定。胫节末端的刺称端刺(apical spine)。有的类群中内、外侧都有端刺,也有的类群中内侧有,而外侧则没有。胫节一般呈圆柱形,也有的端部扩大呈片状,可适应水边生活或偶尔落水时在水中游泳。胫节的基部膨大部分称膝部,有的种类光滑,有的种类有横皱纹。在胫节端部两侧各有一对距(spur),内侧一对常较外侧一对长。在内侧一对的上、下两距有的等长,有的不等长。前足胫节少数种类端部膨大呈梨形(图 13),如大足蝗。

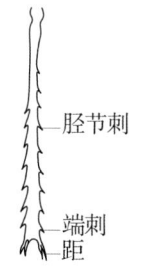

图 12　后足胫节

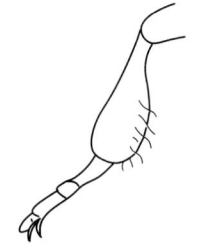

图 13　李氏大足蝗前足

跗节,分三节,一般第二节最短,各节的长之比应用在分类上。跗节的末端有一对爪,爪一般等长,也有的不等长。爪间有一爪间中垫(arolium),呈圆形、三角形或菱形,一般短于爪之长,也有的种类无爪垫,如蚱科。

(2)翅　蝗虫多数具有两对翅(wing),前面一对称前翅(fore wing),也称复翅(elytra 或 tegmen),后面一对称后翅(wing)。有的种类翅发达,有的种类翅退化或无翅,还有的种类有前翅而后翅退化或全无。翅的长短、形状以及翅脉、翅顶的形状等特征都是分类的依据。

多数蝗虫翅(图14)发达,有些种类翅短缩,呈卵圆形或披针形,有些种类雄性翅发达而雌性翅退化;有些种类翅很小,很像蝗蝻。区别成虫或蝗蝻的主要依据是翅脉和翅形:短翅类型的成虫翅具有纵脉和横脉,翅呈卵形或披针形,其前缘向腹面,而蝗蝻仅具有纵脉,翅呈三角形,其前缘指向背面(图15)。

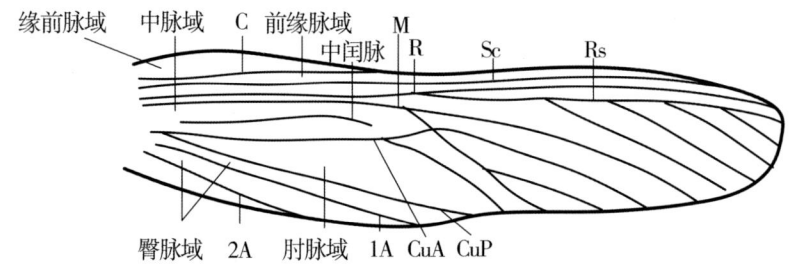

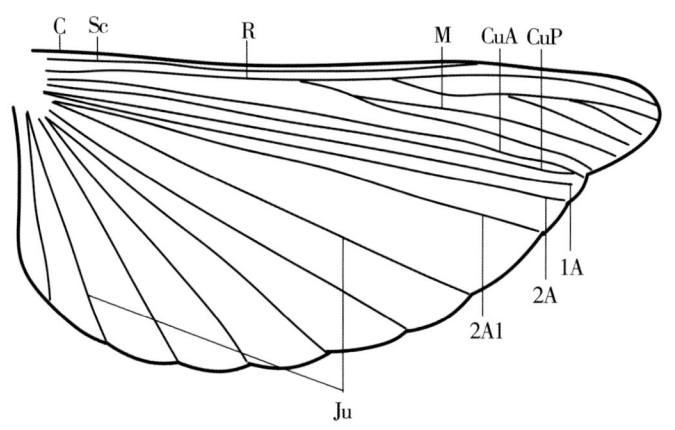

图14　蝗虫的前翅和后翅

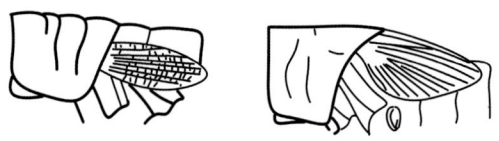

图15　短翅雏蝗成虫与蝗蝻的区别(仿Chopard)

蝗虫的前翅狭长,革质,半透明或不透明;后翅宽大,呈三角形,膜质透明,在静止时呈折扇状隐藏于前翅之下。前、后翅都密具纵脉和横脉(图 14)。纵脉有前缘脉(C)(costa)、亚前缘脉(Sc)(subcosta)、径脉(R)(Radius)、中脉(M)(Media)、肘脉(Cu)(Cubitus)[肘脉又分为前肘脉(CuA)(anterior cubitus)、后肘脉(CuP)(posterior cubitus)]和臀脉(A)(Anal),在后翅还有轭脉(Ju)(Jugal)。在纵脉之间有时具有短的纵脉,称闰脉(intercalary vein)。脉与脉之间的区域称脉域(area),它们的命名是根据前面一条纵脉而命名的,如缘前脉域(Precosta area)、前缘脉域(Costal area)、亚前缘脉域(Sub costal area)和径脉域(Radial area)、中脉域(Medial area)、肘脉域(Cubital area)、臀脉域(Anal area)。闰脉在各个脉域都可以存在,但中闰脉比较重要。各个脉域的宽窄比例,闰脉的有无,都是分类上的重要特征。后翅中较为重要的是臀脉、轭脉的粗细,各个臀叶(anal lobe)的大小以及后翅上的颜色、花纹等。

三、腹部及其附属器(图 16—图 21)

1.腹部的构造 腹部由 10 节组成,每一腹节由背板(tergum)、腹板(sternum)及侧膜(pleural membrane)组成,在节与节之间有节间膜(intersegmental membrane)相连。腹部末端背面有三角形的肛上板(anal plate 或 epiproct),两侧有肛侧板(paraproct)。腹面有下生殖板(subgenital plate)。

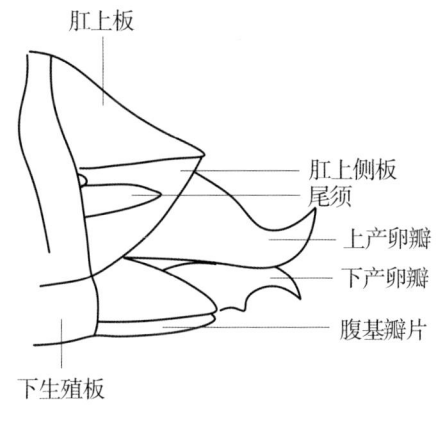

图 16 雌性腹部末端侧面

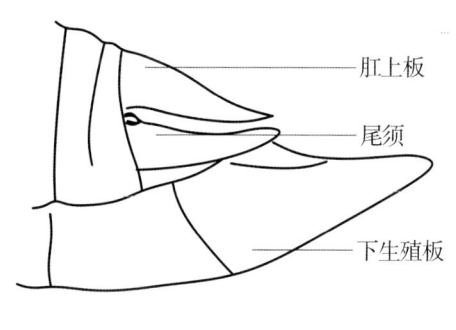

图 17 雄性腹部末端侧面

2.腹部的附属器

(1)尾须 雄性尾须(cercus)短而强,形状多变,有锥形、柱状、扁平、片状、顶端齿状等,常作为分类的特征。雌性尾须一般为短圆锥形。

(2)外生殖器

① 雌性外生殖器(图 16),主要部分为产卵器(ovipositor)。产卵器由上产卵瓣(背瓣)(dorsal valves)及下产卵瓣(腹瓣)(ventral valves)组成。上产卵瓣的上外缘及下产卵瓣的下外缘有的光滑,有的具细齿。产卵瓣的末端呈尖锐的钩状,在下产卵瓣的下面有一对小瓣片,称腹基瓣片

(ventral basivalvular plate),上面常有颗粒或突起。雌性第 8 腹板又称下生殖板,有时上面有纵隆线或凹陷,其后缘形状多变,有圆形、凹陷、三角形突出或具齿突,在分类上常用。

②雄性外生殖器(图 17)。雄性的肛上板形状多变,其上常有纵沟或横沟,是分类上的重要特征。下生殖板为第 9 节形成,向后突出呈圆锥形向上弯曲,形状多变,其内有空腔,为外生殖器的所在处。

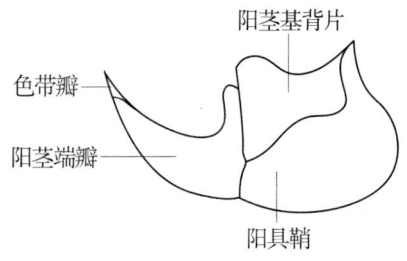

图 18　阳茎复合体外观

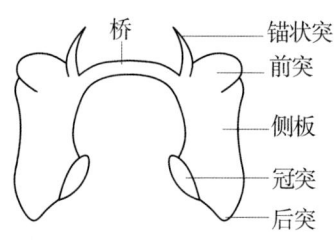

图 19　阳茎基背片

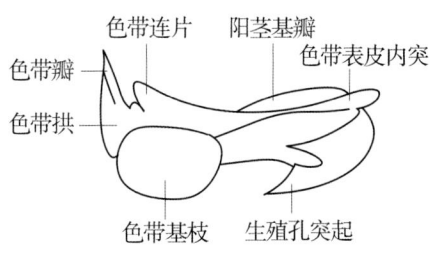

图 20　阳茎复合体侧面观

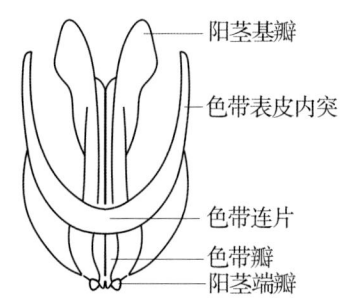

图 21　阳茎复合体背面观

外生殖器包括阳茎基背片(epiphallus)和阳茎复合体(phallic complex)(图 18—图 21)。阳茎基背片覆盖在阳茎复合体上,位于肛上板下,其形状多变,是分类上的重要依据。其包括桥(b)(bridge)、锚状突(ancorae)、前突(ant)(anterior projection)、侧板(lp)(lateral plate)、后突(pp)(posterior projection)、冠突(l)(lophi)等部分。阳茎复合体包括:阳茎端瓣(Ap)(apical valves of penis)、色带瓣(Vc)(valves of cingulum)、色带拱(Ac)(arch of cingulum)、色带基支(Rm)(rami of cingulum)、色带连片(Zy)(zygoma)、色带表皮内突(Apd)(apodemes)、阳茎基瓣(Bp)(basal valves of penis)、生殖孔突起(Gpr)(gonorore pracesses)。在阳具外包有一鞘,称阳茎鞘(Ecto)(ectopballus)。

(3)气门(spiracle)　通常有 10 对,中、后胸各 1 对,腹部 1～8 节各 1 对。

(4)鼓膜器　在蝗虫腹部第 1 节两侧,具有鼓膜器或听器(tympanal organ)。鼓腹孔有的呈半圆形、卵形,也有的呈狭长形,孔上盖有鼓膜片。也有的蝗虫鼓膜器退化。鼓膜器的形状变化是分类上的特征。

第二章 内蒙古草地常见蝗虫

内蒙古草地常见蝗总科昆虫分科检索表

1(4)头顶具细纵沟(图24,①)。后足股节外侧上、下隆线之间具有不规则的短棒状或颗粒状隆起(图22,①),外侧基部的上基片短于下基片。阳茎基背片非桥状,为壳片状或花瓶状,并具附片。

2(3)头部呈锥形,头顶向前倾斜,侧面观与颜面组成直角或钝角。触角呈丝状。腹部第2节背板侧面的前下方具有摩擦板(图22,③) ·················· **1. 癞蝗科 Pamphagidae**

3(2)头一般呈锥形;若非锥形,则腹部第2节背板侧面的前下方缺摩擦板。触角呈剑状(图5,④) ·················· **2. 锥头蝗科 Pyrgomorphidae**

4(1)头顶缺细纵沟。后足股节外侧上、下隆线之间具有羽状平行隆线(图22,②),外侧基部的上基片长于或近等于下基片。

5(12)触角呈丝状,或端部各节明显膨大形成棒槌状(图5,①②)。

6(11)触角呈丝状(图5,③)。

7(8)前胸腹板在两足基部之间具有前胸腹板突,呈圆锥形(图22,④)、圆柱形、三角形或横片状 ·················· **3. 斑腿蝗科 Catantopidae**

8(7)前胸腹板在两足基部之间平坦或略隆起,不形成前胸腹板突。

9(10)前翅中脉域的中闰脉在雌雄两性中均具有明显的音齿,有时在雌性中较弱;若中闰脉不发达,缺音齿,其后翅则具有明显的彩色斑纹,且跗节爪间中垫较短小,且顶端不到达爪的中部 ·················· **4. 斑翅蝗科 Oedipodidae**

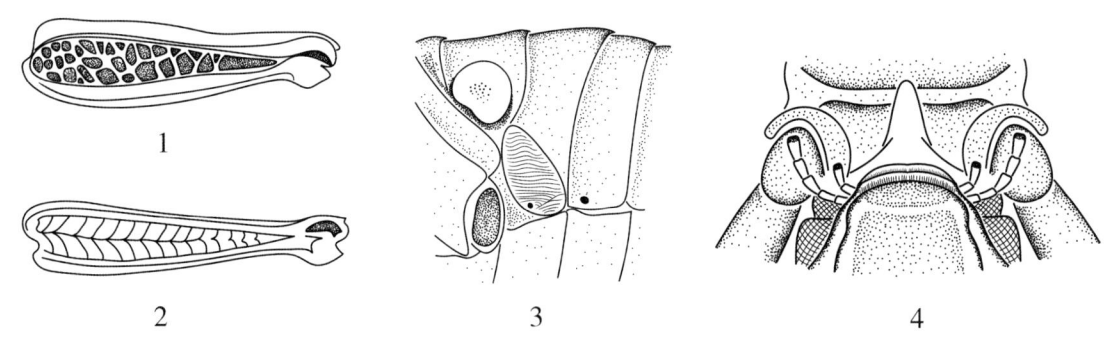

图22 蝗总科(Acridoidea)昆虫(1~4)

1 和 2. 笨蝗 *Haplotropis brunneriana*,1. 后足胫节外侧(雄性),2. 后足股节外侧(雄性);
3. *Zubovskia koeppeni parvula*,摩擦板(雄性);4. *Miramella solitaria*,前胸腹板突(雄性)

10(9) 前翅中脉域一般缺中闰脉,如具中闰脉,则雌雄两性中均不具音齿,且跗节爪间中垫较长,其顶端常超过爪的中部·· **5. 网翅蝗科 Arcypteridae**

11(6) 触角呈棒槌状(图 5,①)··································· **6. 槌角蝗科 Gomphoceridae**

12(5) 触角呈剑状(图 5,④)··· **7. 剑角蝗科 Acrididae**

一、癞蝗科 Pamphagidae Burmeister,1840

体中小型至大型,密被粗糙的颗粒状突起,常雌雄二形。头大而短于前胸背板。颜面隆起明显,具纵沟,有时在触角基之间向前不同程度地突出。头顶短宽、倾斜,与颜面隆起形成圆形或钝角形。前胸腹板平坦,前缘具或不具片状突起,围绕在口器后方。前、后翅发达,缩短,呈鳞片状或退化。后足胫节具或不具外端刺。多数种类具鼓膜器,腹部第 2 节背板前下角有摩擦板。雄性下生殖板呈短锥形,顶端尖或具 2 齿。阳茎基背片呈盾状,具短的锚状突,无冠突。

内蒙古有 1 个亚科:垛背蝗亚科 Thrinchinae Stål。

(一)垛背蝗亚科 Thrinchinae Stål,1876

体中型至大型。体表具颗粒状突起。头短于前胸背板,颜面近垂直,头顶具细纵沟。前胸背板中隆线被后横沟较深地切割,沟后区明显低于沟前区。前后翅发达,有时缩短。雄性中足胫节上侧中部具颗粒状突起或短棒状隆线,基部上侧片短于下侧片,上侧中隆线具细齿。鼓膜器发达。个别种类雄性下生殖板具 2 个突起。

内蒙古有 7 个属:笨蝗属 *Haplotropis* Saussure,短鼻蝗属 *Filchnerella* Karny,疙蝗属 *Pseudotmethis* Bey-Bienko,突颜蝗属 *Eotmethis* Bey-Bienko,突鼻蝗属 *Rhinotmethis* Sjöstedt,贝蝗属 *Beybiekia* Tzyplenkov,蒙癞蝗属 *Mongolotmethis* Bey-Bienko。

内蒙古草地常见垛背蝗亚科 Thrinchinae Stål 分属检索表

1(2) 前胸背板中隆线全长完整或较微弱地被横沟切断,其上缘呈弧形(图 24,②)。两性前翅均呈鳞片状,侧置。雄性中足胫节上侧不具齿列或瘤状突,后足股节上侧中隆线缺细齿··· **1. 笨蝗属 *Haplotropis* Saussure**

2(1) 前胸背板中隆线被后横沟较深地切断,沟后区明显低于沟前区(图 23,①)。雌雄常异形或同形,如有翅,常雄性发达,雌性缩短或呈鳞片状。雄性中足胫节上侧常具齿列瘤突,后足股节上侧中隆线具细齿(图 51,②)。

3(10) 后足胫节端部具外端刺(图 23,②)。

4(7) 颜面隆起在中单眼之下较弱的凹陷,其上部在触角基间略向前突出。中单眼位于突出部的顶端或下面,从正面观可见(图 27,①)。头顶与颜面隆起(侧面观)呈宽圆形。

5(6)头顶端部近直角形,颜面侧隆线不呈片状隆起,从背面不易看到。雄性前翅一般较短,不长于前胸背板;如长于前胸背板,则前翅由中部明显地向端部趋狭 ·················· **2. 短鼻蝗属 *Filchnerella* Karny**

6(5)头顶端部近圆形,颜面侧隆线呈片状隆起,由背面明显可见。雄性前翅中部明显扩展,并急剧向端部缩狭 ·· **3. 疙蝗属 *Pseudotmethis* Bey-Bienko**

7(4)颜面隆起在中单眼之下具较深的直角形凹口,在触角基之间略向前突出;中单眼位于突出部底侧,一般从正面观不易看到。头顶与颜面隆起呈直角形(图29,①),明显向前倾斜。

8(9)颜面隆起突出部较短;中单眼位于突出部的下缘,从正面观可见,突出部侧缘自复眼至触角窝下缘具明显隆脊(图23,③)。前胸腹板前缘片状突具明显的凹口(图23,④) ··· **4. 突颜蝗属 *Eotmethis* Bey-Bienko**

9(8)颜面隆起较长,雄性颜面隆起长于复眼横径;中单眼位于突出部底侧,从正面观不易看到,突出部侧缘缺明显隆脊。前胸腹板前缘片状部略凹 ·················· **5. 突鼻蝗属 *Rhinotmethis* Sjöstedt**

10(3)后足胫节端部缺外端刺(图23,⑤)。

11(12)雄性前翅较长,其顶端一般超过后足股节端部;雌性前翅较缩短,但在体背面毗连 ·· **6. 贝蝗属 *Beybienkia* Tzyplenkov**

12(11)雄性前翅较短,顶端一般不超过或刚到达腹部末端,但不到后足股节端部;雌性前翅缩短,一般在体背面毗连,倒置。头侧窝缺或雌性在眼上窝略可见。前胸背板沟后区前缘及侧片的后缘均具不发达的锥形突起(图33,①)。腹部背板两侧的纵列突起细弱,在雄性中几乎消失 ·· **7. 蒙癞蝗属 *Mongolotmethis* Bey-Bienko**

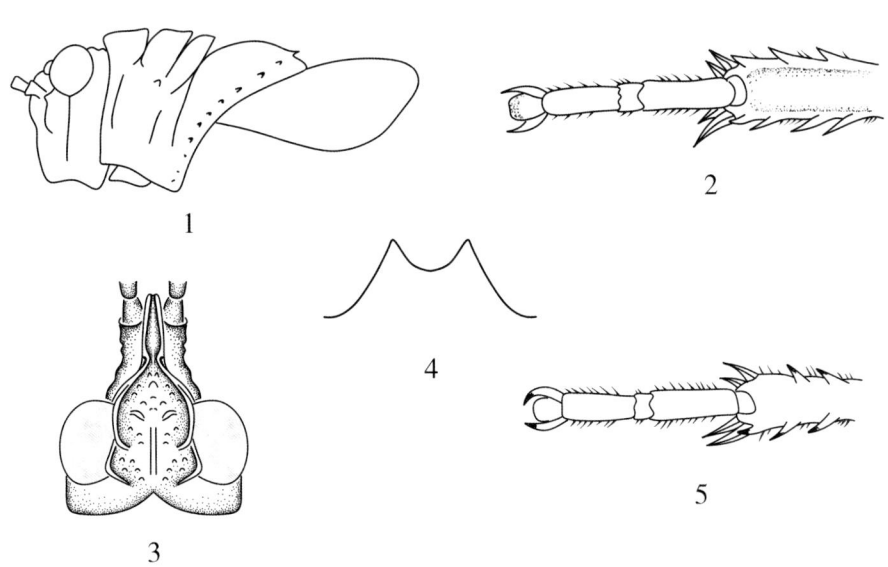

图23 垛背蝗亚科 Thrinchinae Stål (1~5)

1. 短翅短鼻蝗 *Filchnerella brachyptera*,头、前胸背板侧面观(雄性);2. 后足胫节(示外端刺);3 和 4. 突颜蝗 *Eotmethis nasutus*,3. 头部背面观,4. 前胸腹板突腹面观;5. *Zubovskia koeppeni koeppeni*,后足胫节(雌性)

1. 笨蝗属 *Haplotropis* Saussure, 1888

Haplotropis Saussure, 1888, Mem. Soc. Phys. D'Hist. Nat. Geneve, 30(1):125.

模式种: *Haplotropis brunneriana* Saussure, 1888

体中型或大型，粗壮，具明显的皱纹和颗粒状突起。头顶短宽，呈三角形，中央低凹。触角呈丝状，不到达或刚到达前胸背板后缘。前胸背板中隆线呈片状隆起，侧面观上缘呈弧形，后横沟明显，不切断或刚切断中隆线(图24,②)，前、后缘均有角状突出。前翅呈鳞片状，侧置，不到达或刚到达第1腹节背板后缘。腹部第2节背板侧面具摩擦板。

本属内蒙古有2个种：笨蝗 *Haplotropis brunneriana* Saussure，阿旗笨蝗 *H. aqiensis* Zhang, Lin et Yin。

内蒙古草地常见笨蝗属 *Haplotropis* Saussure 分种检索表

1(1)前胸背板前缘中央和后缘中央呈尖角形突起(图24,②)。前胸背板中隆线全长完整，被横沟微弱地切断，其上缘呈弧形弯曲(图24,②) ················· 笨蝗 *Haplotropis brunneriana* Saussure

(1) 笨蝗 *Haplotropis brunneriana* Saussure, 1888 (彩图1)

Haplotropis Saussure, 1888. Mem. Soc. Phys. D'Hist. Nat. Geneve, 30(1):125.

Stanrotylus mandshuricus Adelung, 1910. Hor. Soc. Ent. Ross., 39:344.

Sulcotropis cyanipes Yin et Chao, 1979. Entomotaxonomia 1(2):127.

Haplotropis neimongolensis Yin, 1982. Acta biologica plateau Sinica 1:73.

雄性体长29.0～33.0mm，雌性体长42.0～46.0mm。体黄褐色、褐色或暗褐色。雄性体形粗壮，体表具粗颗粒和短隆线。头顶宽短，呈三角形，中部低凹，中隆线和侧隆线均明显，后头具不规则的网状纹(图24,①)。复眼纵径为眼下沟长的1.5倍。颜面(侧面观)向后稍倾斜，颜面隆起明显。前胸背板中隆线呈片状隆起，上缘呈弧形弯曲，后横沟不切断中隆线，前、后缘均角状突起(图24,②)，侧片常具不规则的淡色斑纹。前翅前缘之半暗褐色，后缘之半色较淡。前翅短小，呈鳞片状；后翅甚小，略可见。后足股节短小，上隆线光滑，上侧常具暗色横斑。后足胫节上侧青蓝色，底侧黄褐色或淡黄色。雄性下生殖板呈锥形，顶端尖(图24,③)。雌性下生殖板呈长方形，后缘中央突出(图24,④)；产卵瓣短，上缘光滑(图24,④)。阳茎基背片锚状突尖，无冠突(图24,⑤)，在桥两端具18～20个颗粒状突起；阳茎复合体见图24,⑥。

俗称骆驼、懒蝗、土地老爷等。栖息于森林与荒漠草原带间的广阔地带，主要分布于丛生禾草的草原带。为害苜蓿等多种牧草以及甘薯、大豆、蔬菜等。

一年发生一代，一般在4月上旬至中旬孵化，6月羽化，6月下旬至7月上旬产卵。农民常用毒饵诱杀或用鸡群捕食蝗蝻。

分布：内蒙古呼伦贝尔市、锡林郭勒盟、赤峰市、通辽市、阿拉善盟、江苏、安徽、山东、山西、河南,河北,宁夏,陕西,甘肃,辽宁,吉林,黑龙江。

彩图1 笨蝗 *Haplotropis brunneriana* Saussure

1.背面观(雄性);2.侧面观(雄性);3.侧面观(雌性);4.背面观(雌性)

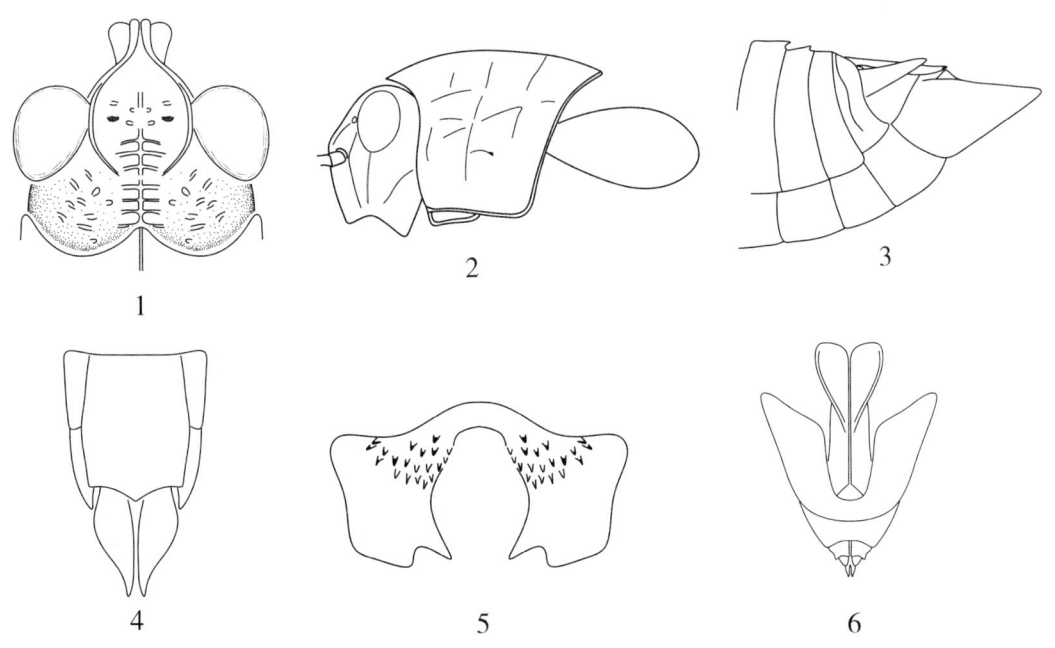

图24 笨蝗 *Haplotropis brunneriana* Saussure (1~6)

1.头部背面观;2.头、前胸背板侧面观;3.腹部末端侧面观(雄性);4.腹部末端腹面观(雌性);5.阳茎基背片;6.阳茎复合体

2. 短鼻蝗属 *Filchnerella* Karny, 1908

Filchnerella Karny, 1908. Filchner Exped. China-Xizang. Zool. Bot. Ergebn. Ⅰ:36.

模式种：*Filchnerella pamphagoides* Karny, 1908

体粗壮，体表粗糙，具细绒毛。头顶中央具细纵沟。眼上窝呈不规则圆形，眼前窝呈不规则长形。颜面隆起侧面观呈弧形向前突出，全长具纵沟。中单眼位于颜面突出部前缘，正面观可见。前胸背板中隆线片状隆起呈弧形，具3个较深的切口，后横沟切口最明显，沿后缘具1列刺状突起（图25，②）。前胸腹板前缘片状隆起，中央具凹口（图25，③）。前、后翅发达或缩短。后足胫节具内、外端刺（图23，②）。中足胫节上侧具1列小丘状突起。后足股节上侧中隆线具细齿（图51，②）。鼓膜器呈不规则三角形。腹部具有3列突起，通常呈片状。雄性下生殖板呈短锥状，顶端尖；雌性下生殖板后缘中央呈角状突出，产卵瓣外缘无齿。

本属内蒙古有6个种：短翅短鼻蝗 *Filchnerella brachyptera* Zheng，红缘短鼻蝗 *Filchnerella rubimargina* Zheng，贺兰山短鼻蝗 *Filchnerella helanshanensis* Zheng，黑胫短鼻蝗 *Filchnerella nigritibia* Zheng，兰州短鼻蝗 *Filchnerella lanchowensis* Zheng，裴氏短鼻蝗 *Filchnerella beicki* Ramme。

内蒙古草地常见短鼻蝗属 *Filchnerella* Karny 分种检索表

1(2) 雄性前翅顶端到达肛上板，几乎到后足股节膝部；雌性不到腹部第2节背板后缘。后足股节内侧蓝黑色，端部1/4处红色，下侧内缘红色 ·················· 裴氏短鼻蝗 *Filchnerella beicki* Ramme

2(1) 雄性前翅到达第4腹节背板或达到后足股节中部。后足股节内侧端部淡褐色，下缘全红色 ·················· 红缘短鼻蝗 *Filchnerella rubimargina* Zheng

（2）裴氏短鼻蝗 *Filchnerella beicki* Ramme, 1931（彩图2）

Fichnerella beick Ramme, 1931. Mitt. Zool. Mus. Berlin, 17:446.

雄性体长21.5～30.0mm，雌性体长30.5～34.0mm。体黄褐色，体表粗糙，具细绒毛。头顶端中央具细纵沟（图25，①），具颗粒状和棒状隆起。眼上窝呈不规则圆形，眼前窝呈不规则长形。颜面隆起有时有纵沟，中单眼之下略缩狭，向下渐宽，在触角基间略呈弧形向前突出。前胸背板有短锥状突起；中隆线片状隆起，被后横沟深切割（图25，②）；前、中两条横沟均割断沟前区的中隆线，在沟后区中隆线呈弧形隆起。前胸腹板前缘顶端中央具近弧形凹口（图25，③）；中胸腹板侧叶间中隔呈梯形。前、后翅顶端到达肛上板的基部，后翅具较宽的暗色斑纹带（图25，④）。后足股节上侧中隆线具细齿。后足胫节具内、外端刺。鼓膜器发达，鼓膜片较小。腹部具3行纵列突起。肛上板近舌状。雌性前翅呈鳞片状，侧置，在背面较宽地分开，顶端到达腹部第2节背板的后缘；尾须呈短锥状；产卵瓣粗短。雄性尾须呈长圆锥状，下生殖板顶端呈角状突出（图25，⑤）。雄性阳茎基背片如图25，⑥，阳茎复合体如图25，⑦。

彩图 2　裴氏短鼻蝗 *Filchnerella beicki* Ramme
1. 背面观（雌性）；2. 侧面观（雌性）

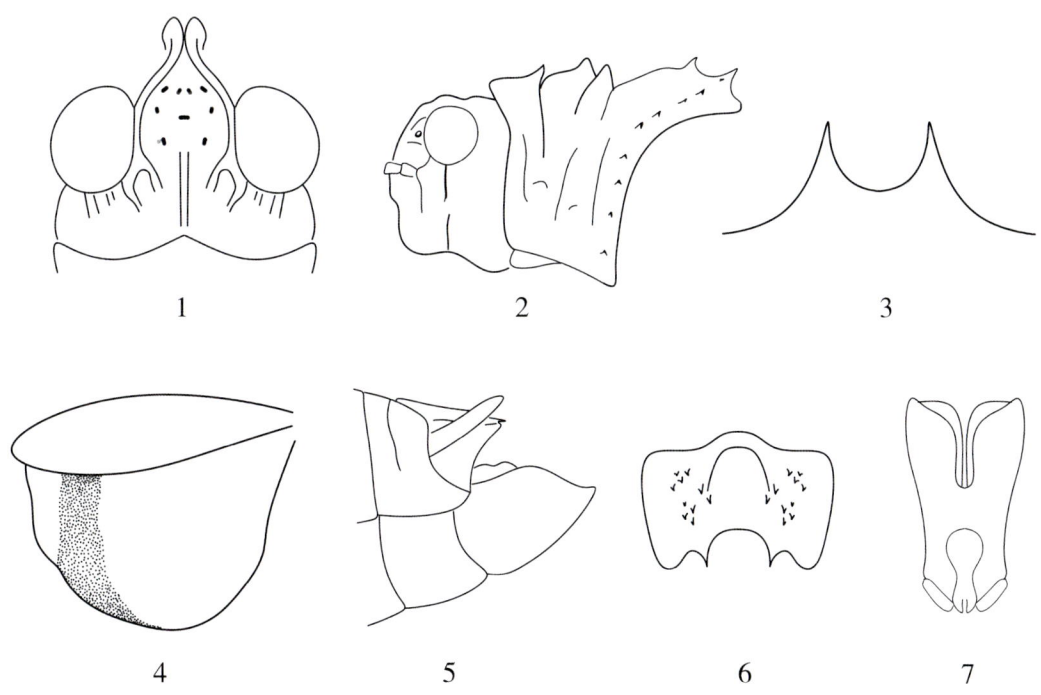

图 25　裴氏短鼻蝗 *Filchnerella beicki* Ramme（1～7）
1. 头部背面观；2. 头、前胸背板侧面观；3. 前胸腹板突；4. 前、后翅（雄性）；5. 腹部末端侧面观（雄性）；6. 阳茎基背片；7. 阳茎复合体

栖息于荒漠草原。

分布：内蒙古阿拉善盟，宁夏，甘肃，陕西榆林市和绥德县。

(3)红缘短鼻蝗 *Filchnerella rubimargina* Zheng,1992（彩图3）

Filchnerella rubimargina Zheng,1992. Grasshoppers of Ning Xia p. 29～30.

雄性体长 18.0～22.0mm,雌性体长 21.0～29.0mm。体暗褐色,体表具粗糙颗粒。颜面隆起具中纵沟,颜面侧隆线从背面不可见。复眼纵径略小于眼下沟之长。前胸背板呈屋脊状;前缘呈角形突出;中隆线片状隆起,被3条横沟切割,形成齿突状;背板具许多刺状颗粒,沿后缘有1列大的刺状突起(图26,①②)。前胸腹板前缘呈片状突起。雄性前翅较短,具两个淡色斑,到达第4腹节背板或后足股节中部;雌性前翅呈鳞片状,侧置,在背部分开,不到达或刚超过第1腹节背板后缘。后足股节上侧中隆线具细齿,外侧具2个黑色斑,内侧呈黑色,内侧下缘和内侧下膝侧片全红色。后足胫节具内、外端刺,内侧基部和端部呈红色,中部呈蓝黑色。肛上板呈长三角形,具中纵沟。尾须呈长锥形。雄性下生殖板呈短锥形。雌性下生殖板呈长方形,产卵瓣外缘光滑。

栖息于植被稀疏且干旱的荒漠草原区。

分布:内蒙古阿拉善盟,宁夏。

彩图3 红缘短鼻蝗 *Filchnerella rubimargina* Ramme
1.背面观(雌性);2.侧面观(雌性)

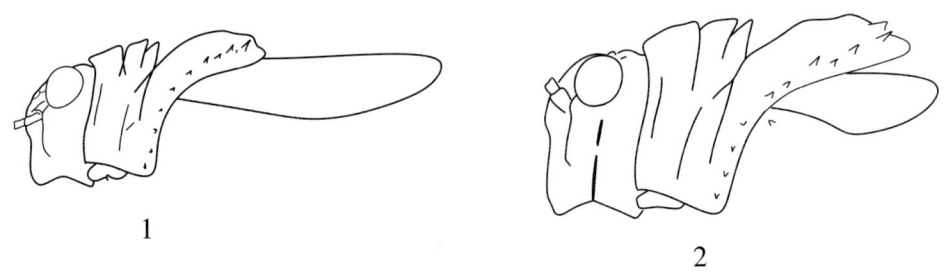

图26 红缘短鼻蝗 *Filchnerella rubimargina* Zheng(1～2)
1.头、前胸背板侧面观(雄性);2.头、前胸背板侧面观(雌性)

3. 疙蝗属 *Pseudotmethis* Bey-Bienko, 1948

Pseudotmethis Bey-Bienko, 1948. Ent. Obozr. 30:6, 13.

Pseudotmethis Bey-Bienko and Mistshenko, 1951. Locusts and grasshoppers of the USSR and adjacent countries:287, 319, 320.

模式种：*Pseudotmethis alashanicus* Bey-Bienko, 1948

体表粗糙。头顶近圆形，中央缺口与颜面隆起纵沟间相通，缺中央纵隆线。颜面在中单眼之下较弱地凹陷，两触角基之间略向前突出，中单眼位于突出部背面。颜面侧隆线与触角窝外侧呈片状，由背面明显可见。前胸背板中隆线呈片状，具3个切口，后横沟的切口宽而深，侧面看沟后区中隆线上缘明显呈弧形（图27，②），后横沟位于中部。前胸腹板前缘在前足基部间较高地呈片状隆起，其上缘具2个突起。雄性中足胫节上缘常具齿或颗粒，胫节具细密的长绒毛。雄性前翅较短，不超过后足股节中部，并在中部明显地扩宽，且向端部急剧缩狭；雌性前翅呈鳞片状，侧置，在体背面不毗连。

本属内蒙古有3个种：贺兰疙蝗 *Pseudotmethis alashanicus* Bey-Bienko，粉股疙蝗 *Pseudotmethis rufifemoralis* Zheng et He，短翅疙蝗 *Pseudotmethis brachypterus* Li。

内蒙古草地常见疙蝗属 *Pseudotmethis* 分种检索表

1(1)后足股节内侧蓝黑色，端部红色，下侧淡灰红色。雄性前翅到达第6腹节或超过后足股节中部，雌性前翅到达腹部第2节 ·················· 贺兰疙蝗 *Pseudotmethis alashanicus* Bey-Bienko

(4) 贺兰疙蝗 *Pseudotmethis alashanicus* Bey-Bienko, 1948（彩图4）

Pseudotmethis alashanicus Bey-Bienko, 1948. Ent. Obozr. 30:6.

雄性体长22.0～26.0mm，雌性体长29.0～31.0mm。体褐色或青褐色、紫褐色，腹面淡色，体表具锥状或颗粒状突起。头顶前端具浅纵沟。颜面隆起在触角基间稍突起，中单眼下略凹；颜面侧隆线呈片状，由背面观可见（图27，①）。前胸背板突起呈棘状或颗粒状；中隆线呈片状，在沟前区呈2个切口，形成3个齿状突起；中齿两侧各有1个棘状小突起。后横沟切口较深（图27，②）。前胸腹板呈突片状，有2个圆形突起；雌性前胸背板中隆线呈片状，在沟前区呈3个齿状突，沿后缘的1列明显呈棘状。雄性前翅到达第5腹节背板，后翅如图27，③；雌性前翅呈鳞片状，侧置，在背部彼此不毗连，后翅小于前翅。后足股节内侧蓝黑色（图27，④），上侧中隆线具明显的细齿。后足胫节内侧基部及端部红色，中部蓝色。腹部背板3列突起中以沿中隆线的1列较显著。雄性下生殖板呈锥形，顶端较尖锐。肛上板狭长，顶端尖，具狭的纵沟。雌性产卵瓣末端尖锐，上、下产卵瓣无齿。雄性阳茎基背片锚状突短，桥宽，端瓣直（图27，⑤）；阳茎复合体如图27，⑥。

一年发生一代，以卵在土中越冬。主要生活在阿拉善荒漠戈壁的东南部、贺兰山山地及甘肃河西走廊地区。5月下旬为蝗蝻期，末龄若虫可延至7月下旬，7月上旬已出现成虫，成虫期可延长至 10 月初。

分布:内蒙古阿拉善盟(贺兰山),宁夏,甘肃张掖市、民乐县、永昌县、山丹县、肃南裕固族自治县、秦安县、皇城镇。

彩图 4　贺兰疙蝗 *Pseudotmethis alashanicus* Bey-Bienko

1.背面观(雄性);2.侧面观(雄性);3.侧面观(雌性);4.背面观(雌性)

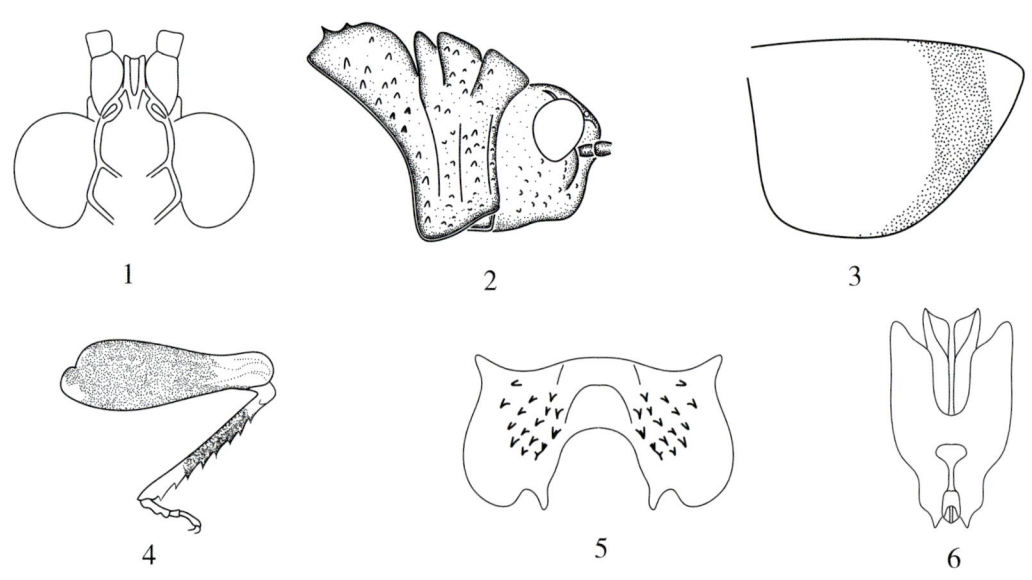

图 27　贺兰疙蝗 *Pseudotmethis alashanicus* Bey-Bienko (1～6)

1.头部背面观;2.头、前胸背板侧面观;3.后翅(雄性);4.后足股节内侧;5.阳茎基背片;6.阳茎复合体背面观

4. 突颜蝗属 *Eotmethis* Bey-Bienko, 1948

Eotmethis Bey-Bienko, 1948. Ent. Obozr. 30:11,14.

模式种: *Eotmethis nasutus* Bey-Bienko, 1948

体表具颗粒状突起。颜面隆起在中单眼以下有明显的直角形凹口，上段明显向前突出。中单眼位于颜面隆起倾斜突出之下，正面观可见。前胸背板中隆线在沟前区被3条横沟切割成锯齿状；沟后区呈弧形隆起，其后缘有1列长锥状突起。缺侧隆线。前胸腹板前缘呈片状，顶端中央浅凹或深凹，两侧呈尖锐或钝圆形突起。雄性前翅发达，到达或不到达肛上板；雌性前翅明显缩短，侧置。后足股节上侧中隆线具细齿。后足胫节端部具内、外端刺。摩擦板具垂直粗糙皱纹。鼓膜器发达。雄性肛上板呈长三角形，端部较尖；尾须呈长圆锥形；下生殖板呈短锥形，端部尖。雌性下生殖板后缘光滑，表面具细刻点；产卵瓣较短。

本属内蒙古有5个种：贺兰突颜蝗 *Eotmethis holanensis* Zheng et Gow, 突颜蝗 *Eotmethis nasutus* Bey-Bienko, 景泰突颜蝗 *Eotmethis jingtaiensis* Xi et Zheng, 宁夏突颜蝗 *Eotmethis ningxiaensis* Zheng et Fu, 短翅突颜蝗 *Eotmethis recipennis* Xi et Zheng。

内蒙古草地常见突颜蝗属 *Eotmethis* Bey-Bienko 分种检索表

1(1) 雄性前翅短，尽达腹部第6节背板。颜面隆起在触角间的突出部分，短于复眼横径的2～2.6倍。后足股节内侧端部黄色，内侧下缘红色·················· **短翅突颜蝗** *Eotmethis recipennis* Xi et Zheng

(5) 短翅突颜蝗 *Eotmethis recipennis* Xi et Zheng, 1986（彩图5）

Eotmethis recipennis Xi et Zheng, 1986. Acta Entomologica Sinica 29(2):191～192.

Eotmethis mongolensis Xi et Zheng, 1986. Acta Entomologica Sinica 29(2):191～192.

雄性体长约22.0mm，雌性体长约23.5mm。体暗褐色。头顶侧缘隆线隆起较高，中央有颗粒状突起，其中间两个颗粒状突起较大（图28,①）。颜面隆起在触角间向前突出，在中单眼之下凹入。中单眼以下侧缘明显，中单眼位于颜面隆起触角基间突出部之下。前胸背板中隆线较高地隆起，被3条横沟明显切断；前胸背板沿后缘具1列锥形突起（图28,②）。前胸腹板前缘呈片状突起，中间有2个圆形突起。雄性前翅到达腹部第6节，后翅几乎与前翅等长；雌性前翅呈鳞片状，侧置，到达腹部第2节。后足股节上侧中隆线具细齿。后足胫节顶端具内、外端刺，前、中、后足均具细毛，尤其后足胫节细毛甚密。肛上板似卵圆形，顶端较尖。尾须呈长圆锥形。雄性下生殖板呈短锥形。

分布：内蒙古阿拉善盟，乌兰察布市，巴彦淖尔市乌拉特中旗、乌拉特后旗。

彩图 5　短翅突颜蝗 *Eotmethis recipennis* Xi et Zheng
1.背面观(雄性);2.侧面观(雄性);3.侧面观(雌性);4.背面观(雌性)

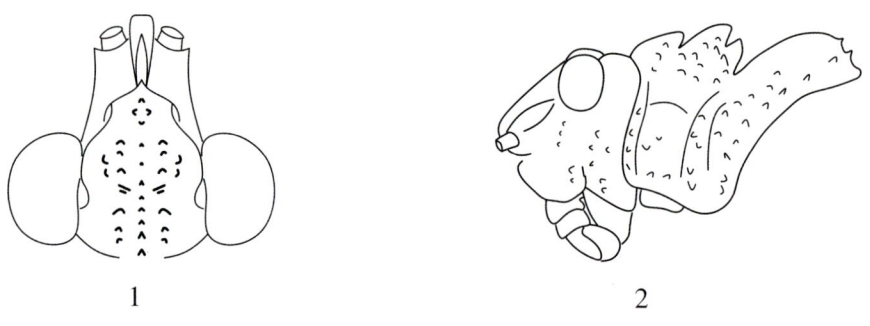

图 28　短翅突颜蝗 *Eotmethis recipennis* Xi et Zheng (1~2)
1.头部背面观;2.头、前胸背板侧面观

5. 突鼻蝗属 *Rhinotmethis* Sjöstedt, 1933

Rhinotmethis Sjöstedt,1933. Ark. Zool. 25A(3):29.

模式种: *Rhinotmethis hummeli* Sjöstedt,1933

体表粗糙,腹面及足具较密的细长绒毛。头顶颗粒状突起明显,缺中纵隆线。颜面隆起在两触角间颇向前突出,侧面观与头顶成直线。中单眼之下具深的直角形凹口,单眼位于突鼻底侧。前胸背板沿后缘具1列刺状突起;中隆线呈片状,被3条横沟切断呈齿状。前胸腹板前缘呈片状隆起,其上缘略凹。雄性前翅发达;雌性前翅颇小,呈鳞片状,侧置,在背部较宽地分开。后足股节短粗,基部较宽,上侧中隆线具细齿。后足胫节顶端具内、外端刺。雄性下生殖板呈锥形。雌性下生殖板后缘中央呈锐角形突出;产卵瓣顶端尖锐,上产卵瓣的上外缘无齿。

本属内蒙古有 2 个种:赫氏突鼻蝗 *Rhinotmethis hummeli* Sjöstedt,丽突鼻蝗 *Rhinotmethis pulchris* Xi et Zheng。

内蒙古草地常见突鼻蝗属 *Rhinotmethis* Sjöstedt 分种检索表

1(2) 颜面隆起在触角之间突出的长度约等于或略大于复眼横径,突出部的侧面从复眼到触角窝下缘无斜隆线。前胸背板沟后区高于沟前区(图 29,①)。雄性前翅较长,到肛上板基部;下生殖板狭长而尖(图 29,③)。体大型 ·················· **赫氏突鼻蝗 *Rhinotmethis hummeli* Sjöstedt**

2(1) 颜面隆起在触角之间突出的长度约等于或小于复眼横径的 0.8 倍,突出部的侧面具 1 列颗粒。前胸背板沟后区不高于沟前区(图 30,①)。雄性前翅较短,仅达第 5 腹节背板。雄性下生殖板短粗(图 30,②)。体小型 ·················· **丽突鼻蝗 *Rhinotmethis pulchris* Xi et Zheng**

(6)赫氏突鼻蝗 *Rhinotmethis hummeli* Sjöstedt,1933 (彩图 6)

Rhinotmethis hummeli Sjöstedt,1933. Ark. Zool. 25A(3):29,30,Taf. 11.

雄性体长 22.0~25.8mm,雌性体长 30.8~40.0mm。体淡褐色或青灰色,腹面具灰白色细密的毛。头顶侧面观具明显的颗粒状突起,缺中纵隆线。颜面隆起在两触角基之间颇向前突出,与头顶几乎成一直线。鼻突的长略短于复眼横径。中单眼位于突鼻的下方(图 29,②)。前胸背板中隆线 3 个切口较深,形成齿状(图 29,①)。前胸腹板前缘呈片状隆起,形成二齿状(图 29,④)。雄性前翅较发达,到达或几乎到达肛上板的后缘,常有灰白色条纹及斑块,后翅有宽的黑色带纹;雌性前翅很小,呈鳞片状,侧置,在背部较宽地分开。后足股节上侧中隆线具细齿,内侧暗蓝色,内侧下缘及下侧内缘红色,近端部黄色。后足胫节背面具长毛,内侧基部和端部红色,中部暗蓝色,顶端具内、外端刺。腹部背板具 3 列小突起,沿中隆线的突起较明显。雌性下生殖板的后缘中央呈锐角形突出;产卵瓣顶端尖锐,上产卵瓣的上外缘无齿。

彩图 6 赫氏突鼻蝗 *Rhinotmethis hummeli* Sjöstedt
1.背面观(雄性);2.侧面观(雄性);3.侧面观(雌性);4.背面观(雌性)

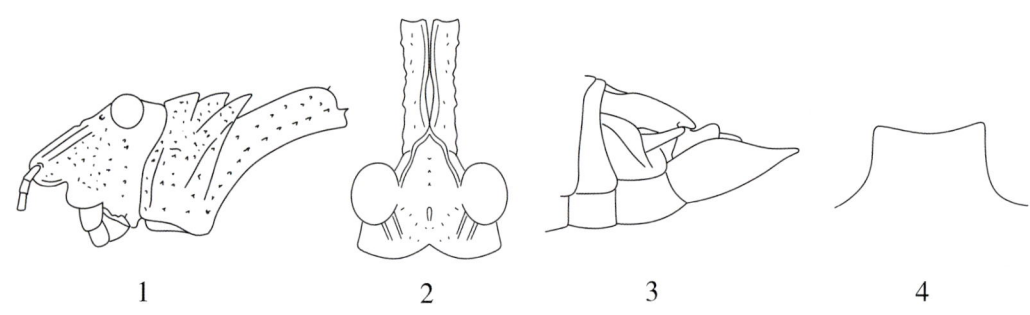

图 29　赫氏突鼻蝗 *Rhinotmethis hummeli* Sjöstedt（1~4）
1.头、前胸背板侧面观；2.头部背面观；3.腹部末端侧面观（雄性）；4.前胸腹板突

分布：内蒙古巴彦淖尔市、鄂尔多斯市，宁夏，陕西，甘肃。

(7) 丽突鼻蝗 *Rhinotmethis pulchris* Xi et Zheng, 1986（彩图 7）

Rhinotmethis pulchris Xi et Zheng, 1986. Acta Entomologica Sinica 29(2):190.

Rhinotmethis bailingensis Xi et Zheng, 1985. Acridoidea from Yunnan, Guizhou, Sichuan, Shaanxi and Ningxia:28,29.

雄性体长约 25.0mm，雌性体长约 31.0mm。体黄褐色，体表具暗褐色斑点，密被粗而密的颗粒。头顶后方两侧各具 1 列向后的斜形隆线。颜面隆起在两触角基间颇向前突出，与头顶几乎成一直线。鼻突的长度小于复眼横径，鼻突侧缘自复眼下缘至触角基部之间具 1 列颗粒状突起（图 30,①）。中单眼之下切口较深，使颜面隆起上部呈鼻状突出；中单眼着生在鼻状突出的底面。前胸背板中隆线极高地隆起，被 3 条横沟明显切断，呈锥形突起（图 30,①）。前胸腹板前缘呈片

彩图 7　丽突鼻蝗 *Rhinotmethis pulchris* Xi et Zheng
1.背面观（雄性）；2.侧面观（雄性）；3.侧面观（雌性）；4.背面观（雌性）

状隆起,顶端中央略凹入。雄性前翅达腹部第7、8节背板,具灰白色纵条纹及斑块;后翅几乎与前翅等长,具较宽的黑色条纹。雌性前翅呈鳞片状,侧置。后足股节短粗,内侧淡暗蓝色,顶端黄色,内侧下缘及下侧不呈红色。后足胫节基部和端部淡红色,中部暗蓝色。尾须呈长锥形。雄性下生殖板短粗,呈锥形,顶端尖(图30,②)。雌性肛上板狭长,具中纵沟;尾须粗短,呈锥状;产卵瓣末端狭尖,上、下瓣产卵外缘均无齿。

图30 丽突鼻蝗 *Rhinotmethis pulchris* Xi et Zheng (1~2)

1.头、前胸背板侧面观;2.腹部末端侧面观(雄性)

栖息于植被稀疏的荒漠草原地区。

分布:内蒙古包头市百灵庙镇、鄂尔多斯市杭锦旗。

6. 贝蝗属 *Beybienkia* Tzyplenkov, 1956

Beybienkia Tzyplenkov, 1956. Ent. Obozr. 35(4):883.

模式种: *Beybienkia songorica* Tzyplenkov, 1956

体表粗糙。眼上窝几乎消失,眼前窝明显。颜面隆起在中单眼之上具深细沟。中单眼之下细沟浅平,在触角基之上略趋狭,呈弧形向前突出;颜面侧隆线和眼下沟间具亚侧隆线(图31,①)。

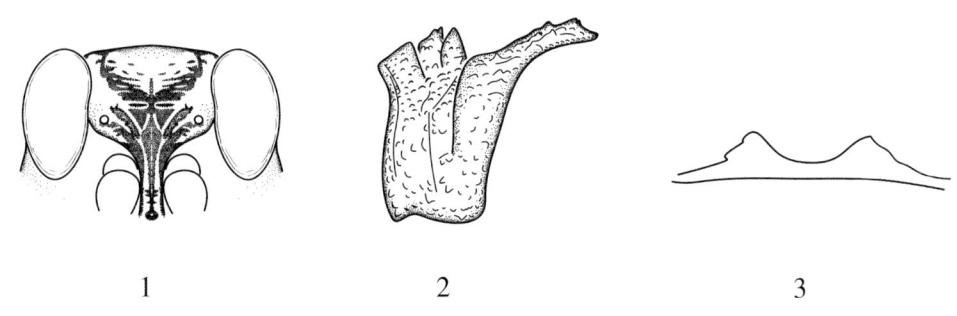

图31 贝蝗属 *Beybienkia* Tzyplenkov (1~3)

1和2. *Beybienkia lithophila*,1.颜面正面观,2.前胸背板侧面观;3.准噶尔贝蝗 *Beybienkia songorica*,前胸腹板突腹面观

前胸背板中隆线在沟前区明显隆起,被横沟切割成3片(图31,②),在沟后区呈线状;侧隆线几乎消失。前胸腹板前缘呈片状隆起,两侧呈角状突出(图31,③)。雄性前翅超过后足股节端部;雌性前翅仅到达腹部第3节背板后缘,后翅中部具暗色轮状纹。中足胫节上侧具1列小齿。后足股节上侧中隆线呈细齿状。后足胫节具密的细毛,缺外端刺。鼓膜器发达。雄性肛上板近舌状。尾须呈长锥状,稍"S"形弯曲。雄性下生殖板呈短锥状。雌性产卵瓣短粗,顶端较尖。

本属内蒙古有2个种:雅布赖贝蝗 *Beybienkia yabraiensis* Xi et Zheng,友谊贝蝗 *Beybienkia amica* Bey-Bienko。

内蒙古草地常见贝蝗属 *Beybienkia* Tzyplenkov 分种检索表

1(1)后足股节内侧淡红色,尽基部略呈蓝色。雄性前翅较长,超过后足股节的顶端;雌性前翅缩短,仅达第3腹节背板后缘,毗连。后翅中部具暗色轮状纹 ·················· 友谊贝蝗 *Beybienkia amica* Bey-Bienko

(8)友谊贝蝗 *Beybienkia amica* Bey-Bienko,1959 (彩图8)

Beybienkia amica Bey-Bienko,1959. Zootaxa 4206(1):58.

Sinotmethis amicus Bey-Bienko,1959. Dokl. Ak. Nauk USSR. 128(2):416.

雄性体长35.0~36.0mm,雌性体长42.5~48.0mm。体灰褐色或黄褐色,体表粗糙,具颗粒状突起。头顶中央具细纵沟,表面具细皱纹及少数颗粒(图32,①)。颜面隆起在中单眼以上具纵沟,在中单眼以下不明显。前胸背板具颗粒状突起;中隆线较低,在沟前区稍隆起;缺侧隆线;3条横沟均明显,不深切,呈锯齿状(图32,②③);沟后区长为沟前区长的1.3倍。前胸腹板前缘呈片状,顶端中央浅凹,两侧突起相距较远(图32,④)。前翅宽长,超过后足股节顶端,顶端呈圆形。后翅基部黄色,中部具宽的黑色带纹。雌性前翅短缩,在背部相连,到达第3腹节背板。后足股节上侧中隆线具细齿,内侧淡玫瑰色,基部稍蓝色。后足胫节缺外端刺,下侧具稠密的细毛;内侧

彩图8 友谊贝蝗 *Beybienkia amica* Bey-Bienko
1.背面观(雌性);2.侧面观(雌性)

基部和端部红色,中部蓝黑色。肛上板呈长三角形,顶端较尖。尾须呈长锥形。雄性下生殖板呈短锥形,顶端较尖(图32,⑤)。雌性下生殖板表面具细刻点;产卵瓣较短,产卵瓣上外缘及下外缘均不具齿突(图32,⑥)。雄性阳茎基背片如图32,⑦,阳茎复合体如图32,⑧。

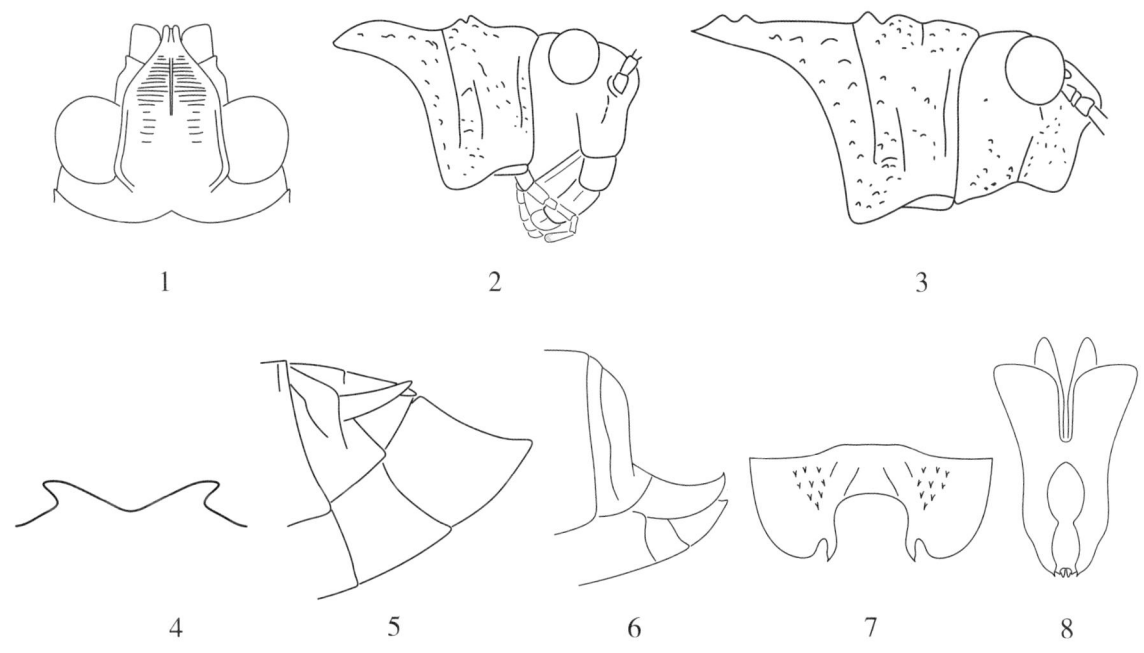

图32　友谊贝蝗 *Beybienkia amica* Bey-Bienko (1～8)

1.头部背面观(雄);2.头、前胸背板侧面观(雄性);3.头、前胸背板侧面观(雌性);4.前胸腹板突;
5.腹部末端侧面观(雄性);6.腹部末端侧面观(雌性);7.阳茎基背片;8.阳茎复合体背面观

一年发生一代,以卵在土中越冬。一般栖息在海拔1300～1500米处的戈壁、荒漠及干枯河床的卵石滩。主要以藜科合头草属和猪毛菜属、蒺藜科白刺属、豆科骆驼刺属的植物为食,对农作物并不造成危害。

分布:内蒙古阿拉善右旗,甘肃酒泉市。

7. 蒙癞蝗属 *Mongolotmethis* Bey-Bienko, 1948

Mongolotmethis Bey-Bienko, 1948. Ent. Obozr. 30(1～2):8,13.

Mongolotmethis Bey-Bienko, 1951. Acridoidea of the USSR and adjacent countries: 280, 287, 320.

模式种: *Mongolotmethis gobiensis* Bey-Bienko, 1948

体表具颗粒状突起。雄性头顶具横皱纹,顶端与颜面隆起有微纵沟,侧面观与颜面隆起成宽圆形。头侧窝缺,或仅在雌性侧单眼之上略可见。颜面隆起在两触角间略向前突出。中单眼位于突出部的背面。颜面侧隆线较弱。前胸背板具弱而稀疏的瘤状突;前缘处和侧片后缘有不发达的圆锥形突起；中隆线明显，至少被后横沟明显切割，沟后区较低于沟前区（图33，①）。前胸腹板突较高地呈片状隆起。雄性前翅短，呈纺锤形，一般不到达腹部末端；后翅较狭，在第2翅叶的两条纵脉（$2A_1$和$2A_2$）稍弯曲，几乎全长相互平行。雌性前翅短缩，在背部不毗连，侧置。后足胫节通常缺外端刺。腹部背面两侧的纵列突起较弱，雄性几乎消失。

本属内蒙古有1个种：戈壁蒙癞蝗 Mongolotmethis gobiensis gobiensis Bey-Bienko。

内蒙古草地常见蒙癞蝗属 Mongolotmethis 分种检索表

1(1) 体小型，体表无明显的透明斑点。颜面隆起在中单眼之下略凹入，下面不突出（图33，①）。前胸背板中隆线被后横沟切断，前、中横沟也明显切断中隆线；中隆线在沟前区较高于沟后区（图33，①） ·· 戈壁蒙癞蝗 Mongolotmethis gobiensis gobiensis Bey-Bienko

(9) 戈壁蒙癞蝗 Mongolotmethis gobiensis gobiensis Bey-Bienko，1948（彩图9）

Mongolotmethis gobiensis Bey-Bienko，1948. Ent. Obozr. 30(1～2):9,10.

雄性体长 26.0～30.5mm，雌性体长 34.0～47.0mm。体浅灰色或黄褐色至深褐色。颜面隆起在中单眼之下略凹入，其下段不隆起（图33，①）。头背面有很多横皱纹和颗粒状突起（图33，②）。前胸背板具稀疏而细小的颗粒状突起；其后段具稀疏但较明显的瘤突；后缘呈钝角，侧片的前下角明显呈直角形；中隆线在沟前区高于沟后区（图33，①），被前2条横沟明显切断，后1个齿明显向后倾斜；沟后区呈弧形隆起，与沟前区明显分开；后横沟较浅地切断中隆线，凹口处宽阔，几乎呈直角。前翅刚到达肛上板，翅的最宽处明显位于前胸背板中部之前；雌性前翅较短，不到达腹部第2节背板后缘。雄性后翅具有狭而微弱并中断的暗色斑纹。后足股节内侧蓝色，端部浅色。下缘及下膝侧片橙黄至红色。后足胫节内侧基部和端部红色，中部蓝色。

彩图9　戈壁蒙癞蝗 Mongolotmethis gobiensis gobiensis Bey-Bienko
1.背面观（雄性）；2.侧面观（雄性）；3.侧面观（雌性）；4.背面观（雌性）

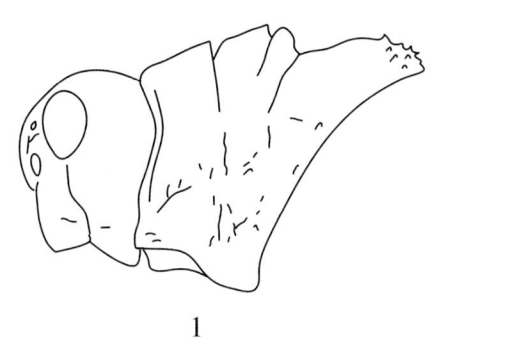
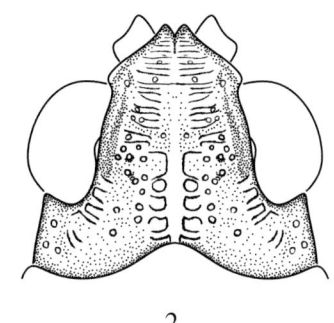

图 33　戈壁蒙癞蝗 *Mongolotmethis gobiensis gobiensis* Bey-Bienko（1～2）
1. 头、前胸背板侧面观（仿 B. Bienko）；2. 头部背面观

栖息于荒漠草原。

分布：内蒙古阿拉善盟阿拉善右旗。

二、锥头蝗科 Pyrgomorphidae Brunner von Wattenwyl, 1874

体小型至中型，一般较细长，呈纺锤形。头部呈锥形，颜面（侧面观）向后极倾斜。颜面隆起具纵沟。头顶向前突出较长，顶端中央具深而狭的细纵沟（图 34，①②）。缺头侧窝。触角呈剑状，着生于侧单眼的前方或下方。前胸背板具颗粒状突起。前、后翅均发达，狭长。后足股节外侧上、下隆线间具不规则的短棒状隆线或颗粒状突起（图 35，⑦）。后足胫节具外端刺。鼓膜器发达，缺摩擦板。阳茎基背片呈花瓶状。

内蒙古有 2 个亚科：锥头蝗亚科 Pyrgomorphinae Brunner von Wattenwyl，负蝗亚科 Atractomorphinae Bolivar。

内蒙古草地常见锥头蝗科 Pyrgomorphidae 分亚科检索表

1(2) 后足股节外侧基部的上基片短于下基片。触角基接近复眼，位于侧单眼的后下方。前胸背板侧隆线不明显，其上有 1 列颗粒状小突起；前胸背板侧片的下缘呈波状 ………… **锥头蝗亚科 Pyrgomorphinae**
2(1) 后足股节外侧基部的上基片明显长于下基片。触角着生在侧单眼的前方。前胸背板侧隆线明显或弱。后足胫节上侧近端部之边缘略扩宽，边缘狭而锐 ………… **负蝗亚科 Atractomorphinae**

（二）锥头蝗亚科 Pyrgomorphinae Brunner von Wattenwyl, 1874

体细长，体表具颗粒与刻点。头部呈锥形，颜面（侧面观）与头顶成锐角。颜面隆起较狭，具细纵沟（图 34，①）。头顶向前突出，前缘具细纵沟。触角呈剑状。前胸背板中隆线低而明显，侧隆线为1列颗粒状突起,前胸背板侧片的下缘呈波状(图34,①②)。前胸腹板前缘略隆起。中胸腹板侧叶间中隔较宽,近倒梯形。前、后翅均发达,超过后足股节顶端。后足股节外侧中区具不规则的短棒状隆线,外侧基部上基片短于下基片。后足胫节端部具外端刺或缺。鼓膜器发达或缺。

内蒙古有1个属:锥头蝗属 *Pyrgomorpha* Serville。

8. 锥头蝗属 *Pyrgomorpha* Serville, 1839

Pyrgomorpha Serville,1838[1839]. Ins. Orth. p. 583.

模式种: **Acridium conicum Oliver,1791**

体表具细颗粒和刻点。头部呈锥形,头顶颇向前突出,顶端圆,颜面向后倾斜。颜面隆起具细纵沟。触角基较宽扁,雌性呈明显剑状。前胸背板近柱形;中隆线明显,被中、后横沟切割;侧隆线不规则,不明显或消失;后横沟位于近后部,沟前区明显长于沟后区。前胸腹板突较宽,近锥形。前、后翅发达,远超过后足股节顶端,有时缩短,不到达腹部末端。后足股节细而狭。后足胫节缺外端刺。雄性肛上板呈长三角形。尾须直,呈狭锥形,顶端较钝。雄性下生殖板近锥形,顶端钝圆。雌性上产卵瓣粗短,顶端弯曲;下产卵瓣较小,上产卵瓣上外缘具细齿。

本属内蒙古有1种:锥头蝗 *Pyrgomorpha conica deserti* Bey-Bienko。

内蒙古草地常见锥头蝗属 *Pyrgomorpha* Serville 分种检索表

1(1)后足股节外侧基部的上基片明显长于下基片。前胸背板侧隆线不规则,不明显或消失,前胸背板侧片下缘呈波状(图34,①)。触角着生在侧单眼的后下方,距侧单眼近。前、后翅较远地超过后足股节顶端 ·················· 锥头蝗 *Pyrgomorpha conica deserti* **Bey-Bienko**

(10)锥头蝗 *Pyrgomorpha conica deserti* Bey-Bienko, 1951 (彩图10)

Pyrgomorpha conica deserti Bey-Bienko,1951. Opred. Faune SSSR 38:273.

雄性体长16.0～18.0mm,雌性体长23.0～32.0mm。体草绿色或黄褐色,有时雄性呈黄褐色,雌性呈草绿色。体表具小颗粒与细刻点,自复眼后下方向后延伸至前胸背板侧片的下缘具淡黄色条纹。头顶向前突出,中央具纵沟、小颗粒,侧面观向后倾斜(图34,①)。颜面隆起中央具细纵沟。触角基呈剑状。前胸背板中隆线明显;侧隆线为1列断续的颗粒所组成(图34,②),中、后横沟切断中隆线,后横沟位近后端;前胸背板侧片下缘呈波状,其前下角近直角形,后下角呈斜切形(图34,①)。中胸腹板侧叶间中隔宽,宽为长的1.5倍(雄性)或2倍(雌性)(图34,③)。前、后翅远超过后足股节顶端,后翅与前翅约等长。后足股节狭长,外侧下膝侧片顶端钝圆(图34,④),后足胫节缺外端刺。肛上板呈长三角形,顶端钝圆形。尾须呈扁锥形。雄性下生殖板呈短锥形,略向上翘起(图34,⑤)。雌性下生殖板长略大于宽,后缘中央呈三角形突出(图34,⑥);上产卵瓣较粗短,顶端近钩状,上外缘具细齿(图34,⑦)。

栖息在洼地沼泽地,为害牧草。

分布:内蒙古阿拉善盟贺兰山地区,甘肃,新疆。

彩图10 锥头蝗 *Pyrgomorpha conica deserti* Bey-Bienko

1.背面观(雄性);2.侧面观(雄性);3.侧面观(雌性);4.背面观(雌性)

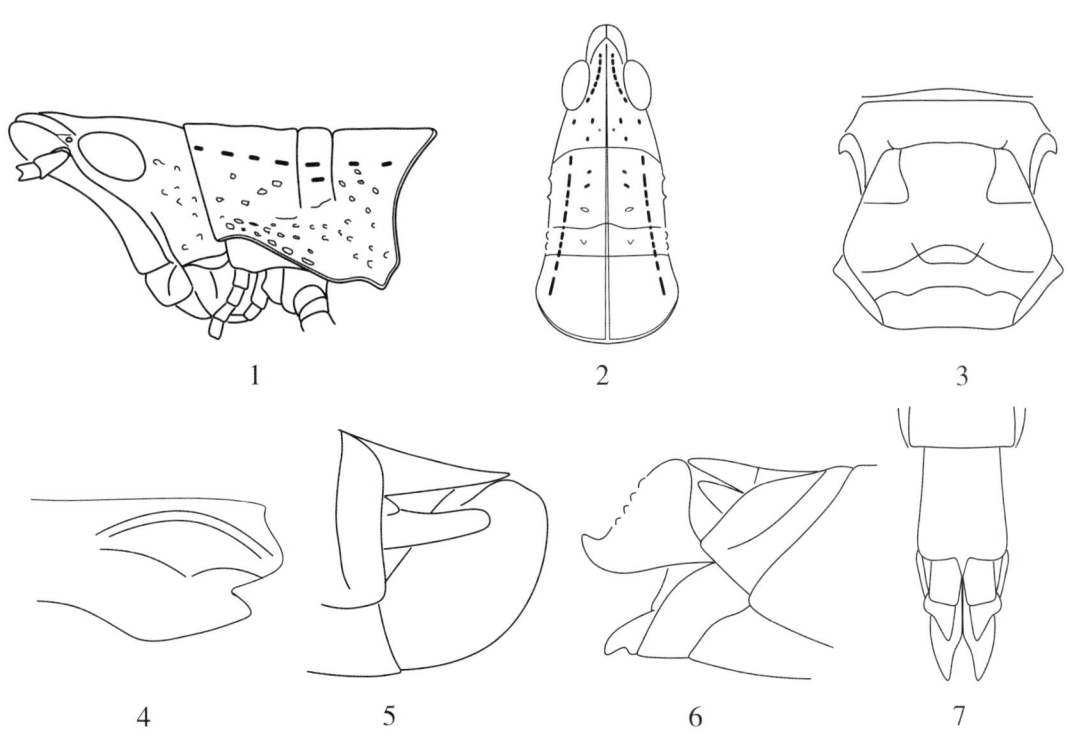

图34 锥头蝗 *Pyrgomorpha conica deserti* Bey-Bienko(1～7)

1.头、前胸背板侧面观(雌性);2.头、前胸背板背面观(雌性);3.中、后胸腹板腹面观(雌性);4.后足股节顶端(雄性);5.腹部末端侧面观(雄性);6.腹部末端侧面观(雌性);7.腹部末端腹面观(雌性)

(三) 负蝗亚科 Atractomorphinae Bolivar, 1905

体细长,近圆柱形。头部呈锥形,侧面观与头顶形成锐角。头顶向前突出,其前缘中央具细纵沟。头侧窝不明显或缺。触角呈剑状,着生于侧单眼前方。前胸背板中隆线呈线状;侧隆线明显或不明显;前胸背板侧片下缘斜直,沿其下缘具1列小圆形颗粒(图36,②)。前、后翅均发达。后足股节外侧中部具不规则的短棒状隆线,其外侧基部的上基片长于下基片。后足胫节端部具外端刺。鼓膜器发达。后翅纵脉下面具音齿,与后足股节上侧中隆线摩擦发音。

内蒙古有1个属:负蝗属 *Atractomorpha* Saussure。

9. 负蝗属 *Atractomorpha* Saussure, 1862

Atractomorpha Saussure, 1862. Ann. Soc. France, (4)1:474.

模式种: ***Truxalis crenulatus*** **Fabricius, 1793**

体细长,匀称。触角短粗,呈剑状,着生在侧单眼之间。复眼后方有1列小颗粒(图36,①)。前胸背板平坦,中隆线较低,侧隆线明显,中、后横沟均切断中隆线,沟前区明显长于沟后区。前翅狭长,超过后足股节顶端,翅顶端尖。后足股节外侧上基片长于下基片。

本属内蒙古有3个种:长额负蝗 *Atractomorpha lata* (Motschoulsky),短额负蝗 *Atractomorpha sinensis* Bolivar,柳枝负蝗 *Atractomorpha psittacina* (De Haan)。

内蒙古草地常见负蝗属 *Atractomorpha* Saussure 分种检索表

1(4) 前胸背板侧片近后缘具膜区(图36,②)。后翅较长,略短于前翅。
2(3) 头顶较短,其长等于或略长于复眼纵径。雌性产卵瓣短粗,雄性下生殖板端部呈圆形(图36,④) ……………………………………………………………… 短额负蝗 *Atractomorpha sinensis* Bolivar
3(2) 头顶较长,其长为复眼纵径的1.1~1.4倍。雄性下生殖板端部近直角形(图37,②)。雌性产卵瓣较狭长(图37,③) ………………………………… 柳枝负蝗 *Atractomorpha psittacina* (De Haan)
4(1) 前胸背板近后缘无膜区(图35,①)。后翅较短,后翅远不达前翅端部(图35,③)。雌、雄两性前、后翅端部较宽,后翅端部之前缘直。雄性前胸腹板侧叶间中隔较宽,前端略宽于后端 …………………………………………………………………… 长额负蝗 *Atractomorpha lata* (Motschoulsky)

(11) 长额负蝗 *Atractomorpha lata* (Motschoulsky, 1866)(彩图11)

Truxalis lata Motschoulsky, 1866. Bull. Soc. Imp. Natur. Moscou. 39:181.

Atractomorpha lata (Motschoulsky), Bey-Bienko and Mistshenko, 1951, Acridoidea of the USSR and adjacent countries:277.

Perena concolor Walker, 1870. Cat. Derm. Salt. Brit. Mus. 3:506(partim)

Atractomorpha bedeli Bolivar,1884. An. Soc. Esp. Hist. Nat. 13:64,69,495.

体大型。雄性体长 23.0～26.0mm,雌性体长 31.0～43.0mm。体绿色、黄绿色或枯黄色。头顶狭长,其长为复眼纵径的 1.45～1.75 倍,延后具 1 列排列整齐的圆形颗粒状突起。触角基离单眼较远。复眼呈长卵形。前胸背板中隆线明显且低,侧隆线不明显,前缘较直,中央具小的三

彩图 11　长额负蝗 *Atractomorpha lata* Motschoulsky
1.背面观(雄性);2.侧面观(雄性);3.侧面观(雌性);4.背面观(雌性)

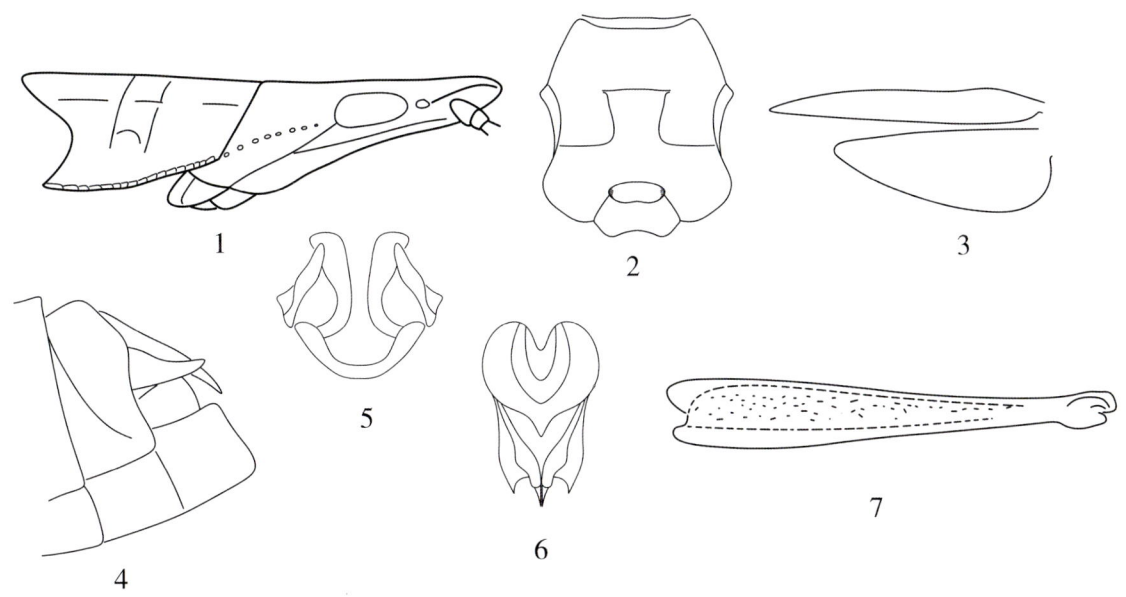

图 35　长额负蝗 *Atractomorpha lata* Motschoulsky (1～7)
1.头、前胸背板侧面观;2.中、后胸腹板腹面观;3.前、后翅(仿毕道英);4.腹部末端侧面观(雄性);
5.阳茎基背片;6.阳茎复合体;7.后足股节外侧(雄性)

角形凹口,侧片后缘无膜区(图35,①),下缘具1列颗粒状突起。雄性中胸腹板侧叶间中隔较宽,其前端略大于后端之宽,呈近方形(图35,②)。前翅较短,超出后足股节顶端部分的长为翅长的1/4,外侧下缘不明显外突。后翅较短而狭,远不达前翅端部(图35,③),刚超过后足股节顶端,基部透明,无色。肛上板呈三角形。尾须超过肛上板中部。雄性下生殖板顶端较平,侧面观为直角形或锐角形(图35,④)。阳茎基背片如图35,⑤,阳茎复合体如图35,⑥。

分布:内蒙古赤峰市、呼伦贝尔市、通辽市、北京、河北、山东、湖北、陕西、上海、广东、广西。

(12)短额负蝗 Atractomorpha sinensis Bolivar,1905 (彩图12)

Atractomorpha sinensis Bolivar,1905. Bol. Soc. Esp. Hist. Nat. 5:198,205,207.

Perena concolor Walker 1870. Cat. Derm. Salt. Brit. Mus. 3:506 (partim).

Atractomorpha aurivillii Bolivar,1884. Ann. Soc. Esp. Hist. Nat. ,13:64,67 (partim).

Atractomorpha ambigna Bolivar,1905. Bol. Soc. Esp. Hist. Nat. ,5:198,208,209.

Atractomorpha angusta Bolivar,1905. Bol. Soc. Esp. Hist. Nat. ,5:198,204 (partim).

雄性体长19.0~23.0mm,雌性体长28.0~35.0mm。体匀称,雌性明显比雄性粗壮;体草绿色或黄褐色,密布细小的白色颗粒。头向顶端趋狭,显著突出于两复眼间,其长度略长于复眼纵径,顶端圆,呈弧形(图36,①),中央具细纵沟。触角呈剑状。颜面明显向后倾斜,与头顶成锐角。复眼后方具1纵列白色小颗粒。前胸背板宽平;中隆线细,低平,全长完整;侧隆线不明显;后横沟位于背板中部之后;侧片后缘内凹,后缘前方有1个环形膜区(图36,②)。雄性中胸腹板侧叶间中隔近方形,雌性宽明显大于其长(图36,③)。前翅远超过后足股节端部,顶端尖。后翅粉红色,略短于前翅。后足股节上侧中隆线平滑,外侧密布白色颗粒,基部上基片长于下基片。雄性

彩图12 短额负蝗 *Atractomorpha sinensis* Bolivar
1.背面观(雄性);2.侧面观(雄性);3.侧面观(雌性);4.背面观(雌性)

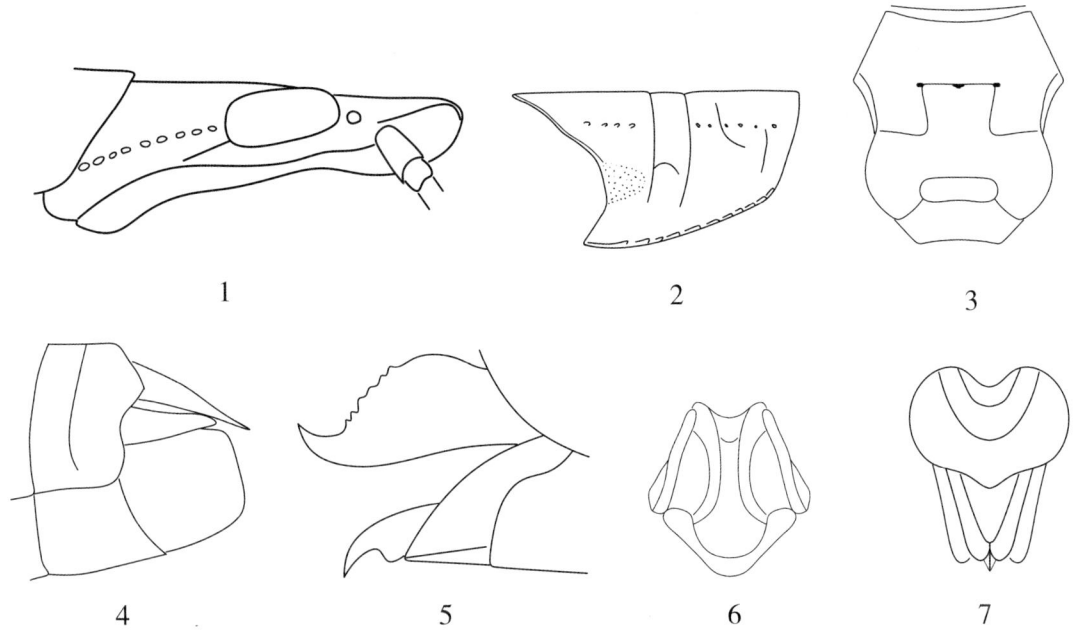

图 36 短额负蝗 *Atractomorpha sinensis* Bolivar (1~7)

1.头部侧面观;2.前胸背板侧面观;3.中、后胸腹板腹面观;4.腹部末端侧面观(雄性);5.腹部末端侧面观(雌性);6.阳茎基背片;7.阳茎复合体

肛上板呈三角形,下生殖板侧面观顶端近圆形(图36,④)。雌性上、下产卵瓣粗短,顶端弯曲,上产卵瓣外缘有大小不等的小齿(图36,⑤)。雄性阳茎基背片如图36,⑥,阳茎复合体如图36,⑦。

分布:内蒙古阿拉善盟贺兰山,北京,河北,山西,上海,江苏,浙江,安徽,福建,江西,山东,河南,湖北,湖南,广东,广西,四川,贵州,云南,陕西,甘肃,青海,台湾。

(13)柳枝负蝗 *Atractomorpha psittacina* (De Haan,1842)（彩图13）

Acridium（*Truxalis*）*psittacimum* De Haan Temminck,1842. Verhandel. ,Orth, pl. 23.

Pyrgomorpha parabolica Walker,1870. Cat. Derm. Salt. B. M. Ⅲ. p. 408. n. 6.

Atractomorpha philippina Bolivar,1905. Soc. Esp. Hist. Nat. Ⅴ. pp. 199. 212,n. 23.

Perena concolor Walker,1870. Cat. Derm. Salt. B. M. Ⅲ. p. 499. n. 6.

Pyrgomorpha contracta Walker,1870. Cat. Derm. Salt. B. M. Ⅲ. p. 498. n. 6.

雄性体长20.0~24.0mm,雌性体长31.0~36.0mm。体细长,草绿色或铁锈黄色。头顶长为复眼最长纵径的1.10~1.43倍,头侧面观向后倾斜。触角呈剑状,远离复眼。眼后有1列排列整齐的小颗粒。前胸背板短,背面颗粒较少;前缘呈宽弧形;后缘呈宽圆弧形,中、侧隆线较细;中、后横沟明显,后横沟位于近后端;前胸背面侧片近后缘具膜区(图37,①),后下角向后延伸呈锐角形,其下缘具1列排列整齐的小而凸的颗粒(图37,①)。中胸腹板侧叶间中隔前宽后狭,其最长与最宽处几乎相等。前、后翅狭长,顶端较尖,远离后足股节顶端。后翅短于前翅,基部翅脉略呈红色,其余为透明或烟色。后足股节细长,外侧下部末端向外扩大。肛上板呈长三角形。尾须仅到达肛上板的中部。雄性下生殖板几乎呈直角形(图 37,②)。雌性上、下产卵瓣较狭长,顶端呈钩状,外缘具钝齿(图 37,③)。雄性阳茎基背片如图 37,④,阳茎复合体如图 37,⑤。

分布:内蒙古阿拉善盟贺兰山,陕西,云南,贵州,四川。

彩图 13　柳枝负蝗 Atractomorpha psittacina (De Haan)
1.背面观(雄性);2.侧面观(雄性);3.侧面观(雌性);4.背面观(雌性)

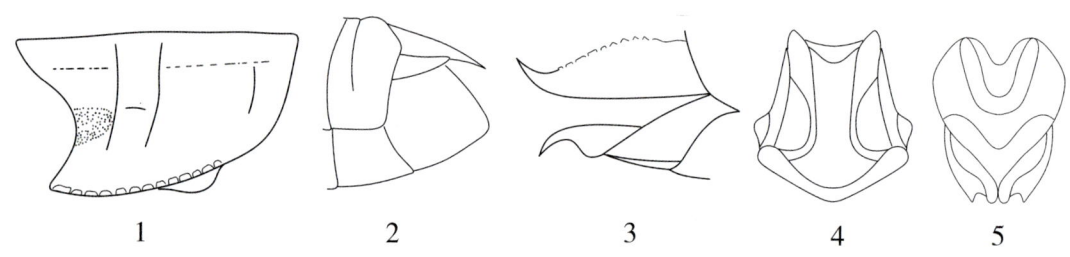

图 37　柳枝负蝗 Atractomorpha psittacina (De Haan)(1~5)
1.前胸背板侧面观;2.腹部末端侧面观(雄性);3.腹部末端侧面观(雌性);4.阳茎基背片;5.阳茎复合体

三、斑腿蝗科 Catantopidae Brunner von Wattenwyl, 1893

体中型至大型,变异颇多。头部颜面垂直或向后倾斜。头顶前端缺细纵沟。头侧窝不明显或缺。触角呈丝状。前胸背板一般有中隆线,有时在沟前区明显隆起,有时中隆线不明显或消失;侧隆线在多数种类中缺,仅少数种类有明显的侧隆线。前胸腹板具明显的前胸腹板突,呈锥形、圆柱形(图 22,④)或横片状等。中胸腹板侧叶一般较宽地分开,仅少数种类侧叶的内缘毗连。

后胸腹板侧叶一般彼此分开,仅少数种类在侧后端毗连。前、后翅发达,有时退化为鳞片状或完全消失。鼓膜器在具翅种类中均很发达,仅在缺翅种类中不明显或消失。后足股节外侧上、下基片几乎等长。

内蒙古有8个亚科:瘤蝗亚科 Dericorythinae Jacobson and Bianchi,稻蝗亚科 Oxyinae Brunner von Wattenwyl,黑蝗亚科 Melanoplinae Scudder,秃蝗亚科 Podisminae Jacobson,裸蝗亚科 Conophyminae Mistshenko,刺胸蝗亚科 Cyrtacanthacridinae Kirby,斑腿蝗亚科 Catantopinae Brunner von Wattenwly,星翅蝗亚科 Calliptaminae Jacobson。

内蒙古草地常见斑腿蝗科 *Catantopidae* 分亚科检索表

1(2)后足股节外侧基部的上基片与下基片几乎等长。后足胫节略弯曲。前胸背板中隆线在沟前区明显呈片状隆起(图38,①) ······ **瘤蝗亚科 Dericorythinae**

2(1)后足股节外侧基部的上基片明显长于下基片。

3(4)后足股节膝片外侧的下膝片端部向后延伸成锐刺,似针状(图39,⑦)。前翅发达,到达或超过腹部末端;若缩短,则在背面毗连。后足股节端部之半的上侧边缘呈片状 ······ **稻蝗亚科 Oxyinae**

4(3)后足股节膝片外侧的下膝片端部不向后延伸成锐刺,端部一般呈圆形或锐角形,但不呈刺状。

5(10)后足股节上侧中隆线平滑,缺细齿。

6(9)雌、雄两性前、后翅发达,到达或超过腹部末端;或前翅退化呈鳞片状,但前翅仍可见。

7(8)雌、雄两性前、后翅发达,到达或超过腹部末端,有时前后翅缩短,但在背部毗连 ······ **黑蝗亚科 Melanoplinae**

8(7)雌、雄两性前、后翅均退化成鳞片状,倒置,在背面较宽地分开 ······ **秃蝗亚科 Podisminae**

9(6)雌雄两性前、后翅缺。鼓膜器缺或很小,不发达 ······ **裸蝗亚科 Conophyminae**

10(5)后足股节上侧中隆线呈锯齿状(图52,①)。

11(14)前胸背板侧隆线缺,有时在沟前区有不明显的侧隆线。后足胫节的上侧外缘具较少的刺,一般8~10个。

12(13)中胸腹板侧叶较狭长,其内缘几乎呈直角形,或内缘的下角呈锐角形。体一般较大 ······ **刺胸蝗亚科 Cyrtacanthacridinae**

13(12)前胸腹板侧叶短宽,其内缘几乎近宽圆,或内缘下角呈钝角形。体一般较小。前胸腹板突呈圆柱形,顶端钝圆。后胸腹板侧叶的后缘部分常毗连。雄性腹部末节的背板后缘多数种类缺尾片。前翅端部常宽 ······ **斑腿蝗亚科 Catantopinae**

14(11)前胸背板侧隆线明显,有时较弱。后足胫节上侧外缘具11~16个齿。雄性尾呈狭状,向内明显弯曲,顶端分裂为齿状 ······ **星翅蝗亚科 Calliptaminae**

(四)瘤蝗亚科 Dericorythinae Jacobson and Bianchi, 1905

体中等大小。头侧面观略向后倾斜。前胸背板中隆线在沟前区明显呈片状隆起(图38,①)。

前胸腹板前缘呈楔形或圆锥形突起(图 22,④)。中胸腹板侧叶较宽地分开,中隔较宽。前、后翅发达,有时缺或退化成鳞片状。后足股节外侧基部的上基片与下基片几乎等长,有时下基片略长于上基片。后足胫节常弯曲,端部具内、外端刺。鼓膜器发达,但短翅种类缺。

内蒙古有 1 个属:瘤蝗属 Dericorys Serville。

10. 瘤蝗属 Dericorys Serville,1839

Deriocrys Serville,1839. Histoire naturelle des Insects,Orthopteres:568,638.

模式种: Acridium lobatum Brulle,1838

体中等,匀称。头大而短,头顶低凹,具头侧窝。侧面观颜面微向后倾斜。颜面隆起具纵沟;侧隆线明显,较直。前胸背板中隆线在沟前区较高地隆起(图 38,②),在沟后区呈线状;前横沟消失;中横沟略可见;后横沟位于中部之后,并切断中隆线(图 38,②)。前胸腹板突前缘呈楔形或圆锥形突起(图 38,③),有时发达,顶端直或中部略凹,有时呈宽圆锥形,顶端圆。后胸腹板侧叶全长分开。前、后翅均发达,通常超过后足股节的端部。后足股节匀称,细长,上侧中隆线平滑,下膝侧片的端部圆形,基部外侧的上、下基片近等长。后足胫节具内、外端刺。后足跗节第 1 节等于或近于第 2、3 节长之和。鼓膜器发达。雄性肛上板呈三角形。尾须呈圆锥形。雄性下生殖板呈短锥形,顶端钝圆。雌性上产卵瓣上外缘端部的凹口明显。

本属内蒙古有 1 个种:红翅瘤蝗 Dericorys annulata roseipennis (Redtenbacher)。

内蒙古草地常见瘤蝗属 Dericorys Serville 分种检索表

1(1)后翅中部无暗色斑纹,基部为玫瑰红色。前胸腹板突基部宽,顶端呈片状(图 38,③)。前胸背板中隆线在沟前区明显片状隆起,前横沟消失,中横沟不清晰(图 38,①) ·· 红翅瘤蝗 Dericorys annulata roseipennis (Redtenbacher)

(14)红翅瘤蝗 Dericorys annulata roseipennis (Redtenbacher,1889)(彩图 14)

Dericorystes roseipennis Redtenbacher,1889. Wien. Ent. Zeite. 8:30.

Dericorys lazurescens Uvarov,1914. Mitt. Kaunkas. Mus. 8:142.

Dericorys albidula Serville,1839. Ins. Orth. p. 639.

雄性体长 22.0～23.5mm,雌性体长 30.5～39.5mm。体淡灰褐色或黄褐色。头顶低凹,侧缘隆线明显。颜面隆起全长具纵沟,侧隆线明显。前胸背板后缘呈宽圆形;中隆线在沟前区呈弧形隆起(图 38,①),在沟后区较低,呈细线状,前横沟消失;中横沟略可见;后横沟较明显,位于中部之后;沟前区略长于沟后区(图 38,②)。前胸腹板突呈楔状,基部宽(图 38,③),顶端略具凹口。中胸腹板侧叶间中隔呈梯形,最宽处大于最狭处。后胸腹板侧叶彼此分开(图 38,④)。前、后翅发达,到达后足胫节的中部;前翅灰白色,具许多小黑点;后翅基部玫瑰色,无任何暗色横斑纹。后足股节较细长,上侧中隆线平滑。后足胫节具内、外端刺。跗节爪中垫小,不达爪的 1/2(图 38,⑤)。

鼓膜器发达。雄性肛上板呈三角形。尾须呈圆锥形,远不达肛上板端部。雄性下生殖板呈短锥形,顶端钝圆(图38,⑥)。雌性产卵瓣短,上产卵瓣上外缘近端部具明显的凹口(图38,⑦)。腹部末节无尾片(图38,⑧)。雄性阳茎基背片如图38,⑨,阳茎复合体如图38,⑩。

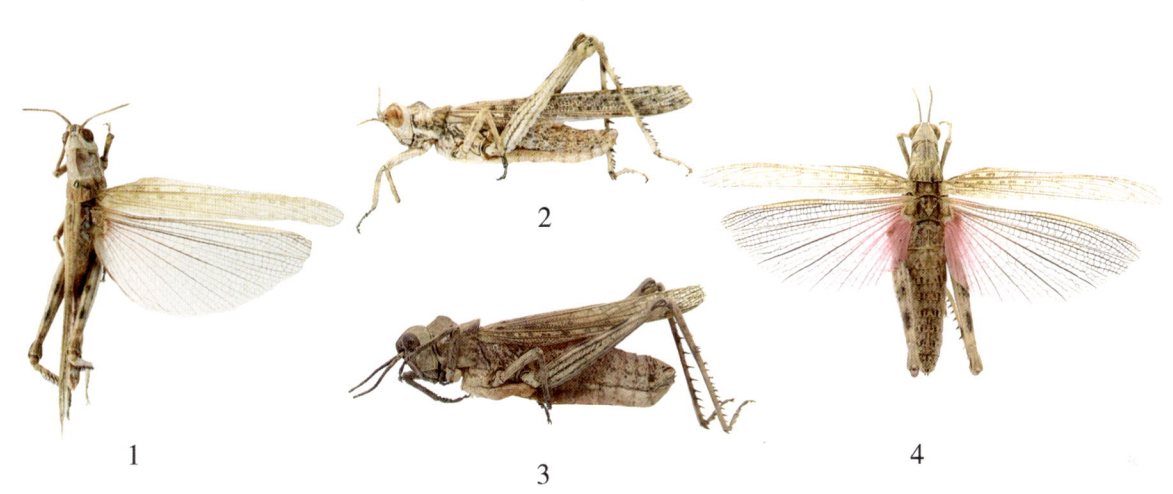

彩图14　红翅瘤蝗 *Dericorys annulata roseipennis*（Redtenbacher）
1.背面观(雄性);2.侧面观(雄性);3.侧面观(雌性);4.背面观(雌性)

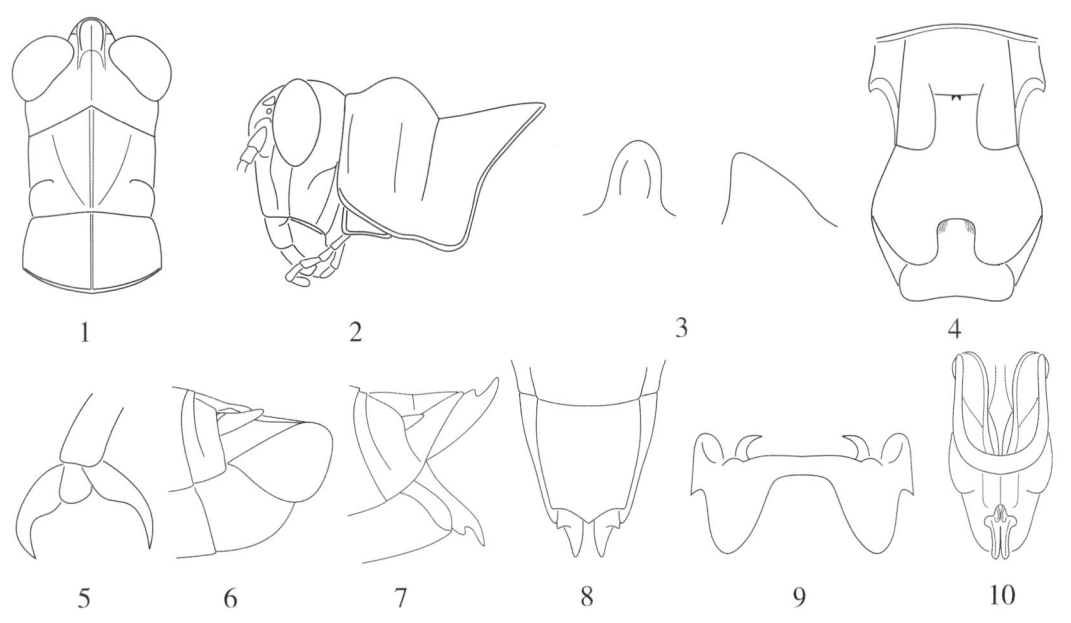

图38　红翅瘤蝗 *Dericorys annulata roseipennis*（Redtenbacher）(1～10)
1.头、前胸背板背面观;2.头、前胸背板侧面观;3.前胸腹板突正面和侧面观;4.中、后胸腹板腹面观;5.爪及中垫;6.腹部末端侧面观(雄性);7.腹部末端侧面观(雌性);8.腹部末端腹面观(雌性);9.阳茎基背片;10.阳茎复合体

一年发生一代,以卵在土中越冬。喜栖息在植被稀少的戈壁荒漠地带。大发生年份可造成严重危害(Mistshenko,1952)。

分布:内蒙古阿拉善盟,新疆,甘肃,宁夏。

(五)稻蝗亚科 Oxyinae Brunner von Wattenwyl, 1893

头侧面观略向后倾斜或明显倾斜,具中纵沟,通常达唇基。颜面侧隆线一般明显,少数缺。前胸背板呈柱状,中隆线较弱,无侧隆线。前胸腹板突呈锥形或横片状。中胸腹板侧叶较宽地分开,中隔长大于宽。前、后翅一般发达,如缩短,则在背部毗连,有时前翅径脉域有 1 列密而平行的小横脉。后足股节基部外侧的上基片明显长于下基片,膝部外侧的下膝侧片端部向后延伸呈锐刺形(图 39,⑦)。后足胫节端部之半常扩展,上侧边缘形成狭片,但有时缺;胫节端部具外端刺,但有时也缺。鼓膜器发达。雄性腹部末节背板后缘多数缺尾片。雌性产卵瓣边缘常具齿。

内蒙古有 1 个属:稻蝗属 *Oxya* Serville。

11. 稻蝗属 *Oxya* Serville, 1831

Oxya Serville,1831,Ann. Sci. Nat. 22:264,286.

Acridium(*Oxya*) Serville,1839. Hist. Nat. Insect. Orth. :678,pl. 12.

Zulua Ramme,1929,Mitt. Zool. Mus. Berl. 25:327.

模式种: *Oxya hyla* Serville,1831

体中型或小型。颜面向后倾斜。触角超过前胸背板后缘。前胸背板宽平,中隆线明显,后横沟明显位于中部之后。前胸腹板突呈圆锥形。中胸腹板长宽相等,中隔长大于宽。前、后翅发达或缩短。后足股节下膝侧片顶端尖。后足胫节顶端具内、外端刺。雄性肛上板呈三角形,基部具中沟或全长具纵沟。雌性产卵瓣具齿。

本属内蒙古有 4 个种:中华稻蝗(无齿稻蝗)*Oxya adentata* Willemse,日本稻蝗 *Oxya japonica* (Thunberg),长翅稻蝗 *Oxya velox* (Fabricius),小稻蝗 *Oxya intricata* (Stål)。

内蒙古草地常见稻蝗属 *Oxya* Serville 分种检索表

1(2)雄性肛上板两侧有明显的侧沟(图 40,①)。雌性下生殖板中央具宽纵沟,两侧具纵脊,后缘一般有 4 个齿突(图 40,②)。尾须端部斜切。雌性腹部第 2 节背板后下角呈弯曲的锐角··· 日本稻蝗 *Oxya japonica* (Thunberg)

2(1)雄性肛上板两侧一般较平,基部两侧缺侧沟,顶端呈圆锥形。尾须呈圆锥形或稍尖(图 39,②)。雌性腹部第 2、3 节背板具刺;下生殖板的表面较隆起或较平,其后缘具短齿,中间两个齿间隔较大(图 39,⑥)··· 中华稻蝗(无齿稻蝗)*Oxya adentata* Willemse

(15) 中华稻蝗（无齿稻蝗）*Oxya adentata* Willemse, 1925（彩图 15）

Oxya adentata Willemse, 1925. Tijschr. Ent. 68:11,26.

Oxya chinensis (Thunberg) Hollis, 1971. Bull. Brit. Mus. (Nat. Hist.) Ent. 26(7):322 (partim).

Gryllus chinensis Thunberg, 1825. Mém. Acad. Sci. St. Pétersb. 5:253.

Oxya vicina Brunner von Wattenwyl, 1893. Annali Mus. Civ. Stor. Nat. Giacomo Doria (2) 13:152.

Oxya shanghaiensis Willemse, 1925. Tijschr. Ent. 68:54.

Oxya manzhurica Bey-Bienko, 1929. Konowia Ⅷ:105.

Oxya rammei Tsai, 1931. Mitt. Zool. Mus. Berl. 17:439.

Oxya formosana Shiraki, 1937. Outline on control of diseases and insects in Taiwan 3:21.

Oxya manzhurica nakaii Furukawa, 1939. Report of the first scientific exp. to Manchoukuo Incects of Jehol. (Ⅵ) Orders. Thysanura and Orthoptera (Ⅰ) Superfamily Acridoidea. Section Ⅴ. Division Ⅰ. Part Ⅴ. Article 16:84.

Oxya maritimea Mistshenko, 1951. Opred. Faune SSSR, 38:169.

Oxya lobata Stål, 1877. Oefv. Vet.-Akad. Forh. XXXIV. (10) p. 53. n. 1.

Gryllus lutesocens Thunberg, 1815. Mem. Petersb., V. p, 254.

Oxya sinuosa Mistshenko, 1951. Opred. Faunea SSSR, 38:169.

彩图 15　中华稻蝗（无齿稻蝗）*Oxya adentata* Willemse
1. 背面观(雄性); 2. 侧面观(雄性); 3. 侧面观(雌性); 4. 背面观(雌性)

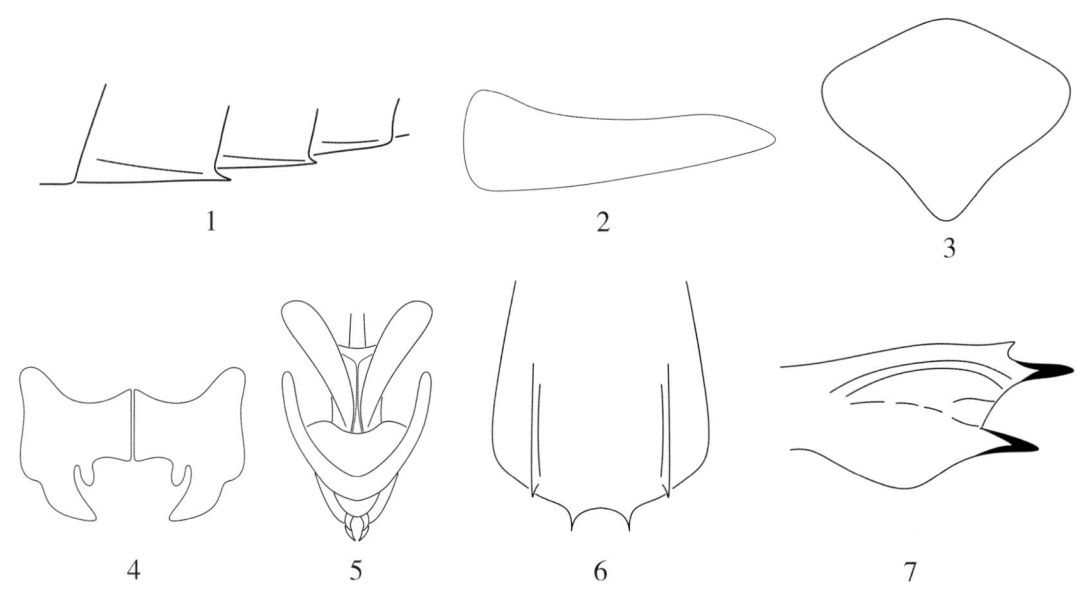

图 39 中华稻蝗(无齿稻蝗)*Oxya adentata* Willemse（1~6）；稻稞蝗 *Quilta oryzae* Uv.（仿郑哲民）（7）
1.腹部侧面观(雄性)；2.尾须(雄性)；3.肛上板(雄性)；4.阳茎基背片；5.阳茎复合体；6.下生殖板(雌性)；7.后足股节膝部

雄性体长 25.0~30.0mm，雌性体长 28.0~35.0mm。体中型，黄绿色、绿色，体表具刻点。眼后带黑褐色，复眼纵径为眼下沟长的 2.2 倍。触角中段一节长为宽的 2~2.4 倍。前胸背板侧缘平行，后缘圆形突出。前翅超过后足股节顶端，雌性前翅前缘具 1 列弱的刺。雌性腹部第 2、3 节背板后下角具齿突(图 39，①)，雄性腹部末节背板无尾片。后足股节黄绿色，膝部褐色，后足胫节黄绿色。肛上板呈三角形，两侧基部无侧沟(图 39，③)。尾须呈圆锥形，较直，顶端略尖(图 39，②)。雄性阳茎基背片的桥狭，缺锚状突，外冠似钩状，内冠小，呈齿状(图 39，④)；阳茎复合体色带后突背面观宽圆，侧突较小，色带瓣宽，阳茎端瓣细长，向上弯曲(图 39，⑤)。雌性产卵瓣具大小相等的钝齿，下生殖板后缘一般具 4 个齿，中央 1 对较接近(图 39，⑥)。

一年发生一代，以卵在土中越冬。喜栖息在低洼潮湿的地方，以禾本科植物为主要食料，常危害水稻、玉米、高粱、小麦等。

分布：内蒙古赤峰市、呼伦贝尔市、乌兰察布市、巴彦淖尔市、阿拉善盟，黑龙江，吉林，辽宁，天津，北京，河北，宁夏，甘肃，青海，山西，陕西，河南，山东，江苏，安徽，湖北，湖南，上海，江西，浙江，广东，福建，四川，广西，西藏，云南，台湾。

(16)日本稻蝗 *Oxya japonica* (Thunberg, 1824)（彩图 16）

Gryllus japonicus Thunberg, 1824. Mem. Acad. Sci. St. Petersb. 9:429.

Acridium sinense Walker, 1870. Cat. Derm. Salt. B. M. :628.

Heteracris straminea Walker, 1870. Cat. Derm. Salt. B. M. :666.

Heteracris simpler Walker, 1870. Cat. Derm. Salt. B. M. :669.

Oxya lobata Stål,1877. Ofvers. K. Vetensk Akad. Forh. Stockh. 10:53.
Oxya sinensis Willemse,1925. Tijschr. Ent. 68:32.
Oxya rufostriata Willemse,1925. Tijschr. Ent. 68:33.

彩图 16　日本稻蝗 *Oxya japonica*（Thunberg）
1.背面观(雄性);2.侧面观(雄性);3.侧面观(雌性);4.背面观(雌性)

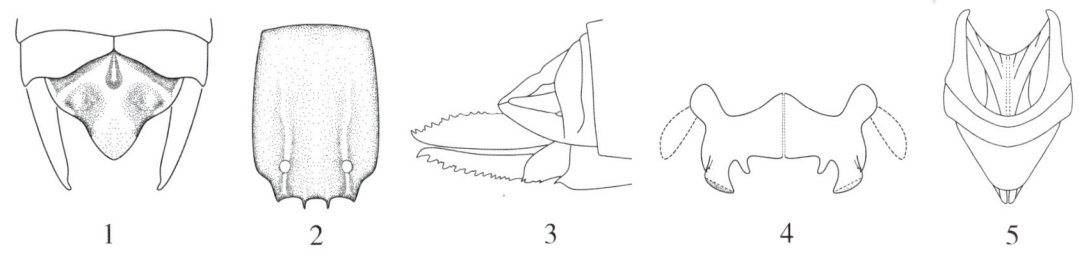

图 40　日本稻蝗 *Oxya japonica*（Thunberg）(1~5)
1.肛上板及尾须背面观(雄性);2.下生殖板腹面观(雌性);3.腹部末端侧面观(雌性);4.阳茎基背片;5.阳茎复合体

雄性体长 17.0~26.0mm,雌性体长 22.0~35.0mm。体褐绿色、黄褐色或绿色,复眼之后沿前胸背板侧片的上缘具明显的褐色纵条纹。头顶端呈圆形。颜面隆起纵沟明显,两侧缘几乎平行。前胸背板中隆线明显,缺侧隆线,3 条横沟均明显,后横沟位于近后端,沟前区略长于沟后区。前胸腹板突呈锥形,顶端较尖。前翅不到达后足胫节的中部,前、后翅等长。雌性前翅前缘具弱的刺。后足股节内、外下膝侧片顶端有锐刺。后足胫节上侧内、外缘呈狭片状,有外端刺和内端刺。肛上板呈圆三角形,有皱纹。尾须呈圆锥形,顶端略尖或斜形(图 40,①)。雌性下生殖板腹面具 1 深纵沟,两侧各具 1 条发达的纵脊,顶端具刺,其后缘中央具 1 对齿,两侧各具齿(图 40,

②)。雌性上、下产卵瓣外缘具齿,下产卵瓣基板腹面内缘具1大的刺(图40,③)。雄性阳茎基背片桥狭,无锚状突,外冠突钩状,内冠突细而短(图40,④);阳茎复合体色带后突背面观呈圆三角形,后缘有深凹缝,侧突不清晰,色带后缘深凹;阳茎端瓣细长,向上弯曲(图40,⑤)。

危害水稻等禾本科植物。

分布:内蒙古赤峰市,河北,山东,湖北,四川,江苏,浙江,台湾,广东,广西,西藏。

(六)黑蝗亚科 Melanoplinae Scudder, 1897

头侧面观较直或略向后倾斜。颜面隆起平或具纵沟,其侧隆线明显或缺。头顶前缘呈宽圆形。头侧窝缺。前胸背板呈圆柱形,背面略平,中隆线弱,侧隆线缺或个别种类有弱的侧隆线。中胸腹板侧叶较宽地分开,中隔较宽。前后翅发达,若缩短,则在背部毗连。后足股节基部外侧的上基片长于下基片,膝部外侧下膝侧片端部呈圆形。后足胫节较直,无外端刺。鼓膜器发达。雄性腹部末节背板后缘具小尾片。雄性下生殖板呈锥形。雌性产卵瓣呈钩状。

内蒙古有2个属:幽蝗属 *Ognevia* Ikonnikov,黑蝗属 *Melanoplus* Stål。

内蒙古草地常见黑蝗亚科 Melanoplinae 分属检索表

1(2)前、后翅发达,常超过后足股节顶端。复眼较小,呈圆形。前胸背板缺侧隆线。雄性尾须呈锥形,端部细狭 ·· **幽蝗属 *Ognevia* Ikonnikov**

2(1)前、后翅缩短,其端部远不达后足股节顶端。雄性尾片基部一般较宽,渐向端部变狭,但顶端仍宽 ··· ·· **黑蝗属 *Melanoplus* Stål**

12. 幽蝗属 *Ognevia* Ikonnikov, 1911

Ognevia Ikonnikov,1911. Ann. Zool. Mus. Akad. Sci. St. Petersburg 16:242~270.
Eirenephilus Ikonnikov,1911. Ann. Zool. Mus. Akad. Sci. ,St. Petersburg 16:264.
Podisma Latreille, 1910. Acrididen Japans. 52,69(partim).
Liaoacris Zheng,1989. J. Hubei Univ. (Nat. Sci)11(4):69,74.

模式种: *Ognevia sergii* Ikonnikov,1911

体中型。前胸背板沟前区明显缩狭,中隆线仅在沟后区明显,缺侧隆线,背板后缘呈圆弧形(图41,①)。前胸腹板突呈锥形。前、后翅发达,超过后足股节顶端。后足股节下膝片呈波状,顶角明显延长,后足膝部外侧之下膝片的顶端呈圆形。雄性腹部末节背板具尾片。尾须呈锥形,细长,向内弯曲,顶端尖(图41,②)。雌性下生殖板呈锥形,顶端明显伸长。雄性肛上板及尾须变异较大,下生殖板呈短锥形。雌性产卵瓣较短。

本属内蒙古有1个种:长翅燕蝗(长翅幽蝗) *Ognevia longipennis* (Shiraki)。

内蒙古草地常见幽蝗属 *Ognevia* Ikonnikov 分种检索表

1(1)后足股节外侧下膝侧片之下缘呈波状弯曲(图 42,⑤)。前翅呈亮绿色或黄棕色。前胸背板沟前区长等于或短于沟后区。雄性肛上板端部有 2 个瘤突(图 41,③)……………………………………………………………………………………… 长翅燕蝗（长翅幽蝗）*Ognevia longipennis* (Shiraki)

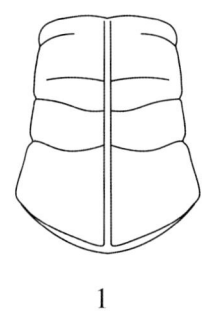 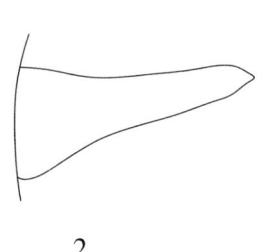 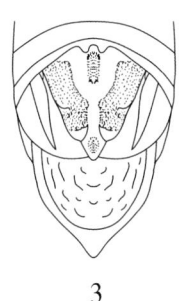

1　　　　　　　　　　　2　　　　　　　　　　　3

图 41　幽蝗属 *Ognevia* Ikonnikov（1～3）

1 和 2.*Ognevia sergii sergii*，1.前胸背板背面观，2.尾须（雄性）；3.长翅燕蝗（长翅幽蝗）*Ognevia longipennis*，腹部末端背面观（雄性）

(17)长翅燕蝗(长翅幽蝗) *Ognevia longipennis* (Shiraki, 1910)（彩图 17）

Podisma sapporenae var. *longipenne* Shiraki,1910. Acrididen Japans:77, Keiseisya, Tokyo.

Podisma longipennis Shiraki, Hebard,1924. Trans. American Ent. Soc. 50:220.

Eirenephilus longipennis (Shiraki), Furukawa 1939. Report of the First Scientific Exp. to Manchoukuo. Inscts of Jehol. (Ⅵ) Orders: Thysanura et Orthoptera (Ⅰ) Superfamily Acridoidea. Sect. Ⅴ, Div. Ⅰ,5(16):92,122,166.

Eirenephilus debilis Ikonnikov,1911. Ann. Zool. Mus. Acad. Sic. ,St. Petersburg 16:265.

Podisma alpina niphona Furukawa,1929. Kontyu (3):171～173.

Eirenephilus niphonus Rehn,1939. Trans. American Ent. Soc. ,65:82.

Ognevia longipennis (Shiraki), 1992. Storozhenko et Kanô, Akitu (new series)(128):7～12.

雄性体长 21.0～24.0mm,雌性体长 25.0～27.0mm。体亮绿色或黄棕色,具黑褐色眼后带(图 42,①～③)。颜面隆起全长具纵沟。前胸背板呈圆筒形,沟前区明显缩狭,中隆线仅在沟后区明显,缺侧隆线,沟前区长等于或大于沟后区长。前胸腹板侧叶间中隔呈不规则四方形,宽明显大于长(图 42,④)。前、后翅发达,超过后足股节顶端。前翅为棕色,后翅透明,端半部为烟色。后足股节上膝侧片黑色(图 42,⑤)。后足胫节黄色。雄性腹部末节背板具三角形尾片,尾片基部相连。肛上板呈心脏形,后缘中央呈三角形突出,端部有两个微弱小瘤突。尾须明显向上弯曲(图 42,⑥)。雄性阳茎基背片的冠突中部凹,冠突形状变异较大(图 42,⑦⑧);阳茎复合体色带瓣顶端和阳茎端呈圆形(图 42,⑨)。

彩图17　长翅燕蝗(长翅幽蝗)*Ognevia longipennis*（Shiraki）
1.背面观(雄性)；2.侧面观(雄性)；3.侧面观(雌性)；4.背面观(雌性)

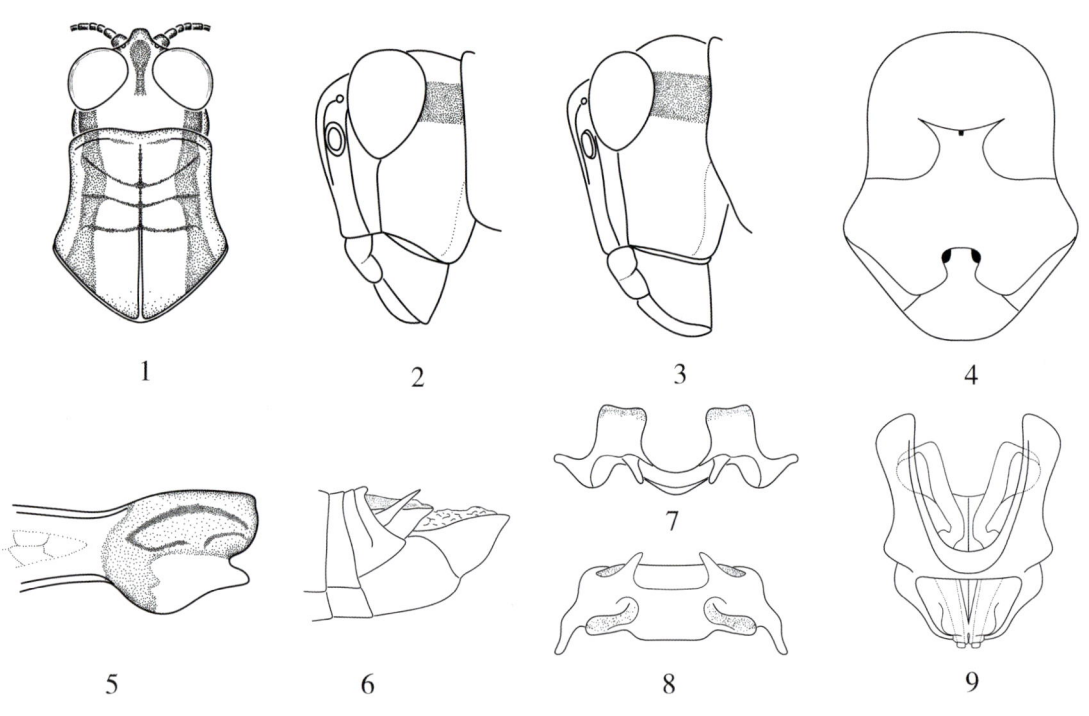

图42　长翅燕蝗(长翅幽蝗)*Ognevia longipennis*（Shiraki）（1～9）
1.头、前胸背板背面观(雄性)；2.头部侧面观(雄性)；3.头部侧面观(雌性)；4.中、后胸腹板腹面观(雄性)；5.后足股节端部侧面观(雄性)；6.腹部末端侧面观(雄性)；7.阳茎基背片背面观；8.阳茎基背片背面观；9.阳茎复合体

一年发生一代，以卵在土中越冬。成虫出现于7月上、中旬，7月下旬开始交尾，8月中、下旬为交尾盛期，8月中旬产卵，8月下旬为产卵盛期。卵多产于路边较坚硬的土壤内。本种多发现

于沿河流域的林间、灌木丛或山地林间灌丛中。雄性飞翔能力强,受惊动后常飞至柳丛或有时飞到高达 20~30m 的柳枝上。雌性飞翔能力弱。取食树木(柳叶)、灌木和禾本科植物的叶,数量多时则为害多种植物。

分布:内蒙古赤峰市、呼伦贝尔市、兴安盟、呼和浩特市,新疆,黑龙江,吉林,河北,山西。

13. 黑蝗属 *Melanoplus* Stål,1873

Melanoplus Stål,1873. Recens. Orthop. p. Ⅰ. p. 79.

模式种:*Gryllus frigidus Boheman*

颜面隆起平坦或略凹,侧隆线明显。前胸背板沟前区较狭,沟后区宽,有时沿中隆线略具凹口;中隆线低细;侧隆线不明显,后缘中央呈钝角形突出(图 43,①);前、中横沟切割或不切割中隆线;后横沟几乎位于中部,明显切断中隆线。前胸腹板突呈圆锥形。中胸腹板侧叶宽大于长,侧叶间中隔近方形,最狭处明显小于或等于其长。后胸腹板侧叶略分开,有时在后端毗连(雄性),在雌性中则较宽地分开。前翅短或前后翅发达。后足股节上侧中隆线无细齿。后足胫节缺外端刺。鼓膜器发达。雄性腹部末节背板后缘尾片明显,呈圆形或尖形。肛上板呈三角形或梯形。尾须侧扁,宽、直或向内弯曲,形状多样。雄性下生殖板呈短锥形,或近端部变宽,顶端钝圆或渐尖。雌性产卵瓣短,直而尖,产卵瓣外缘无细齿或细齿不明显。

本属内蒙古有 1 个种:北极黑蝗 *Melanoplus*(*Bohemanella*)*frigidus*(Boheman)。

内蒙古草地常见黑蝗属 *Melanoplus* Stål 分种检索表

1(1)前胸背板后缘中央呈钝角形突出(图 43,①),缺侧隆线。前翅短,在体背面毗连。雄性腹部末端向上弯曲 ·················· **北极黑蝗 *Melanoplus*(*Bohemanella*)*frigidus*(Boheman)**

(18)北极黑蝗 *Melanoplus*(*Bohemanella*)*frigidus*(Boheman,1846)(彩图 18)

Gryllus frigidus Boheman,1846. Oefv. K. Vet. -Akad. Forh. 3(3):81.

Melanoplus f. dimovskii Karaman,1959. Bull. Soc. Ent. Mulh. 1959:84~86.

Pezotettix alpicola Fischer,1852. Stett. Ent. Zeit. Ⅷ. p. 21.

Pezotettix frigida Stål,1876. Bihang Svensk. Akad. Handl. Ⅳ.(5)p. 17.

Podisma frigida kamtchatkoe Sjostedt,1935. Ark. Zool. 28 A N. 6. p. 16.

Podisma frigida strandi Frurhstorfer,1921. Arch. Natg. 87(5):159.

雄性体长 15.3~21.7mm,雌性体长 19.5~32.3mm。体灰褐色、褐色或黑褐色。复眼后方沿前胸背板沟前区两侧具暗色纵条纹。复眼纵径为眼下沟长的 1.3~1.5 倍(图 43,②)。前胸背板沟后区较宽,后缘中央呈钝角形突出(图 43,①);中隆线细;缺侧隆线;3 条横沟切割中隆线,后横沟位于中部。前胸腹板突呈锥形。中胸腹板侧叶间中隔狭,雌性略大于其长。短翅型两性前翅到达或不到达后足股节的中部,长翅型则可到达或超过后足股节端部。后足股节上侧中隆线平滑,下侧为红色。后足胫节为红色,缺外端刺。鼓膜器裸露。腹部末节后缘尾片小而尖。肛上板呈长三角形,基部中央具纵沟,侧缘略隆起。尾须宽,向内弯曲(图43,③)。雄性下生殖板呈短锥形,顶端略尖。雌性产卵瓣短而尖,上产卵瓣的上外缘具若干细齿。雄性阳茎基背片和阳茎复合体如图43,④⑤。

分布:内蒙古呼伦贝尔市,河北,山西,黑龙江。

彩图18 北极黑蝗 *Melanoplus* (*Bohemanella*) *frigidus* (Boheman)
1.背面观(雄性);2.侧面观(雄性);3.侧面观(雌性);4.背面观(雌性)

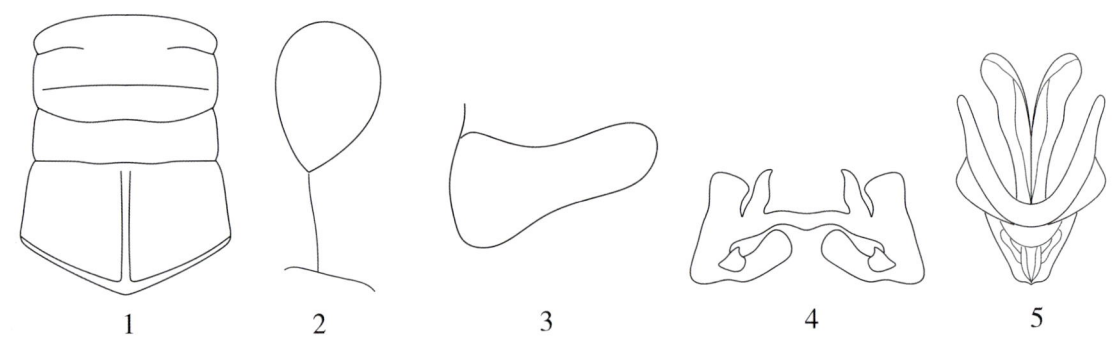

图43 北极黑蝗 *Melanoplus* (*Bohemanella*) *frigidus* (Boheman)(1~5)
1.前胸背板背面观(雄性);2.复眼及眼下沟(雄性);3.尾须侧面观(雄性);4.阳茎基背片;5.阳茎复合体

(七)秃蝗亚科 Podisminae Jacobson,1905

头背面呈锥形,侧面观略倾斜。颜面隆起平或具纵沟。头顶前缘宽圆或呈锐角形。缺头侧窝。前胸背板中隆线较弱,缺侧隆线。前胸腹板突呈锥形。中胸腹板侧叶较宽地分开,中隔较宽。前、后翅不发达，呈鳞片状，侧置，不在背部毗连。后足股节基部外侧的上基片长于下基片，膝部外侧下膝侧片端部呈圆形。后足胫节较直，端部无外端刺。雄性肛上板和尾片变异较大。下生殖板呈短锥形。雌性产卵瓣短，呈钩状。

内蒙古有 2 个属：翘尾蝗属 *Primnoa* Fischer-Waldehim，秃蝗属 *Podisma* Berthold。

内蒙古草地常见秃蝗亚科 Podisminae 分属检索表

1(2) 前胸背板后缘有较宽的凹口，沟前区一般较长，其长为沟后区长的 2.5 倍以上。雄性下生殖板非锥形，端部延伸为宽而厚的上缘。雌性产卵瓣的端部较尖，缺齿（图 44，①） ·· **翘尾蝗属 *Primnoa* Fischer-Waldehim**

2(1) 前胸背板后缘完整，有时后缘中央有小的凹口（图 44，②③）。前胸背板较短，沟前区长等于或大于沟后区长的 1.5 倍。雌性产卵瓣的端部不分裂为 2 齿 ················ **秃蝗属 *Podisma* Berthold**

图 44 秃蝗亚科 Podisminae（1～3）

1. 翘尾蝗 *Primnoa primnoa*，产卵瓣端部；2. 红股秃蝗 *Podisma pedestris pedestris*，前胸背板背面观（雌性）；3. *Podisma sapporensis krylonensis*，前胸背板背面观

14. 翘尾蝗属 *Primnoa* Fischer-Waldheim，1846

Primnoa Fischer-Waldheim，1846～1849. Ortho. Rossica. Ent. Imperii Rossica 8:248.

Pezotettix Stål，1876. Bih. Sven. Vet. Akad. Hand. (5):17(partim).

Pezotettix subgenus *Melanoplus* Stål，1876. Bih. Sven. Vet. Akad. Handl. (5):17 (partim).

Podisma subgenus *Eupudisma* Scudder，1897. Proc. U. S. Nat. Mus. XX:299,205.

模式种：*Primnoa primnoa* Fischer-Waldheim，1846～1849

体中型。触角细长，到达或超过前胸背板后缘。前胸背板缺侧隆线，沟前区长为沟后区长的 2～2.5 倍，后缘具三角形凹陷。前翅小，侧置，顶端超过第 1 或第 2 腹节的后缘。鼓膜器发达。雄性腹部末节背板具尾片。雄性下生殖板粗大，顶宽圆，上缘粗厚。雌性产卵瓣顶端较尖。

本属内蒙古有 3 个种：翘尾蝗 *Primnoa primnoa* Fischer-Waldheim，北极翘尾蝗 *Primnoa arctica* Zhang et Jin，白纹翘尾蝗 *Primnoa mandshurica* (Ramme)。

内蒙古草地常见翘尾蝗属 Primnoa Fischer-Waldheim 分种检索表

1(2)雌、雄两性前翅后缘有狭的淡色带纹。雄性肛上板后缘呈宽圆形,无三角形中央突(图45,④)………
…………………………………………………………… 白纹翘尾蝗 *Primnoa mandshurica* (Ramme)
2(1)雌、雄两性前翅后缘无淡色带纹。雄性腹部末节背板尾片较短,侧面观顶端较尖(图46,④)。雄性肛上板具长而弯曲的纵隆脊,隆起与后缘的中央突相遇(图46,③) …………………………………
…………………………………………………………… 翘尾蝗 *Primnoa primnoa* Fischer-Waldheim

(19)白纹翘尾蝗 *Primnoa mandshurica*(Ramme,1939)(彩图19)

Primnoa mandshurica Ramme,1939. Mitt. Zool. Mus. Berlin. XXIV:137.

Primnoa wuchangensis Huang 1982. Acta Entomologica Sinica 25(4):431～432.

雄性体长24.0～26.0mm,雌性体长32.5～33.0mm。雄性体暗黄绿色,雌性体褐色。头顶明显下凹(图45,①)。两复眼间宽略小于颜面隆起在两触角间的宽度。颜面隆起在触角之间不扩大,向唇基渐狭,中单眼之下略缩窄(图45,②)。前胸背板后缘凹口呈三角形,沟前区中隆线仅留痕迹,前横沟之前较明显,前、中横沟明显。中胸腹板侧叶间中隔呈梯形。前翅狭窄,前、后缘几乎平行,顶端略扩大(图45,③),不到达鼓膜器后缘。鼓膜器后部开放。雄性后足胫节淡褐色,雌性为亮褐色。腹部末节尾片较小,呈三角形(图45,④)。肛上板呈三角形,侧缘呈微弱的波状,具不明显的小瘤和微弱的横沟。雌性肛上板较平坦,基部具宽大的纵凹,并具细弱的中横沟。尾须略向外凸,上翘,侧面看几乎到达肛上板的顶端,呈矛状,上缘和下缘明显弧形弯曲,顶端呈圆形(图45,⑤)。雄性下生殖板略粗,其顶端凹口较深,呈圆形(图45,④)。雌性下生殖板后缘中突明显呈三角形,侧缘后角呈圆形。雄性阳茎基背片如图45,⑥,阳茎复合体如图45,⑦。

分布:内蒙古呼伦贝尔市满洲里,黑龙江,吉林。

彩图19 白纹翘尾蝗 *Primnoa mandshurica* (Ramme)
1.背面观(雄性);2.侧面观(雄性);3.侧面观(雌性);4.背面观(雌性)

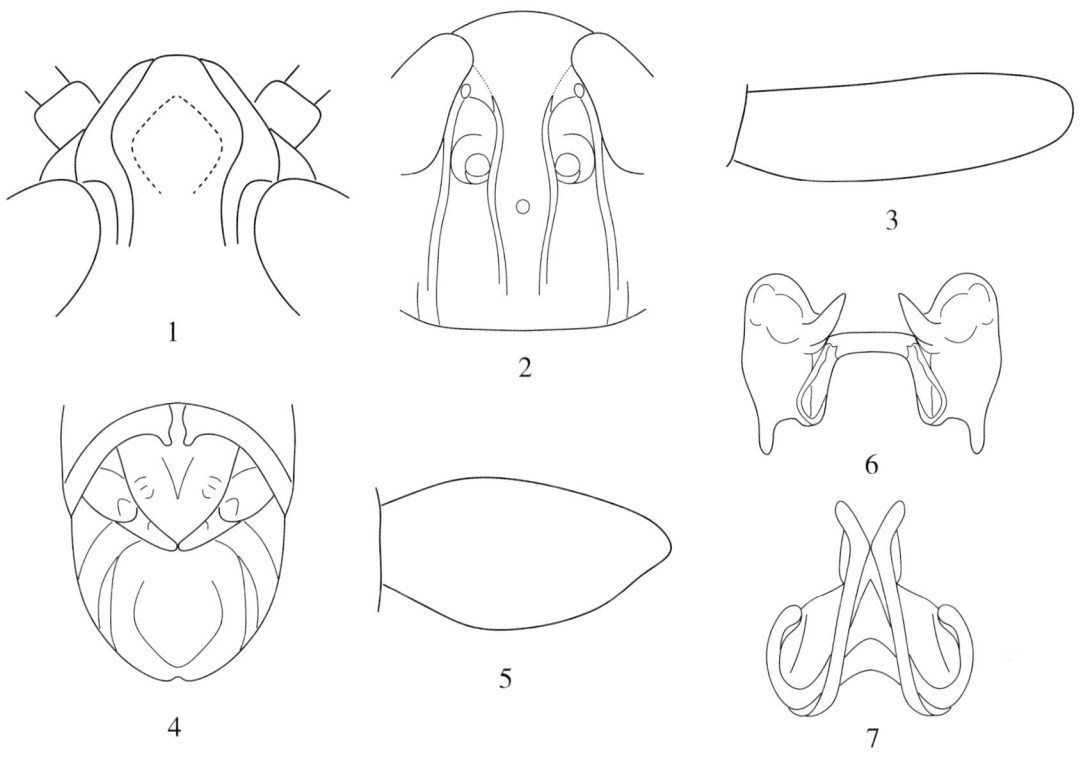

图 45 白纹翘尾蝗 *Primnoa mandshurica* (Ramme)(仿 Mistshenko,1974) (1~7)
1. 头部背面观(雌性);2. 头部颜面隆起正面观(雌性);3. 左侧前翅(雌性);4. 腹部末端背面观;5. 尾须侧面观(雄性);6. 阳茎基背片背面观;7. 阳茎复合体背面观

(20) 翘尾蝗 *Primnoa primnoa* Fischer-Waldheim,1846～1849(彩图 20)

Primnoa primnoa Fischer-Waldheim,1846～1849. Entomographia Imperii Rossica. Ⅳ. Orthoptera Rossica. Mosquae:248.

Primnoa viridis Motschulsky,1859. Eudes Entomol. Ⅷ:11.

Pezotettix (Melanoplus) primnous Schoch,1878. Mitt. Schweiz. Entomol. Gesellsch. Ⅴ (7):358.

Podisma sachalinensis Matsumura,1911. Jour. Coll. Agr. Tohoku Imp Univ. Sapporo. Ⅳ (1):5. pl. Ⅰ.

雄性体长 20.5～29.5mm,雌性体长 24.4～37.5mm。体黄绿色、黄褐色或介于两者之间。头明显向前伸出。前胸背板侧叶下部的花纹不明显;沟前区长约为沟后区的 2.5 倍。中胸腹板侧叶具较密的刻点,侧叶间中隔最狭处几乎等于其长(图 46,①)。后胸腹板侧叶最宽处略小于中、后胸腹板长之和(图 46,②)。雌、雄两性前翅较长、较狭,向端部扩大,到达第 1 腹节背板中部或后缘。中足股节明显加粗。后足胫节黄色或黄褐色,胫节刺端部黑色。腹部最后 1 节背板的尾片较大,呈明显的三角形,顶端尖,在基部毗连(图 46,③)。肛上板呈梯形,顶端略加宽,两侧在近后角处有长的弯曲脊,肛上板长宽几乎相等,后缘中突呈三角形。尾须近直形,略弯曲,呈圆锥形,顶端尖。雄性阳茎基背片如图 46,⑤,阳茎复合体如图 46,⑥。

栖息在林缘、采伐区内被灌木所覆盖的草甸生境中。取食林下灌木层植物的叶片,也在乔木和果树苗圃中为害树苗。当大量发生时,可为害林木和灌丛附近种植的谷物、马铃薯、瓜类和其他农作物。

分布:内蒙古呼伦贝尔市、兴安盟,黑龙江。

彩图 20 翘尾蝗 *Primnoa primnoa* Fischer-Waldheim
1.背面观(雄性);2.侧面观(雄性);3.侧面观(雌性);4.背面观(雌性)

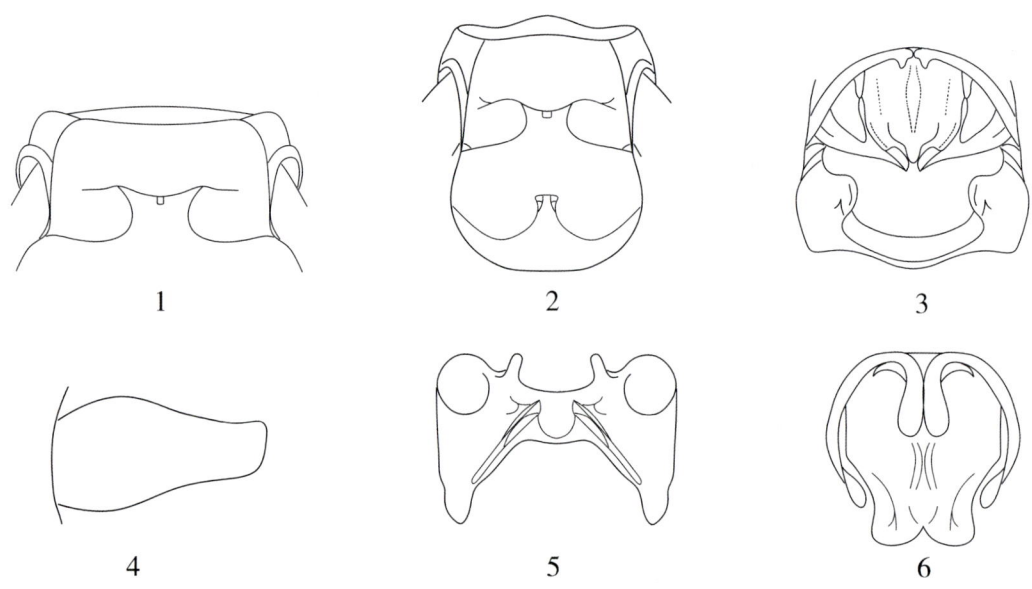

图 46 翘尾蝗 *Primnoa primnoa* Fischer-Waldheim(1~6 仿 Mistshenko,1974)(1~6)
1.中胸腹板腹面观(雌性);2.中、后胸腹板腹面观(雄性);3.腹部末端背面观(雄性);4.尾须侧面观(雄性);5.阳茎基背片背面观;6.阳茎复合体背面观

15. 秃蝗属 *Podisma* Berthold，1827

Podisma Berthold, 1827. Latreille's, Naturliche Familien des Thierreichs, aus dem Französischen mit Anmekuugen und Zusätzen:411

Pezotetixr Burmeister, 1840, Zeit. Ent. Ⅱ:51.

Miramella Dovnar-Zapolskii, 1933. Trud. Zool. Inst. Ak. Nauk USSR. Ⅰ:255, 258, 262, 266 (partim).

模式种：*Gryllus Locusta pedestris* **Linnaeus, 1758**

体表具稀疏绒毛和细小刻点。头顶略向前突出。缺头侧窝。颜面隆区明显，无明显纵沟。前胸背板后缘中央具较宽的三角形或圆形凹口（图44，③）（图47，①）；中隆线很低，在沟前区几乎消失；缺侧隆线；沟前区长大于沟后区长；3条横沟明显；前、中横沟有时较弱，且不切断中隆线；后横沟较明显，通常割断中隆线。前胸腹板突呈圆锥形。中胸腹板侧叶较宽地分开，通常中隔较宽，几乎平行。前翅很小，呈卵形或长条形，侧置，在背部彼此明显地分开，顶端超过或略不到达腹部第1或第2节背板的后缘。后翅极小，略可见。后足股节上侧中隆线光滑缺齿。后足胫节顶端缺外端刺。鼓膜器发达。雄性下生殖板端部略延伸，呈钝圆锥形，形成较宽而粗厚的上缘。肛上板呈短梯形。雌性产卵瓣端部较尖，顶端缺齿。

内蒙古有1个种：红股秃蝗 *Podisma pedestris pedestris* (Linnaeus)。

内蒙古草地常见秃蝗属 *Podisma* Berthold 分种检索表

1(1)雌、雄两性后足股节底侧为红色。短翅型：雄性前翅尽达腹部第2节背板，雌性刚超过腹部第1节背板后缘。长翅型：雌、雄两性前翅均超过后足股节顶端。雌性下产卵瓣有明显的齿（图47，②）··· 红股秃蝗 *Podisma pedestris pedestris* (**Linnaeus**)

(21)红股秃蝗 *Podisma pedestris pedestris* (Linnaeus, 1758) (彩图21)

Gryllus pedestris pedestris Linnaeus, 1758. Syst. Nat. Ed. Ⅹ, Ⅰ:433. (Europe)

Podisma pedestris pedestris (Linnaeus); Dovnar-Zapolskii, 1933. Trud. Zool. Inst. Akad. Nauk. USSR. Ⅰ:254, 259, 263.

Pezotettix pedestris Fischer, 1853. Orth. Europe:369.

Acridium apterum De Geer, 1773. Mem. Insect Ⅲ:474.

Acridium pedestre Olivier, 1791. Encyclop. Methop. Ⅵ:232.

雄性体长15.0～22.0mm，雌性体长18.5～30.5mm。体黄褐色。雌性触角不到达前胸背板后缘。复眼后方及前胸背板沟前区两侧具暗褐色纵条纹（图47，①）。头顶宽平，明显凹陷。颜面隆起略低凹。前胸背板后缘近圆弧形，中央凹（图44，③）；中隆线低，被3条横沟切断；后横沟几乎位于中部；缺侧隆线。前胸腹板突呈圆锥状，顶端尖。中胸腹板侧叶间中隔狭处明显小于其长。前翅几乎到达腹部第2节背板前缘（短翅型），或前翅很长，到达后足胫节的中部。后足股节上侧中隆线无细齿。后足胫节无外端刺。后足股节内侧红或黄色，底侧红色，顶端暗色。后足胫节污蓝色。鼓膜器发达。腹部末节尾片呈尖叶片状。肛上板呈短梯形，基部中央具纵沟，近顶端两侧具短突起，后缘中央锐角形突出。尾须呈圆锥形，不到达肛上板顶端。雄性下生殖板呈钝锥状。雌性下产卵瓣下外缘基部具明显的齿（图47，②）。雄性阳茎基背片如图47，③。

一年发生一代，以卵在土中越冬。喜栖息在海拔2500m的山地。据资料，在苏联某些地区可为害谷类、蔬菜瓜类等作物及牧草、花卉等（Mistshenko，1952）。

分布：内蒙古巴彦淖尔市、阿拉善盟，河北，陕西，山东，江苏，浙江，湖北，湖南，福建，广东，海南，广西，四川，贵州，云南，台湾。

彩图21　红股秃蝗 *Podisma pedestris pedestris*（Linnaeus）
1.背面观（雄性）；2.侧面观（雄性）；3.侧面观（雌性）；4.背面观（雌性）

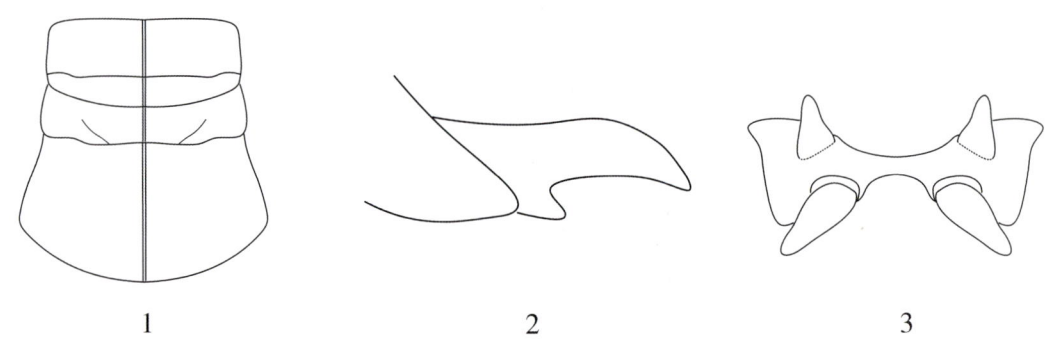

图47　红股秃蝗 *Podisma pedestris pedestris*（Linnaeus）（1～3）
1.前胸背板背面观（雄性）；2.产卵瓣侧面观（雌性）；3.阳茎基背片

(八)裸蝗亚科 Conophyminae Mistshenko, 1952

体表具粗刻点。头侧面观直或向后略倾斜。颜面隆起平或具纵沟。头顶前缘宽圆或中央具凹口。缺头侧窝。前胸背板中隆线较弱；侧隆线明显，有时弱或消失。前胸腹板突呈锥形或围领状。中胸腹板侧叶较宽地分开。后胸腹板侧叶明显分开，有时后端部分相接。前、后翅缺。后足股节基部外侧的上基片明显长于下基片，上侧中隆线平滑，缺齿，膝部外侧下膝侧片的端部呈圆形。后足胫节直或略弯曲，端部缺外端刺。鼓膜器明显，有时极小或缺。雄性腹部末节背板后缘有尾片。肛上板呈三角形或长方形，后缘中央具三角形突出。尾须呈锥形。雌性产卵瓣短，弯曲，有时顶端具 2 齿。

内蒙古有 1 个属：无翅蝗属 Zubovskia Dovnar-Zapolsky。

16. 无翅蝗属 Zubovskia Dovnar-Zapolsky, 1933

Zubovskia Dovnar-Zapolsky, 1933. Trud. Zool. Inst. Akad. Nauk. USSR. I: 255, 258, 262, 267.

Podisma Jacobson, 1902～1905. Orthopt. Pseudoneur. Imp. Ross. and Adj. Countr. :173.

Odontopodisma Ramme, 1939. Mitt. ,2001. Mus. Berlin, XXIV:140, 144, 143(partim).

模式种：Podisma parvula Ikonnikov, 1911

体小型。头短于前胸背板，头顶短。缺头侧窝。眼间距为触角间颜面隆起宽的 1.25～1.7 倍。触角呈丝状，超过前胸背板后缘。复眼近圆形。前胸背板圆柱形，中隆线很低，无侧隆线，沟前区长为沟后区长的 2.25～3.25 倍。前胸腹板突呈圆锥形，顶端尖。中胸腹板侧叶间中隔较宽。后胸腹板侧叶分开。完全无翅。后足股节上侧中隆线平滑，下膝侧片顶端圆形。后足胫节无外端刺（图 23,⑤）。无鼓膜器或不明显。雄性尾须较长。雌性产卵瓣较细，顶端具 2 个小齿（图 48,①）。

内蒙古有 3 个种：柯氏无翅蝗（小无翅蝗）Zubovskia koeppeni (Zubovsky)，平尾无翅蝗 Zubovskia planicaudata Zhang et Jin，额右旗无翅蝗 Zubovskia eyouqiensis Li, Li et Yin。

内蒙古草地常见无翅蝗属 Zubovskia Dovnar-Zapolsky 分种检索表

1(1)前胸背板沟前区长为沟后区长的 2.3～2.5 倍。触角短粗，中段一节长为宽的 2～2.5 倍。后足股节长为宽的 4.6～5.4 倍·················· **柯氏无翅蝗(小无翅蝗)Zubovskia koeppeni (Zubovsky)**

(22)柯氏无翅蝗(小无翅蝗)Zubovskia koeppeni (Zubovsky, 1900) (彩图 22)

Podisma koeppeni Zubowsky, 1900. Trudy Russ. Ent. Obs. XXXIV 34:20.

Zubovskia koeppeni (Zubowsky); Bey-Bienko & Mistshenko, 1951. Acridoidea of the USSR.

and adjacent countries:215.

Zubovskia mandshurica Ramme,1951. Mitt. Zool. Mus. Berlin. 27:64.

Odontopodisma koeppeni Ramme,1939. Mitt. Zol. Mus. Berlin XXIV:140,141,143.

Podisma parvula Ikonnikov,1911. Ann. Mus. Zool. 16,259~261,pl. Ⅴ.

雄性体长 16.7~18.5mm,雌性体长 22.5~23.6mm。体小型,褐色。触角呈丝状,细长,其顶端到达后足股节的基部,中段一节长为宽的 2.4~3 倍。前胸背板呈圆柱形,两侧缘近平行,缺侧隆线,前胸背板沟前区长为沟后区长的 2.6~2.8 倍,后缘完整或略凹陷。前胸背板、腹部背面沿中隆线处无黑色纵条纹。完全无翅。鼓膜器很小或缺(图 48,②)。雄性腹部末节背板后缘的尾片较小,其长为肛上板长的 1/6~1/5。尾须侧面观基部宽,中部狭,顶端宽圆(图 48,③)。雄性下生殖板呈锥形,顶端延长成 1 个锥状突起(图 48,④)。雌性产卵瓣顶端具 2 个齿。

分布:内蒙古呼伦贝尔市牙克石,吉林长白山。

彩图 22 柯氏无翅蝗(小无翅蝗)*Zubovskia koeppeni*(Zubovsky)

1.背面观(雄性);2.侧面观(雄性);3.侧面观(雌性);4.背面观(雌性)

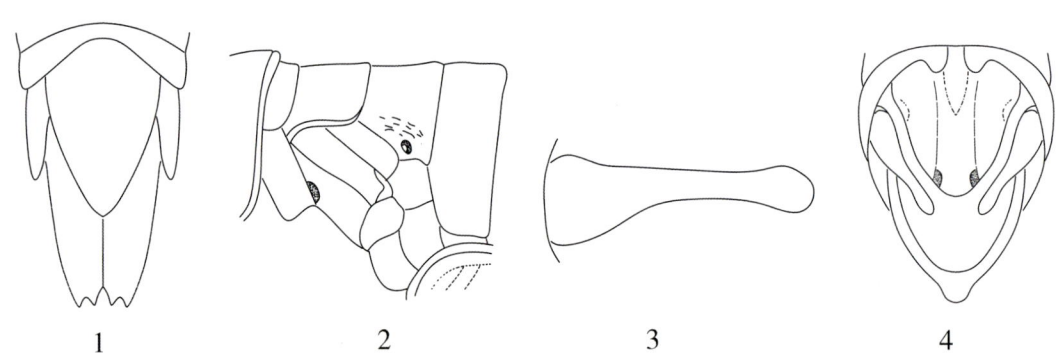

图 48 柯氏无翅蝗(小无翅蝗)*Zubovskia koeppeni*(Zubovsky)(1~4)

1.腹部末端背面观(雌性);2.鼓膜器;3.尾须侧面观;4.腹部末端背面观(雄性)

(九)刺胸蝗亚科 Cyrtacanthacridinae Kirby, 1910

体中型或大型,体表光滑或具细刻点。头侧窝缺。前胸背板近鞍形;中隆线明显隆起,呈屋脊状;缺侧隆线。前胸腹板突呈锥形,有时明显向后倾斜。中胸腹板侧叶较狭长,明显分开,内缘近直角形。后胸腹板侧叶分开,后端毗连。前、后翅发达,超过后足股节端部。后足股节基部外侧上基片长于下基片,上侧中隆线具细齿,膝部外侧下膝侧片端部呈圆形或角形。后足胫节细长,端部缺外端刺,胫节刺较少。肛上板近三角形。雄性尾须侧面观近锥形,侧扁,顶端尖;下生殖板呈锥形,有时较长。雌性产卵瓣端部呈钩状。

内蒙古有 1 个属:棉蝗属 *Chondracris* Uvarov。

17. 棉蝗属 *Chondracris* Uvarov, 1923

Chondracris Uvarov,1923. Ann. Mag. N. H. (9)11:144.

Acridium Burmeister,1838. Handb. Ent. Ⅱ:602,626(partim).

Cyrtancanthacris Kirby,1914. Fauna Brit. India. Acrid. :193,230(partim).

模式种: *Chondracris rosea* (De Geer, 1773)

体大型。头侧窝不明显。颜面隆起在中单眼之下具纵沟。复眼纵径为横径的 1.5~1.7 倍。前胸背板表面具颗粒和短隆线;中隆线显著隆起,呈屋脊状,侧面观上缘弧形,缺侧隆线,3 条横沟明显,均切断中隆线(图49,①)。前胸腹板突呈长圆锥形,顶端尖锐,颇向后弯曲。中胸腹板侧叶间中隔长大于其宽,侧叶内缘后下角几乎成直角,但不毗连。前、后翅发达,超过后足股节的顶端。后足股节上侧中隆线具明显的细齿。后足胫节缺外端刺,胫节齿较长。雄性下生殖板细长,呈尖锐的圆锥形(图49,④)。尾须呈圆锥形,顶端尖锐(图49,⑤)。雌性上产卵瓣的上外缘具不明显的小齿。

内蒙古有 1 个种:棉蝗 *Chondracris rosea rosea* (De Geer)。

内蒙古草地常见棉蝗属 *Chondracris* Uvarov 分种检索表

1(1)后翅基部玫瑰色,端部本色。雌、雄两性前胸背板后部略呈屋脊状;中隆线在沟前区隆起,在后部低而直(图49,①)。前翅较短,超过后足股节顶端的长度等于或略短于全长的 1/4 ·· 棉蝗 *Chondracris rosea rosea* (De Geer)

(23)棉蝗 *Chondracris rosea rosea* (De Geer, 1773)(彩图 23)

Acridium roseum De Geer,1773. Mem. Hist. Ins. Ⅲ:488.

Chondracris rosea (De Geer),Uvarov,1924. Ann. Mag. Nat. Hist. 914:106,108.

Gryllus flavicornis Fabricius,1787. Mant. Ins. Ⅰ:237.

Chondracris lutescens Walker, 1870. Cat. Derm. Salt. B. M. :564,565~567.
Cyrtacanthacris fortis Walker, 1870. Cat. Derm. Salt. B. M. :567(partim).
Cyrtacanthacris rosea Krby, 1914. Fauna Brit. India Orth. Acrid. :230~231. (partim).

雄性体长 45.0~51.0mm, 雌性体长 60.0~80.0mm。体大型，青绿色或黄绿色，沿体背中线有 1 条淡黄绿色纵条纹，体表具密的长绒毛和粗大刻点。头顶宽短，前端钝圆，无中隆线。颜面隆起在中眼之下具纵沟，纵沟几乎达唇基，在中单眼以上平，侧缘近平行。颜面侧隆线弧形弯曲。复眼纵径为眼下沟长的 1.3 倍。前胸背板中隆线较高，侧面看上缘呈弧形(图 49,①)；缺侧隆线；3 条横沟明显切断中隆线，沟前区长为沟后区长的 1.2~1.4 倍；前胸背板前缘呈角形突出，后缘呈直角形(图 49,①)，侧片中部具 2 条淡黄色方块斑。前胸腹板突呈长圆锥形，向后极弯曲，顶端几乎达中胸腹板(图 49,②)。中胸腹板侧叶间中隔呈长方形，后胸腹板侧叶在后端毗连，雌性不相连(图 49,③)。前翅发达，到达后足胫节中部，中脉域、肘脉域具密的网状脉。后翅基部玫瑰色。后足股节上侧中隆线具细齿。后足胫节缺外端刺。肛上板呈三角形，基半部中央具纵沟。尾须长，顶端尖锐，略向内弯曲(图 49,④)。雄性下生殖板细长，呈锥形，顶端尖锐(图 49,⑤)。雌性产卵瓣粗短，外缘光滑无细齿。雄性阳茎基背片如图 49,⑥，阳茎复合体如图 49,⑦。

一年发生一代，以卵在土中越冬。4 月下旬孵化，蜕皮 6 次后于 6 月中旬至 7 月下旬陆续羽化为成虫，7 月上旬至 9 月下旬交尾产卵。通常选择在沙质较硬实且阳光充足的疏林地或与林间隙地交接的林缘地产卵。喜食棉花和玉米。

分布：内蒙古阿拉善盟，河北，山东，陕西，江苏，浙江，湖北，四川，台湾，福建，湖南，贵州，广东，广西，云南，新疆。

彩图 23　棉蝗 *Chondracris rosea rosea* (De Geer)
1.背面观(雄性)；2.侧面观(雄性)；3.侧面观(雌性)；4.背面观(雌性)

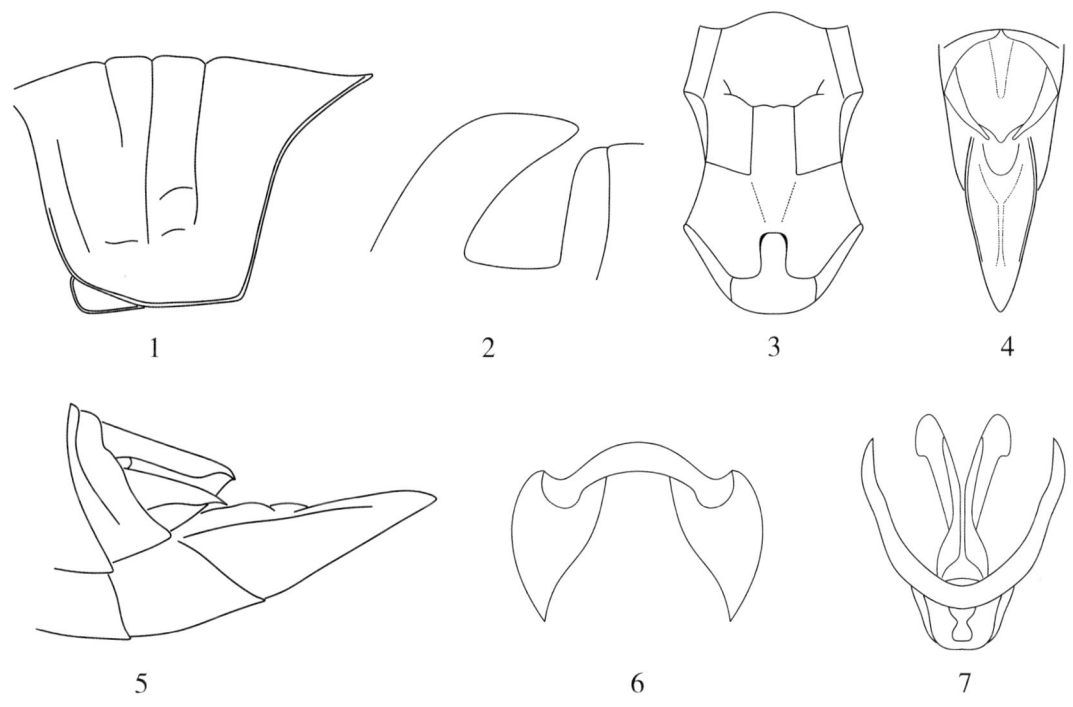

图 49　棉蝗 *Chondracris rosea rosea* (De Geer) (1～7)
1. 前胸背板侧面观(雄性);2. 前胸腹板突侧面观;3. 中、后胸腹板腹面观(雌性);4. 腹板背面观(雄性);5. 腹部末端侧面观(雄性);6. 阳茎基背片;7. 阳茎复合体

(十)斑腿蝗亚科 Catantopinae Brunner von Wattenwyl,1893

体中型,体表光滑,具细刻点。缺头侧窝。前胸背板呈圆柱状,背面较平,中隆线弱,缺侧隆线。前胸背板突呈圆柱状,顶端钝。中胸腹板侧叶较宽地分开,侧叶间中隔较宽,有时也缩狭。后胸腹板侧叶的后端毗连。前、后翅发达。后足股节上侧中隆线呈锯齿状(图50,①),基部外侧上基片长于下基片。后足胫节端部缺外端刺。雄性腹部末节背板后缘多数种类缺尾片。尾须呈锥状。肛上板呈三角形。雄性下生殖板呈锥形。雌性产卵瓣短,呈钩状。

内蒙古有 1 个属:斑腿蝗属 *Catantops* Schaum。

18. 斑腿蝗属 *Catantops* Schaum, 1853

Catantops Schaum,1853. Bericht Akad. Wiss. Berl. :779.
Eupropacris Kirby,1910. Syn. Cat. Orth. 3:476.
Viticatantops Walker,1870. Cat. Derm. Salt. B. M. Ⅳ:642.

模式种: *Catantops melanotictus* Schaum, 1853

体中型,体表具细刻点。头顶端近梯形,微凹。缺头侧窝。前胸背板略呈圆柱状,前端稍缩狭,后缘呈钝角状;中隆线弱,被3条横沟切断,缺侧隆线。前胸腹板突呈圆柱状,较直或微后倾,顶端钝圆。中胸腹板侧叶宽大于长;侧叶间中隔在中部缩狭,中隔长为其最狭处宽的3～4倍。后胸腹板侧叶毗连。前翅到达或超过后足股节端部,端部圆。后足股节短粗,上侧中隆线具细齿,下隆线平滑(图50,①)。后足胫节缺外端刺。雄性腹部尾片较钝。肛上板呈三角形(图50,③)。尾须向上弯曲,基部宽,中部略细,端部略膨大呈钝圆(图50,②)。雄性下生殖板呈锥状。雌性产卵瓣较短,适度弯曲。

本属内蒙古有1个种:红褐斑腿蝗 *Catantops pinguis*（Stål）。

内蒙古草地常见斑腿蝗属 *Catantops* Schaum 分种检索表

1(1)雄性下生殖板呈短锥形,顶尖(图50,②)。尾须长,基部宽,略大而钝(图50,②)。后翅透明,端部烟色。后足股节红褐色……………………………………**红褐斑腿蝗** *Catantops pinguis*（Stål）

(24)红褐斑腿蝗 *Catantops pinguis*（Stål, 1861）（彩图24）

Acridium（*Catantops*）*pinguis* Stål, 1860. Eugen. Rese. Orth. :330.

Catantops pinguis pinguis（Stål）, Dirsh, 1956. Publ. Cult. Comp. Diam. Angola 28:103～105,342～349,358.

Acridium delineclatum Walker, 1870. Cat. Derm. Salt. B. M. Ⅳ:631.

雄性体长25.0～27.0mm,雌性体长31.0～35.0mm。体黄褐色或褐色。颜面略向后倾斜;颜面隆起两侧缘几乎平行,具纵沟,侧缘隆线完整。前胸背板近圆柱状,中隆线低而细,3条横沟明显,后横沟位于中部,沟前区和沟后区近等长。前胸腹板突近圆柱状,直或微向后倾斜,顶端钝圆。中胸腹板侧叶间中隔在中部缩狭,中隔长为最狭处宽的3～4倍。后胸腹板侧叶毗连。前翅发达,超过后足股节端部,其超出部分近等于或不及前胸背板长的一半。后足股节上侧中隆线具细齿(图50,①),长约为宽的3.3倍。后足胫节缺外端刺。尾须向上弯曲,基部宽,顶端略膨大,呈圆形(图50,②)。肛上板呈三角形,基部具纵沟。雄性下生殖板呈锥形,顶端尖(图50,③)。雌性下生殖板呈长方形(图50,④);产卵瓣短,略弯曲,上产卵瓣上外缘具若干个小齿。雄性阳茎基背片如图50,⑤,阳茎复合体如图50,⑥。

一年发生一代,以成虫越冬。为害水稻、甘蔗、小麦、棉花、油棕、茶树。

分布:内蒙古(详细分布地址不明),河北,北京,陕西,河南,江苏,浙江,湖北,江西,福建,台湾,广东,广西,四川,贵州,云南,西藏。

彩图 24　红褐斑腿蝗 *Catantops pinguis*（Stål）

1.背面观（雄性）；2.侧面观（雄性）；3.侧面观（雌性）；4.背面观（雌性）

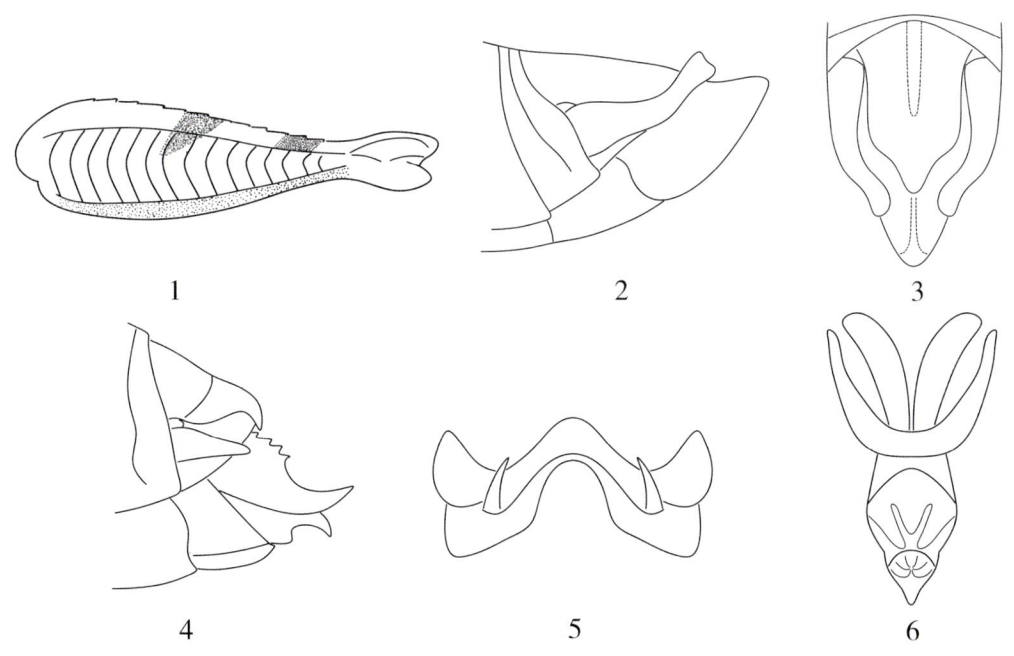

图 50　红褐斑腿蝗 *Catantops pinguis*（Stål）（1～6）

1.后足股节外侧；2.腹部末端侧面观（雄性）；3.腹部末端背面观（雄性）；4.腹部末端侧面观（雌性）；5.阳茎基背片；6.阳茎复合体

(十一)星翅蝗亚科 Calliptaminae Jacobson, 1905

体小型或大型,粗壮,体表光滑或具细刻点。头顶端宽圆。缺头侧窝。前胸背板背面平或略隆起,中隆线和侧隆线均明显。前胸腹板突呈柱状或锥状;中胸腹板侧叶较宽地分开,侧叶间中隔宽;后胸腹板侧叶后端明显分开。前、后翅发达,不达、到达或略超过后足股节顶端;少数种类前后翅缩短,呈鳞片状,侧置。后足股节粗壮,基部外侧上基片长于下基片,膝部外侧下膝侧片顶端圆,上侧中隆线呈锯齿状。后足胫节缺外端刺。鼓膜器发达。雄性腹部末节后缘缺尾片;肛上板呈三角形;尾须较大,狭长,向内弯曲,顶端具齿;下生殖板呈短锥形。雌性产卵瓣较短,端部呈钩状。

内蒙古有1个属:星翅蝗属 *Calliptamus* Serville。

19. 星翅蝗属 *Calliptamus* Serville, 1831

Calliptamus Serville, 1831. Ann. Sci. Nat. XXII. p. 284

模式种: *Gryllus Locusta italicus* Linnaeus, 1758

体中型或小型。颜面隆起平,无纵沟。无头侧窝。前胸背板宽平,呈圆筒状,中隆线低,具侧隆线,中隆线和侧隆线通常被3条或2条横沟切断,后横沟位于中部之后。前胸腹板突呈圆柱形,顶端钝。中胸腹板侧叶较宽短,宽明显大于长。前、后翅发达,有的短缩,超过后足股节中部。后足股节粗短,长为宽的2.8~3.8倍,上侧隆线具细齿(图51,②)。后足胫节缺外端刺。雄性尾须侧扁,顶端分上、下2支,下支顶端又分为2齿(图51,⑤)。雄性腹部末节背板后缘无尾片;下生殖板呈短锥形,顶端尖。雌性产卵瓣短,上产卵瓣上外缘无细齿或不明显。

本属内蒙古有3个种:短星翅蝗 *Calliptamus abbreviatus* Ikonnikov,黑腿星翅蝗 *Calliptamus barbarus cephalotes* Fischer-Waldheim,意大利蝗 *Calliptamus italicus* (Linnaeus)。

内蒙古草地常见星翅蝗属 *Calliptamus* Serville 分种检索表

1(2)后翅基部无色透明,极少数呈红色。前翅较短,通常不到达或刚到达后足股节顶端 ·· 短星翅蝗 *Calliptamus abbreviatus* Ikonnikov

2(1)后翅基部红色或玫瑰红色。前翅较长,通常超过后足股节顶端。

3(4)后足股节内侧浅黄色或玫瑰色,常具2个不很完整的黑色斑纹(图53,①)。雄性尾须较细长,端部扩展,端部上支明显长于下支,下支具锐的下小齿(图53,②) ·· 意大利蝗 *Calliptamus italicus* (Linnaeus)

4(3)后足股节内侧红色,有卵形黑色大斑(图52,①)。雄性尾须近顶端略宽,上支明显长于下支,下支的小齿较钝(图52,②) ·················· 黑腿星翅蝗 *Calliptamus barbarus cephalotes* Fischer-Waldheim

(25)短星翅蝗 *Calliptamus abbreviatus* Ikonnikov,1913（彩图25）

Calliptamus abbreviatus Ikonnikov,1913. Uber die von P. Schmidt aus Korea mitgebrachten Acridoiden. 21.

Calliptamus ictencus Karny,1908. Wisseiisch. Ergebn. Expeg. Filchner etc. X (91) 35.

Calliptamus sibiricus Vnukovsky,1926. Mitt. Münch. Ent. Ges. 16:91.

雄性体长12.5～21.0mm,雌性体长25.0～32.5mm。体褐色或暗褐色,有的个体在前胸背板侧隆线及前翅臀域具黄褐色纵条纹。颜面隆起宽,具刻点,无纵沟,侧缘近平行。头无中隆线,后头具中隆线。缺头侧窝。复眼纵径为横径的1.5～1.6倍,为眼下沟长的1.7～3倍。前胸背板中、侧隆线均明显,侧隆线到达后缘;3条横沟明显,后横沟切断中隆线(图51,①),沟前区等于沟后区之长。前胸腹板突呈圆柱形,顶端钝圆。中胸腹板侧叶间中隔较宽,宽大于长。后胸腹板侧叶分开。前翅较短,不到达或刚到达后足股节顶端;中脉域宽于前缘脉域,有多的黑褐色小斑点。后翅本色,略短于前翅,基部非红色。后足股节粗短,上隆线具明显细齿(图51,②);上侧具3个黑色横斑;外侧上下隆线具1列黑色小点;内侧红色,具2个不完整的大黑斑(图51,③);下侧内面红色。后足胫节红色。鼓膜器呈圆形。雄性肛上板呈三角形,具中纵沟(图51,④)。尾须狭长,顶端宽,下支分为2齿(图51,⑤)。雌性尾须呈短锥形;产卵瓣短,上产卵瓣上外缘粗糙,但无细齿(图51,⑥)。雄性阳茎基背片如图51,⑦,阳茎复合体如图51,⑧。

为内蒙古典型草原的优势种蝗虫。

一年发生一代,以卵在土中越冬。成虫7月中、下旬出现。不善飞翔,喜欢在地面上活动。在山坡及丘陵草地上种群数量最大,在平坦的高草草原数量较低。为害菊科牧草、豆类作物和马铃薯,也为害小麦、高粱、玉米、甜菜、蔬菜、亚麻、瓜类、甘薯等农作物。

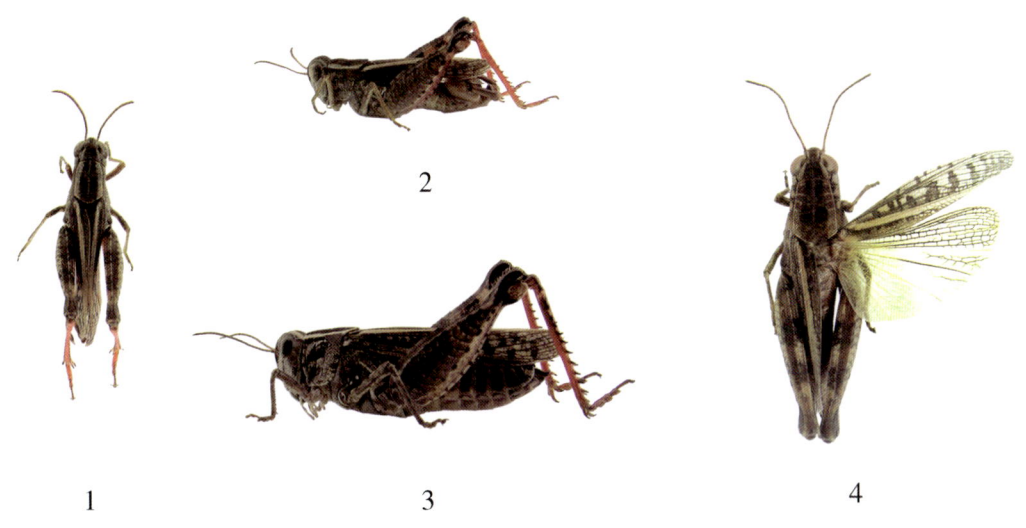

彩图25 短星翅蝗 *Calliptamus abbreviatus* Ikonnikov
1.背面观(雄性);2.侧面观(雄性);3.侧面观(雌性);4.背面观(雌性)

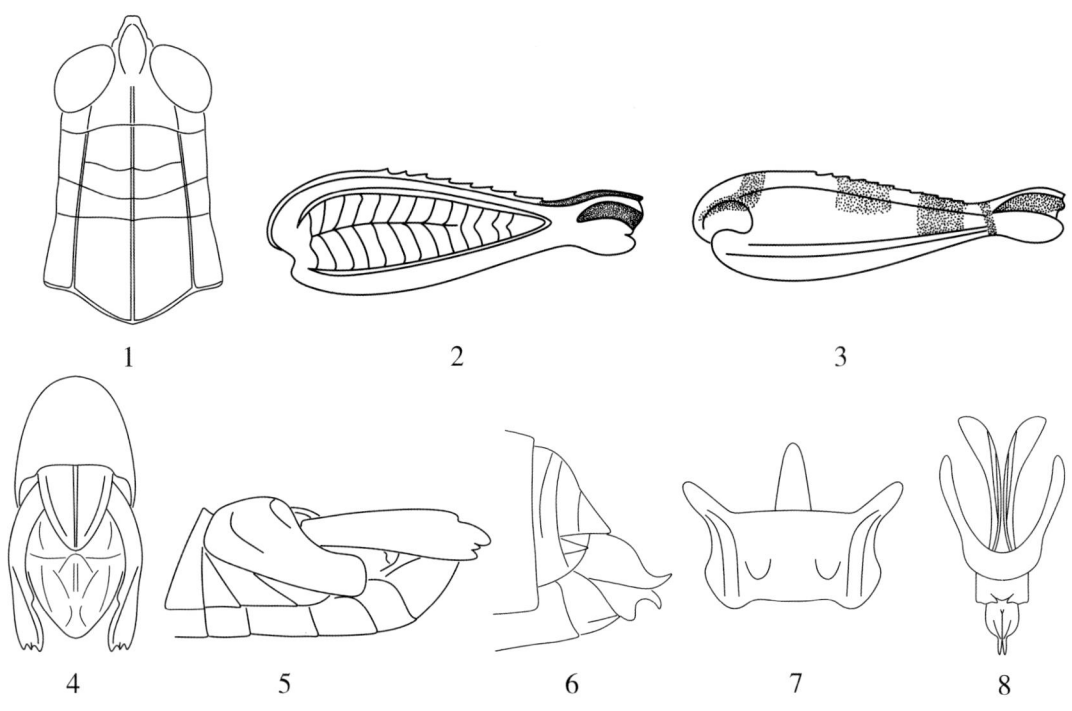

图 51 短星翅蝗 *Calliptamus abbreviatus* Ikonnikov（1～8）

1. 头、前胸背板背面观；2. 后足股节外侧；3. 后足股节内侧；4. 腹部末端背面观（雄性）；5. 腹部末端侧面观（雄性）；6. 腹部末端侧面观（雌性）；7. 阳茎基背片；8. 阳茎复合体

分布：内蒙古赤峰市、呼和浩特市、包头市、呼伦贝尔市、兴安盟、乌兰察布市、巴彦淖尔市、鄂尔多斯市、阿拉善盟，黑龙江，吉林，辽宁，河北，山西，陕西，甘肃，山东，江苏，安徽，浙江，江西，四川，贵州，广东。

(26) 黑腿星翅蝗 *Calliptamus barbarus cephalotes* Fischer-Waldheim, 1846（彩图 26）

Calliptamus barbarus cephalotes Fischer-Waldheim, 1846. Bey-Bienko et Mishchenko, 1951. Acridoidea of the Fauna of the USSR. p. 228.

Acridium barbarum Costa, 1836. Faune Del Regno Di Napoli. Orthopteri:13, pl. I. A～D.

Calliptamus minimus Ivonov, 1888. Arb. Ges. Nayur. fr. Univ. Charkov, 21:35.

Calliptamus montanus Chopard, 1936. Bull. Soc. Sci. Nat. Maroc. 16:177.

Caliiptamus barbarus monspelliensis Grass & Hollande, 1945. Arch. Zool. exp. gen., 84: 49～69.

Calliptamus ictericus chopardi Grasse & Hollande, 1945. Arch. Zool. exp. gen., 84: 49～69.

Calliptamus barbarus pallidipes Ramme, 1951. Mitt. Zool. Mus. Berl., 27:311.

Calliptamus barbarus nanus Mistshenko, 1951, Opred. Faune USSR. 1:257.

Calliptamus barbarus pallidipes f. Salina Maran.,1954. Sbor. Acta Ent. Mus. Nalt. Pragae, 28(406):153.

Caloptenus siculus Burmeister,1838. Hand. Ent. 2(2):639.

Caloptenus italicus var. *deserticola* Vosseler,1902. Zool. Jb. (Syst.),16:395.

Caloptenopsis punctata Kirby,1914. Fauna Brit. Ind. Orth. Acrid.:260.

雄性体长 13.7~22.0mm,雌性体长 22.7~41.5mm。体通常黄褐色或褐色。颜面隆起明显,缺纵沟,具刻点。缺头侧窝。前胸背板呈圆柱状,中、侧隆线明显,中隆线被 3 条横沟切断;后横沟位于中部;侧隆线到达前胸背板后缘。前胸腹板突圆柱状,顶端钝。中胸腹板侧叶间中隔等于或长于其宽。前翅较长,具黑斑点。后翅基部红色或玫瑰色。后足股节上侧中隆线具细齿,内侧橙红色,具 1 个较大的卵圆形黑色斑块,内上侧具 1~3 个不完整的黑色斑纹(图 52,①)。后足

彩图 26　黑腿星翅蝗 *Calliptamus barbarus cephalotes* Fischer-Waldheim
1.背面观(雄性);2.侧面观(雄性);3.侧面观(雌性);4.背面观(雌性)

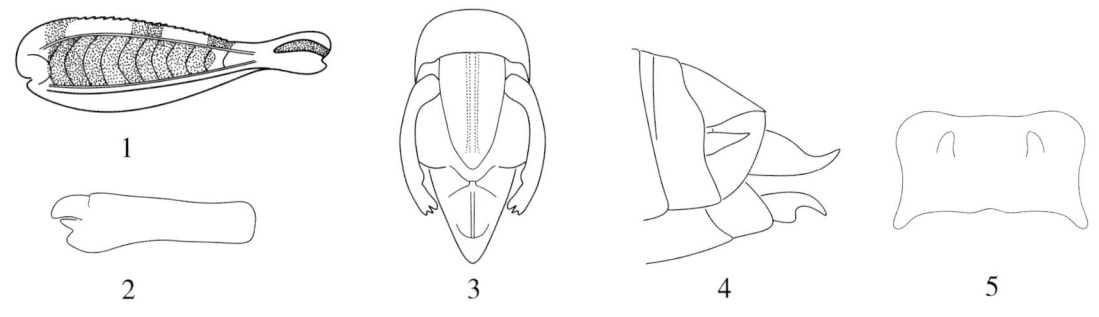

图 52　黑腿星翅蝗 *Calliptamus barbarus cephalotes* Fischer-Waldheim (1~5)
1.后足股节内侧;2.尾须侧面观(雄性);3.腹部末端背面观(雄性);4.腹部末端侧面观(雌性);5.阳茎基背片

胫节橙红色或柠檬黄色。雄性尾须近顶端略宽,上支明显长于下支,下支的小齿顶端较钝(图52,②)。雄性下生殖板呈短锥形,顶端钝圆(图52,③)。雌性下生殖板呈长方形,产卵瓣顶端钩状(图52,④)。雄性阳茎基背片如图52,⑤。

一年发生一代,以卵在土中越冬。栖息于荒漠草原,对牧草造成一定危害。

分布:内蒙古赤峰市阿鲁科尔沁旗,新疆,甘肃,宁夏,陕西,青海。

(27)意大利蝗 *Calliptamus italicus*(Linnaeus,1758)(彩图27)

Cryllus Locusta italicusta Linnaeus,1758. Systema Naturae. 10th ed. :432.

Gryllus germanicus Fabricius,1775. Syst. Ent. :291.

Gryllus affinis Thunberg,1815. Mem. Acad. Sci. St. -Petersb. (5),V:228.

Acridium fasciatum Hahn,1836. Icones Orth. Ⅰ,tab. B,fig. 6.

Calliptamus marginellus Serville,1839. Hist. Nat. Insect. Orth. :694.

Calliptamus cerisanus Serville,1839. Hist. Nat. Insect. Orth. :695.

Calliptamus discoidalis Walker,1870. Cat. Derm. Salt. Brit. Mus. Ⅳ:686.

Calliptamus italicus grandis Ramme,1927. Eos. Ⅲ:166,174,193,197.

Calliptamus italicus reductus Ramme,1930. Mitt. Zool. Mus. Berl. ⅩⅥ:214.

Calliptamus italicus insularis Ramme,1951. Mitt. Zool. Mus. Berl. ⅩⅩⅦ:308.

Calliptamus italicus afghanus Ramme,1952. Vindensk. Medd. dansk Naturh. Foren. Kbh. 114:200.

彩图27 意大利蝗 *Calliptamus italicus*(Linnaeus)
1.背面观(雄性);2.侧面观(雄性);3.侧面观(雌性);4.背面观(雌性)

雄性体长14.5～25.0mm,雌性体长23.5～41.1mm。体通常褐色、黄褐色或灰褐色。颜面略向后倾斜,颜面隆起两侧缘几乎平行。头顶两侧缘具侧隆线。缺头侧窝。前胸背板呈圆筒状,具明显的中隆线和侧隆线;中隆线通常被2条或3条横沟切断;沿侧隆线有时具淡色纵条纹;后横沟位于中部,沟前区和沟后区约等长。前胸腹板突近圆柱状,端部钝圆。中胸腹板侧叶横宽,侧叶间中隔长宽近相等或宽略大于长。后胸腹板侧叶在端部彼此分开。前、后翅发达,到达或超过后足股节的端部,后翅基部为红色或玫瑰色。后足股节短粗;上侧中隆线细齿明显;后足股节内侧红色或玫瑰色,具2个不到达底缘的黑色斑纹(图53,①)。后足胫节红色,顶端缺外端刺。鼓膜器发达。腹部末节缺尾片。肛上板呈长三角形,中央具纵沟。尾须狭长,顶端分成上、下2齿,上齿长于下齿,下齿端部又分裂为2个小尖齿,下小齿较尖(图53,②)。雄性下生殖板呈圆锥形,顶端略尖。雄性阳茎基背片如图53,③。

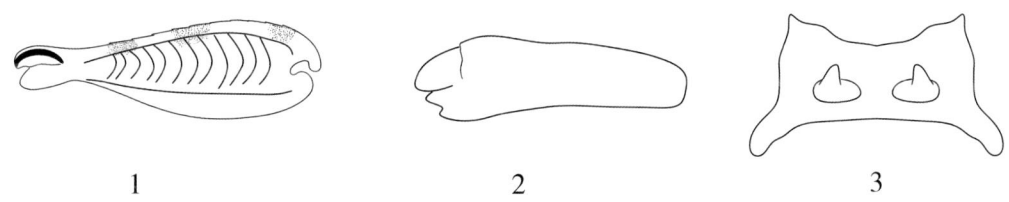

图53 意大利蝗 *Calliptamus italicus* (Linnaeus) (1～3)
1.后足股节外侧;2.尾须侧面观(雄性);3.阳茎基背片

一年发生一代,以卵在土中越冬。越冬卵在5月上旬开始孵化,6月上旬进入羽化期,6月下旬开始产卵。蝗蝻期雄性5龄,雌性6龄。蝗卵孵化后两天便开始取食,食性广,大发生时严重为害牧草和农作物,是新疆荒漠草原的主要害虫。

分布:内蒙古阿拉善盟阿拉善左旗,宁夏,甘肃,青海,新疆。

四、斑翅蝗科 Oedipodidae Walker, 1871

体中型至大型。颜面较垂直或倾斜。头顶前端中央缺细纵沟,头侧窝呈三角形或梯形。触角呈丝状。前胸背板隆起或平坦。前、后翅发达,后翅常有斑纹。后足股节上基片长于下基片,外侧具羽状纹,上侧中隆线平滑或具细齿。后足胫节缺外端刺。鼓膜器发达。发音为前翅—后足股节型或后翅—前翅型,前者为前翅中闰脉或中闰脉前的横脉具发音齿,与后足股节内侧隆线摩擦而发音;后者的后翅翅脉具发音齿,与前翅纵脉摩擦发音。

内蒙古有4个亚科:飞蝗亚科 Locustinae Kirby,异痂蝗亚科 Bryodemellinae Yin,痂蝗亚科 Bryodeminae Bey-Bienko,斑翅蝗亚科 Oedipodinae Walker。

内蒙古草地常见斑翅蝗科 Oedipodidae 分亚科检索表

1(2)后足股节上侧中隆线具有明显的细齿。前翅中脉域有明显的中闰脉,且中闰脉具细齿。前胸背板中隆线明显地隆起,侧面观其上缘近弧形;有时中隆线较弱,不明显隆起,尽被后横沟切断(图 54,①)。体腹面及足均具有长而较密的绒毛。后足胫节中部为污蓝色或红色 ………… **飞蝗亚科 Locustinae Kirby**

2(1)后足股节上侧中隆线全长平滑,缺细齿。

3(4)前翅中脉域缺中闰脉,有时具有很弱的中闰脉,但中闰脉缺细齿。后足股节外侧上隆线的端部之半具细齿,可与后翅膨大的纵脉摩擦发音 ……………………………… **异痂蝗亚科 Bryodemellinae Yin**

4(3)前翅中脉域具有明显的中闰脉,且中闰脉具有细齿,为发音器的一部分。

5(6)后翅主要纵脉明显地增粗,纵脉的腹面常具细齿,雄性较明显 …………………………………………………………………………………………… **痂蝗亚科 Bryodeminae Bey-Bienko**

6(5)后翅主要纵脉正常,不明显地增粗,如若增粗,则其增粗纵脉的腹面缺细齿。后足胫节基部膨大处平滑,缺横皱纹 ……………………………………… **斑翅蝗亚科 Oedipodinae Walker**

(十二)飞蝗亚科 Locustinae Kirby,1825

体中型或大型,体表常具刻点或细绒毛。头侧面观较直或略向后倾斜。颜面隆起宽平,仅在中央单眼处微凹。头顶宽短,略向前倾斜,缺头侧窝或有时明显。前胸背板中隆线明显隆起,呈屋脊状或较平(图 54,①)。前胸腹板平坦,不明显隆起。前、后翅均很发达,翅脉较密,前翅中脉域具有明显的中闰脉,且中闰脉具有细齿。后足股节粗壮,上侧中隆线具细齿,基部外侧上基片明显长于下基片。鼓膜器发达。

内蒙古有 1 个属:飞蝗属 *Locusta* Linnaeus。

20. 飞蝗属 *Locusta* Linnaeus,1758

Locusta Linnaeus,1758. Syst. Nat. ,ed. Ⅹ,p. 431.

模式种: *Gryllus migratoria migratoria* Linnaeus,1758

体大型,腹面具细密绒毛。颜面垂直或稍倾斜。颜面隆起仅在中眼处略凹,侧缘近平行。头顶上方具明显的中隆线。缺头侧窝。前胸背板中隆线发达,由侧面看呈弧形隆起(散居型)或较平直(群居型);前横沟和中横沟不很明显,仅在侧片处略可见;后横沟明显,几乎位于中部,稍切割中隆线(图 54,①)。前胸腹板平坦。中胸腹板侧叶间中隔长略大于宽。前、后翅超过后足胫节的中部。前翅光泽而透明,布暗色斑;中脉域之中闰脉较接近前肘脉,中闰脉上具发音齿。后翅略短于前翅,本色透明。后足股节上侧中隆线呈细齿状,内侧黑色斑纹宽而明显。后足胫节顶端无外端刺。鼓膜器的鼓膜片几乎覆盖鼓膜孔之半。雄性下生殖板呈短锥形。雌性产卵瓣粗短,上产卵瓣的上外缘无细齿。

本属内蒙古有 1 个种:亚洲飞蝗 *Locusta migratoria migratoria* (Linnaeus)。

内蒙古草地常见飞蝗属 *Locusta* Linnaeus 分种检索表

1(1)后足股节内侧下隆线与下隆线之间近 1/2 为黑色(图 54,②)。前翅远超过后足股节顶端。体绿色或褐绿色 ······················· 亚洲飞蝗 *Locusta migratoria migratoria*（Linnaeus）

(28)亚洲飞蝗 *Locusta migratoria migratoria*（Linnaeus,1758）（彩图 28）

Locusta migratoria migratoria Linnaeus,1758,Syst. Nat.,ed. X,1:432.

雄性体长 35.0～40.0mm,雌性体长 45.0～55.0mm。体大型,绿色或黄褐色,前胸背板中隆线两侧具有暗色纵条纹。头顶宽短,颜面垂直。颜面隆起宽平,侧缘几乎平行。缺头侧窝。触角超过前胸背板后缘。复眼呈长卵形。前胸背板前端较狭,后端较宽；中隆线发达,由侧面看呈弧形(图 54,①)；后横沟几乎位于中部,沟前区略短于沟后区；前缘中部明显向前突出；后缘呈钝角形或圆形；侧隆线在沟后区略见。中胸腹板中隔长略大于宽。前翅发达,超过后足胫节的中部；中闰脉接近于前肘脉；前翅褐色,有许多暗色斑点。后翅与前翅等长,透明无色。后足股节上侧的上隆线具细齿,膝侧片呈顶圆形,内侧上隆线与下隆线之间全长近一半为黑色(图 54,②)。后足胫节无外端刺。鼓膜片宽大,几乎盖住鼓膜孔的一半(图 54,③)。雄性尾须呈柱状；下生殖板呈短锥形,顶端尖(图 54,④)。雌性上产卵瓣的外缘无细齿。雄性阳茎基背片如图 54,⑤,阳茎复合体如图 54,⑥。

一年发生一代,以卵在土中越冬。栖息在滨湖沿河谷地芦苇丛生地带,芦苇与禾本科、莎草科为主的内涝地区较多。

彩图 28 亚洲飞蝗 *Locusta migratoria migratoria*（Linnaeus）
1.背面观(雄性)；2.侧面观(雄性)；3.侧面观(雌性)；4.背面观(雌性)

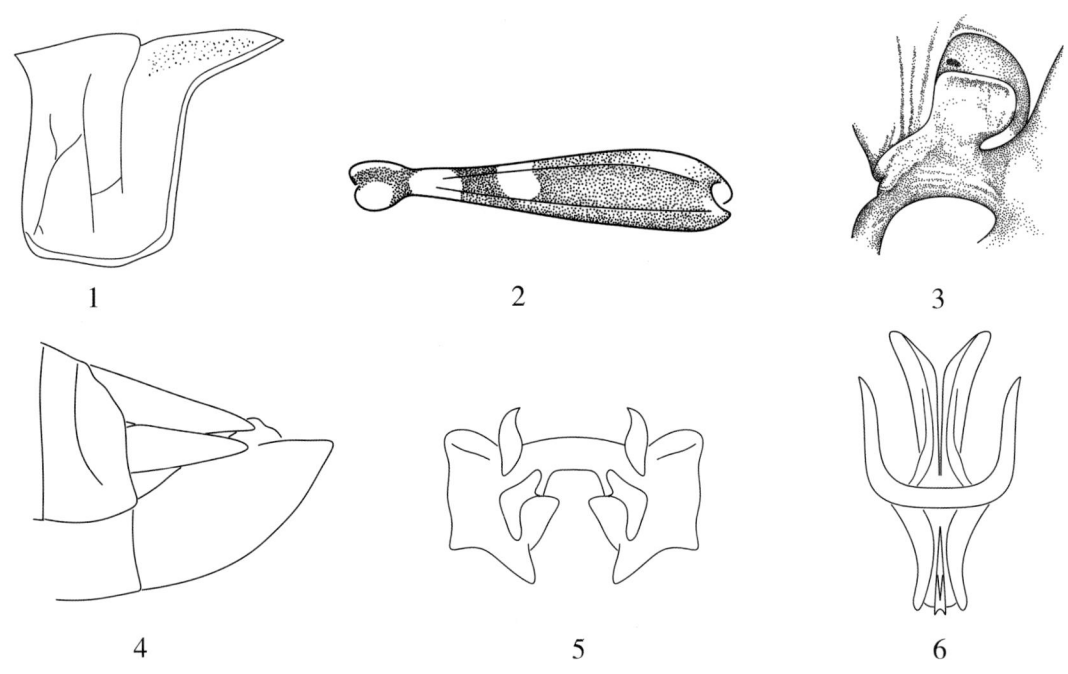

图 54 亚洲飞蝗 Locusta migratoria migratoria (Linnaeus)（1～6）

1.前胸背板侧面观；2.后足股节内侧；3.鼓膜器（雌性）；4.腹部末端侧面观（雄性）；5.阳茎基背片；6.阳茎复合体

分布：内蒙古赤峰市、呼和浩特市、通辽市、锡林郭勒盟、鄂尔多斯市、巴彦淖尔市、阿拉善盟，河北，黑龙江，吉林，辽宁，甘肃，青海，新疆。

（十三）痂蝗亚科 Bryodeminae Bey-Bienko，1930

体粗壮。头颜面侧面观垂直或微向后倾斜，颜面隆起较宽，全长具纵沟或仅中单眼处低凹。头顶较宽，顶端钝圆。头侧窝呈三角形，或不规则的圆形，或不明显。复眼呈卵形，较大。前胸背板沟前区较狭，沟后区宽平，具粗大颗粒。前胸腹板略隆起。前、后翅均发达，有时雌性较缩短，后翅主要纵脉明显增粗。后足股节粗短，上侧中隆线平滑，基部外侧上基片长于下基片。后足胫节基部膝部常具横隆线或不规则的颗粒状隆起或平滑（图 55，⑤）。鼓膜器发达。发音为前翅—后足股节型或后翅—后足型。

内蒙古有 2 个属：痂蝗属 Bryodema Fieber，皱膝蝗属 Angaracris Bey-Bienko。

内蒙古草地痂蝗亚科 Bryodeminae Bey-Bienko 分属检索表

1(2) 后足胫节基部上侧膨大处膝部平滑或具稀少刻点（图 55，⑤）。前翅中脉域较宽，不狭于肘脉域，具有较细的中闰脉。后翅具有暗色轮纹或几乎全部为暗色。雌性的前、后翅常较缩短 …… **痂蝗属 Bryodema** Fieber

2(1) 后足胫节基部上侧膝部膨大处具有明显的平行横皱纹(图60,⑥)。前翅中脉域较狭,明显地狭于肘脉域,并具有较粗的中闰脉。雌、雄两性前、后翅均很发达,不缩短,后翅缺暗色轮纹 ·· 皱膝蝗属 *Angaracris* Bey-Bienko

21. 痂蝗属 *Bryodema* Fieber,1853

Bryodema Fieber,1853. Lotos,Ⅲ.129.

模式种: *Bryodema gebleri* Fischer von Waldheim,1836

体粗大。头顶宽,顶钝圆。头侧窝呈三角形、不规则的圆形或不明显。颜面垂直。颜面隆起宽,具纵沟或中单眼处凹陷。前胸背板沟前区狭,沟后区宽平,具粗大颗粒及短隆线;中隆线明显;侧隆线仅在沟后区可见;后缘呈钝角突出。雄性前、后翅均发达,常到达后足胫节顶端。雌性前翅较短缩,不到达后足股节顶端;后翅主要纵脉粗大。

本属内蒙古有 10 个种:蒙古痂蝗 *Bryodema mongolicum* Zubovsky,河边痂蝗 *Bryodema heptapotamicum* Bey-Bienko,白边痂蝗 *Bryodema luctuosum luctuosum*(Stål),黑翅痂蝗 *Bryodema nigroptera* Zheng et Gow,科氏痂蝗 *Bryodema kozlovi* Bey-Bienko,长翅痂蝗 *Bryodema dolichopterum* Yin et Feng,橙黄胫痂蝗 *Bryodema byrrhitibia* Zheng et He,乌海痂蝗 *Bryodema wuhaiensis* Huo et Zheng,锈翅痂蝗 *Bryodema zaisanica fallax*(Bey-Bienko),朱腿痂蝗 *Bryodema gebleri*(Fischer von Waldheim)。

内蒙古草地常见痂蝗属 *Bryodema* Fieber 分种检索表

1(2) 后翅基部黑色,外缘呈宽的淡色(图56,②)。雄性后翅第2臀叶与毗连臀叶约等宽,$2A_2$ 呈"S"形弯曲(图56,①) ································ **白边痂蝗 *Bryodema luctuosum luctuosum* (Stål)**

2(1) 后翅基部红、黄、紫或蓝色。雄性后翅第2臀叶较宽,宽于毗邻臀叶的 1.25~2 倍。$2A_1$ 和 $2A_2$ 脉平行。

3(4) 雄性后翅基部玫瑰红色,暗色带纹较宽。第2臀叶 $2A_1$ 脉基半部增粗。雌性前翅无中闰脉或中闰脉不明显 ································ **锈翅痂蝗 *Bryodema zaisanica fallax* Bey-Bienko**

4(3) 后翅基部红色、黄色、紫色或蓝色,其余部分暗色。第2臀叶 $2A_1$ 脉全部增粗,雌性前翅中闰脉明显。

5(10) 后翅基部红色、紫色、淡红色或黄色。

6(9) 后足股节内侧及下侧红色或蓝黑色;若黑蓝,则膝部前有黄色环。前胸背板中隆线不明显或中部不明显。雌性前翅到达或略超过后足股节。

7(8) 后翅基部红色,其余部分暗褐色,两者分界明显。后足股节内侧及下侧黑色。后足胫节内侧蓝色 ·· **蒙古痂蝗 *Bryodema mongolicum* Zubovsky**

8(7) 后翅基部紫红色,其余部分暗褐色,两者分界不明显。后足股节内侧及下侧黑蓝色。无单色膝前环 ·· **河边痂蝗 *Bryodema heptapotamicum* Bey-Bienko**

9(6) 后足股节内侧及下侧黑色,膝前有红色环。前胸背板中隆线全长明显。雌性前翅较短,不到达后足股节中部。后足胫节蓝黑色。雌性后翅基部血红色 ············ **科氏痂蝗 *Bryodema kozlovi* Bey-Bienko**

10(5)后翅基部蓝色,其余部分黑色(图57,②)。雌性前翅不到达后足股节顶端。中胸腹板侧叶间中隔宽为长的2.5～2.8倍(雄性)或3～3.7倍(雌性) ········ **黑翅痂蝗 *Bryodema nigroptera* Zheng et Gow**

(29)蒙古痂蝗 *Bryodema mongolicum* Zubovsky,1900 (彩图29)

Bryodema gebleri mongolica Zubowsky,1900. Report of Russia Entomology,34:17.

雄性体长28.0～38.0mm,雌性体长29.0～45.0mm。雌雄异形,雄性体狭长,雌性体粗胖。体黄褐色、暗褐色。头侧窝呈三角形或不规则的圆形。颜面隆起侧缘在中单眼以下收缩。前胸背板中隆线在中部不明显;沟前区长小于沟后区的1.7～2倍。中胸腹板侧叶间中隔宽为长的2.5～2.8倍(雄性)或3～3.7倍(雌性)。前翅发达,到达后足胫节的顶端,具细碎暗色斑点,中脉

彩图29 蒙古痂蝗 *Bryodema mongolicum* Zubovsky
1.背面观(雄性);2.侧面观(雄性);3.侧面观(雌性);4.背面观(雌性)

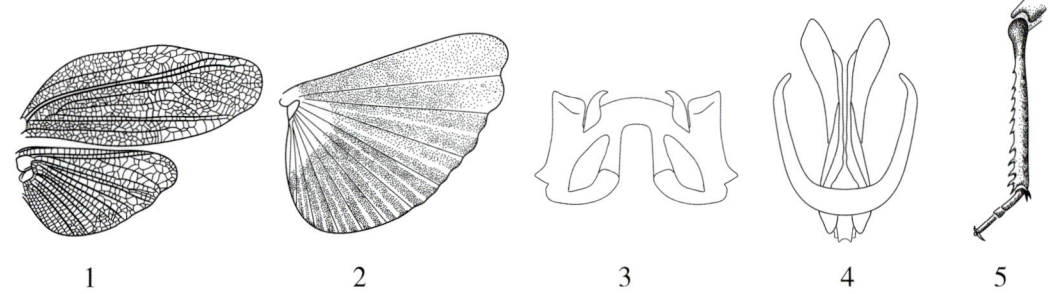

图55 蒙古痂蝗 *Bryodema mongolicum* Zubovsky(1～4),
朱腿痂蝗 *Bryodema gebleri* (Fischer von Waldheim)(5)

1、2、3 和 4.蒙古痂蝗 *Bryodema mongolicum*,1.前翅、后翅(雌性),2.后翅(雄性),3.阳茎基背片,4.阳茎复合体;5.朱腿痂蝗 *Bryodema gebleri*,后足股节膝部(雄性)

域具闰脉。后翅基部红色,其余部分暗褐色(图 55,①),第 2 臀叶约为毗连臀叶宽的 2 倍(图 55,②)。后足股节上侧中隆线平滑,内侧及下侧黑。后足胫节外侧黄褐色,内侧蓝色。肛上板呈三角形。尾须呈柱状,到达肛上板的顶端。雄性下生殖板呈短锥形。雌性产卵瓣粗,上产卵瓣之上外缘粗糙。雄性阳茎基背片和阳茎复合体如图 55,③④。

栖息于荒漠草原,为杂食性蝗虫。

分布:内蒙古巴彦淖尔市,新疆乌鲁木齐市、哈密市、巴里坤哈萨克自治县、伊吾县、木垒县、奇台县、吉木萨尔县、伊宁县、托里县、布克赛尔蒙古自治县、和静县。

(30) 河边痂蝗 *Bryodema heptapotamicum* Bey-Bienko,1930 (彩图 30)

Bryodema heptapotanicum Bey-Bienko,1930. Ann. Mus. Zool. Acad. Soc. ,30:103～105.

雄性体长 33.0～38.0mm,雌性体长 25.0～26.0mm。雌雄异形,雄性体狭长,雌性体粗胖。头侧窝退化。颜面隆起在近中单眼处稍扩大,雌性颜面在近中单眼处弱的凹陷。前胸背板在后横沟处凹陷,沟后区长为沟前区长的 2 倍,在前胸背板具弱的皱纹。雌性前胸背板具弱的圆形瘤突;中隆线不明显;后横沟很弱。前翅明显超过后足胫节顶端。雌性前翅短缩,有时到达后足膝部后端,中脉域具中闰脉,在翅顶端具不规则的圆形小室。后翅呈三角形,第 2 臀叶 $2A_1$ 脉在基半部不增粗,$2A_1$ 脉与 $2A_2$ 脉平行且明显。雌性后翅长约为前翅长的一半,后翅最宽处大于前翅的宽。后足股节外侧暗灰色,内侧、下侧暗蓝色。后足胫节外侧淡灰蓝色,内侧、下侧暗紫或蓝色;雌性后足胫节外侧淡灰黄色,内侧、下侧蓝色或紫蓝色。

分布:内蒙古阿拉善盟贺兰山,宁夏。

彩图 30 河边痂蝗 *Bryodema heptapotamicum* Bey-Bienko
1.背面观(雄性);2.侧面观(雄性);3.侧面观(雌性);4.背面观(雌性)

(31)白边痂蝗 Bryodema luctuosum luctuosum (Stål, 1813)（彩图 31）

Gryllus Locusta luduosum Stål,1813. Repres. Exactem. Coloree d'apres Nature des Spectres etc. :24.

Bryodema luctuosum lugens Krauss,1901. Zool. Ann. ,24:238.

Bryodema luctuosum var. *vitrea* lkonnicov, 1911. Ann, Mus. Zool. Acad. Soc. St. -Petersb. , 16:256.

Bryodema mongolica Bolivar,1901. Dritte Asiat. Forschungsreise,2:233.

雄性体长 26.0～32.0mm,雌性体长 25.0～38.0mm。雌雄异形。雄性体狭长,暗灰褐色或黄褐色,具许多小的暗色斑点。颜面隆起两侧缘在中眼之下稍向内缩狭。头侧窝呈不规则圆形。前胸背板在沟前区较窄;沟后区较宽平,具颗粒状隆起和短隆线;中隆线甚低,仅被后横沟切断;后横沟位于中部之前。中胸腹板侧叶间中隔较宽,宽为其长的 1.25～2.6 倍。前、后翅发达;雄性前翅具明显的暗色斑点,常超过后足胫节的顶端;雌性前翅较短,不到达后足股节的顶端;雌、雄两性前翅中脉域之中闰脉明显;雄性后翅第 2 臀叶的 $2A_1$ 脉全长都较粗,后翅第 2 臀叶与毗连的臀叶约等宽（图 56,①）,$2A_2$ 呈"S"形弯曲,后翅基部暗色,沿外缘具较宽的淡色边缘（图 56,②）。后足股节较粗短,上隆线无细齿,内侧和底侧蓝黑色,顶端具明显的淡色环纹。后足胫节暗蓝或紫蓝色,基部膨大,部分无细隆线。雄性下生殖板呈短锥形。雌性产卵瓣粗短,顶端呈钩状,上产卵瓣的上外缘无细齿。雄性阳茎基背片如图 56,③,阳茎复合体见图 56,④。

一年发生一代,以卵在土中越冬。成虫 6 月上、中旬始见。内蒙古典型草原、荒漠草原的主要牧草害虫之一。主要分布于植被稀疏、土壤沙质的典型草原,为害冷蒿、羊草、针茅、赖草和小旋花等。

彩图 31　白边痂蝗 *Bryodema luctuosum luctuosum*（Stål）
1.背面观(雄性);2.侧面观(雄性);3.侧面观(雌性);4.背面观(雌性)

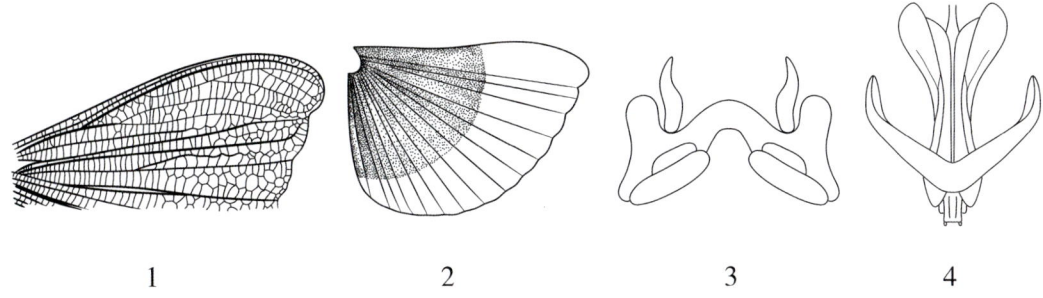

图 56　白边痂蝗 *Bryodema luctuosum luctuosum*（Stål）（1～4）
1. 后翅翅脉（雄性）；2. 后翅（雄性）；3. 阳茎基背片；4. 阳茎复合体

分布：内蒙古阿拉善盟贺兰山、呼和浩特市、包头市、锡林郭勒盟、巴彦淖尔市、赤峰市，宁夏，黑龙江，河北，青海，西藏。

(32) 黑翅痂蝗 *Bryodema nigroptera* Zheng et Gow, 1981（彩图 32）

Bryodema nigroptera Zheng et Gow, 1981. Acta Entomologica Sinica, 24(1):74～75.

雄性体长 27.0～40.0mm，雌性体长 36.0～45.0mm。雄性体狭长，匀称；雌性体粗短，笨拙。体暗褐色，体表具细小的暗色斑点。头顶后半部及后头具不明显的中隆线（图 57，①）。颜面隆起在中单眼之下明显缩狭。头侧窝不明显，有时呈不规则的近圆形或多角形。前胸背板具不明显的颗粒或隆线；中隆线明显，较低；侧隆线在沟前区消失，在沟后区明显，沟后区长为沟前区长的

彩图 32　黑翅痂蝗 *Bryodema nigroptera* Zheng et Gow
1. 背面观（雄性）；2. 侧面观（雄性）；3. 侧面观（雌性）；4. 背面观（雌性）

1.4～2倍。雄性前翅超过后足胫节顶端，雌性前翅到达第5腹节或肛上板基部。中脉域具中闰脉。后翅全部暗黑色，基部略带蓝色(图57,②)。雄性后翅宽大，略短于前翅，第2臀叶较宽；雌性后翅仅达前翅之一半。雄性后足股节匀称，雌性后足股节较粗。后足胫节内侧和上侧暗蓝色或暗蓝紫色，外侧暗褐色；基部膨大部分光滑，无细隆线；顶端无内外端刺。鼓膜器呈卵圆形。雄性肛上板顶端尖，中部具1横沟。尾须细长呈柱状。雄性下生殖板呈短锥状，顶端较钝。雌性尾须呈短锥形，上产卵瓣之上外缘具不规则的钝齿。雄性阳茎基背片如图57,③，阳茎复合体如图57,④。

分布：内蒙古阿拉善盟贺兰山，宁夏贺兰山、中卫。

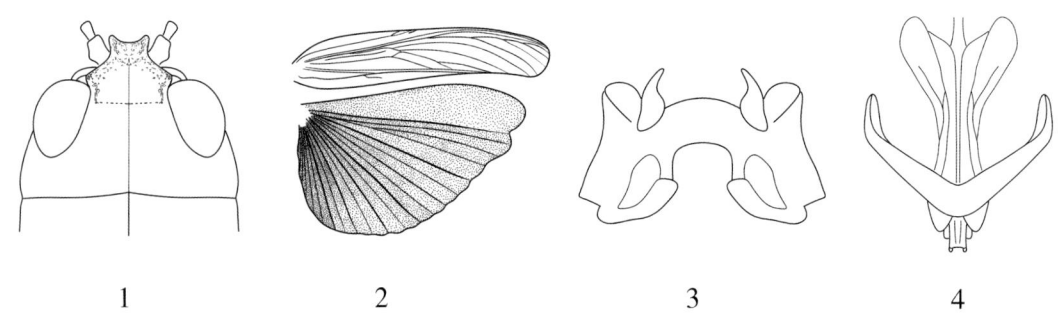

图57 黑翅痂蝗 *Bryodema nigroptera* Zheng et Gow (1～4)
1.头部背面观(雄性)；2.前、后翅(雄性)；3.阳茎基背片；4.阳茎复合体

(33)锈翅痂蝗 *Bryodema zaisanica fallax* (Bey-Bienko, 1930) (彩图33)

Bryodema zaisanicum fallax Bey-Bienko, 1930. Ann. Mus. Acad. Leningrad 31:101.

Bryodema zaisanicum ferruginum Huang et Chen, 1982, Sinozoologia, 2:30～31.

雄性体长21.5～23.5mm，雌性体长25.8～27.5mm。雌性体较粗壮，灰褐色，后翅基部锈红色，具明显的暗色横带纹。头侧窝明显。颜面隆起纵沟明显。触角超过前胸背板后缘，雌性触角不到达前胸背板后缘。雄性前胸背板沟后区长为沟前区长的2倍，雌性为1.5倍左右。前翅刚到达或略不到达后足胫节的顶端，中脉域具明显的中闰脉。后翅呈三角形，基部玫瑰红色，第2臀叶 $2A_1$ 脉基半增粗。雌性前翅短缩，不到达后足股节的顶端，有的仅到达后足股节的中部，中脉域无中闰脉。后足股节内侧红色。后足胫节内侧橙红色，外侧橙黄色。雄性阳茎基背片如图58,①，阳茎复合体如图58,②。

分布：内蒙古乌海市，新疆(和布克赛尔、额敏、吉木乃)。

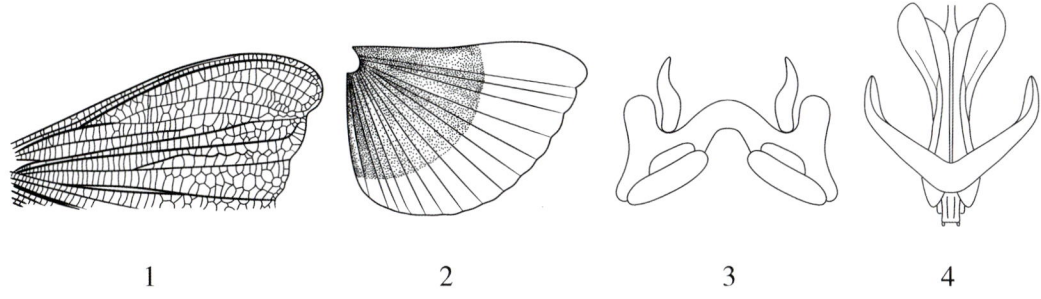

图 56　白边痂蝗 *Bryodema luctuosum luctuosum*（Stål）(1～4)
1.后翅翅脉(雄性)；2.后翅(雄性)；3.阳茎基背片；4.阳茎复合体

分布：内蒙古阿拉善盟贺兰山、呼和浩特市、包头市、锡林郭勒盟、巴彦淖尔市、赤峰市，宁夏，黑龙江，河北，青海，西藏。

(32) 黑翅痂蝗 *Bryodema nigroptera* Zheng et Gow, 1981（彩图32）

Bryodema nigroptera Zheng et Gow, 1981. Acta Entomologica Sinica, 24(1):74～75.

雄性体长 27.0～40.0mm，雌性体长 36.0～45.0mm。雄性体狭长，匀称；雌性体粗短，笨拙。体暗褐色，体表具细小的暗色斑点。头顶后半部及后头具不明显的中隆线(图57,①)。颜面隆起在中单眼之下明显缩狭。头侧窝不明显，有时呈不规则的近圆形或多角形。前胸背板具不明显的颗粒或隆线；中隆线明显，较低；侧隆线在沟前区消失，在沟后区明显，沟后区长为沟前区长的

彩图 32　黑翅痂蝗 *Bryodema nigroptera* Zheng et Gow
1.背面观(雄性)；2.侧面观(雄性)；3.侧面观(雌性)；4.背面观(雌性)

1.4～2倍。雄性前翅超过后足胫节顶端,雌性前翅到达第5腹节或肛上板基部。中脉域具中闰脉。后翅全部暗黑色,基部略带蓝色(图57,②)。雄性后翅宽大,略短于前翅,第2臀叶较宽;雌性后翅仅达前翅之一半。雄性后足股节匀称,雌性后足股节较粗。后足胫节内侧和上侧暗蓝色或暗蓝紫色,外侧暗褐色;基部膨大部分光滑,无细隆线;顶端无内外端刺。鼓膜器呈卵圆形。雄性肛上板顶端尖,中部具1横沟。尾须细长呈柱状。雄性下生殖板呈短锥状,顶端较钝。雌性尾须呈短锥形,上产卵瓣之上外缘具不规则的钝齿。雄性阳茎基背片如图57,③,阳茎复合体如图57,④。

分布:内蒙古阿拉善盟贺兰山,宁夏贺兰山、中卫。

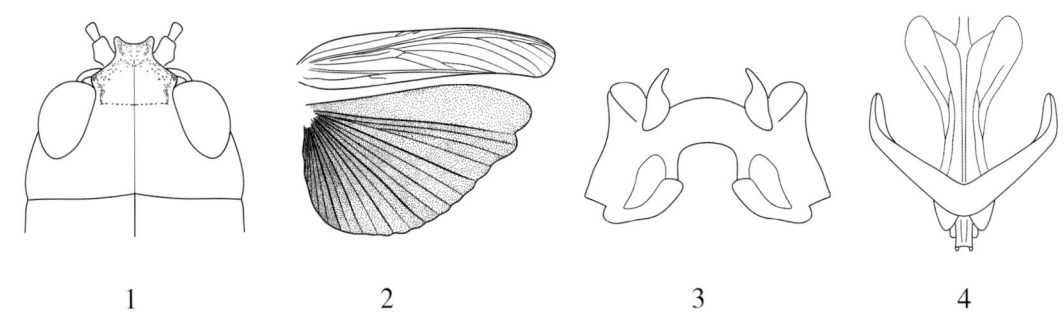

图57 黑翅痂蝗 *Bryodema nigroptera* Zheng et Gow(1～4)
1.头部背面观(雄性);2.前、后翅(雄性);3.阳茎基背片;4.阳茎复合体

(33)锈翅痂蝗 *Bryodema zaisanica fallax* (Bey-Bienko, 1930) (彩图33)

Bryodema zaisanicum fallax Bey-Bienko,1930. Ann. Mus. Acad. Leningrad 31:101.

Bryodema zaisanicum ferruginum Huang et Chen,1982,Sinozoologia,2:30～31.

雄性体长21.5～23.5mm,雌性体长25.8～27.5mm。雌性体较粗壮,灰褐色,后翅基部锈红色,具明显的暗色横带纹。头侧窝明显。颜面隆起纵沟明显。触角超过前胸背板后缘,雌性触角不到达前胸背板后缘。雄性前胸背板沟后区长为沟前区长的2倍,雌性为1.5倍左右。前翅刚到达或略不到达后足胫节的顶端,中脉域具明显的中闰脉。后翅呈三角形,基部玫瑰红色,第2臀叶 $2A_1$ 脉基半增粗。雌性前翅短缩,不到达后足股节的顶端,有的仅到达后足股节的中部,中脉域无中闰脉。后足股节内侧红色。后足胫节内侧橙红色,外侧橙黄色。雄性阳茎基背片如图58,①,阳茎复合体如图58,②。

分布:内蒙古乌海市,新疆(和布克赛尔、额敏、吉木乃)。

彩图 33　锈翅痂蝗 *Bryodema zaisanica fallax*（Bey-Bienko）
1. 背面观（雄性）；2. 侧面观（雄性）

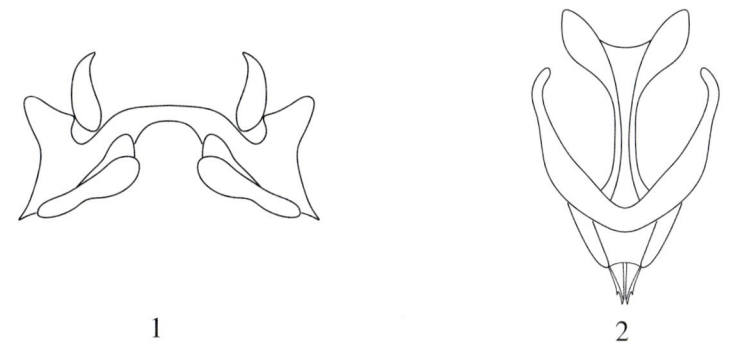

图 58　锈翅痂蝗 *Bryodema zaisanica fallax*（Bey-Bienko）（1～2）
1. 阳茎基背片；2. 阳茎复合体

(34) 科氏痂蝗 *Bryodema kozlovi* Bey-Bienko, 1930（彩图 34）

Bryodama kozlovi Bey-Bienko, 1930. Ann. Mus. Acad. Soc. Leningrad, 31:101.

雄性体长 22.5～26mm，雌性体长 27.0～34.0mm。雌雄异形，雄性较小，狭长；雌性较大，粗短。体淡灰褐色或暗褐色。头侧窝呈三角形。颜面隆起宽平，侧缘隆起明显，在中单眼下收缩，具深纵沟。复眼纵径略大于眼下沟长。前胸背板中隆线在沟前区低而明显，在沟后区不明显；侧隆线在沟后区不明显；前胸背板沟前区长小于沟后区长的 1.4～2 倍；沟后区具弱的皱纹；前胸背板侧片的高度稍大于长。前翅发达，超过后足胫节顶端，基部 1/4 暗色，其余部分单色或具不明显的暗色点；中脉域具明显的中闰脉。后翅宽，第 2 臀叶较宽，$2A_1$ 脉全长较粗，$2A_2$ 脉细并与 $2A_1$ 脉平行，基部红色，其余部分黑色（图 59，①）。雌性前翅极短缩，不到达后足股节顶端，中闰脉发达。后足股节粗，多毛。后足胫节具密毛，缺外端刺。肛上板呈三角形。尾须呈长柱状。雄性下生殖板呈短锥形。雄性阳茎基背片如图 59，②，阳茎复合体如图 59，③。

分布：内蒙古阿拉善盟阿拉善左旗。

彩图 34　科氏痂蝗 *Bryodema kozlovi* Bey-Bienko
1.背面观(雄性);2.侧面观(雄性);3.侧面观(雌性);4.背面观(雌性)

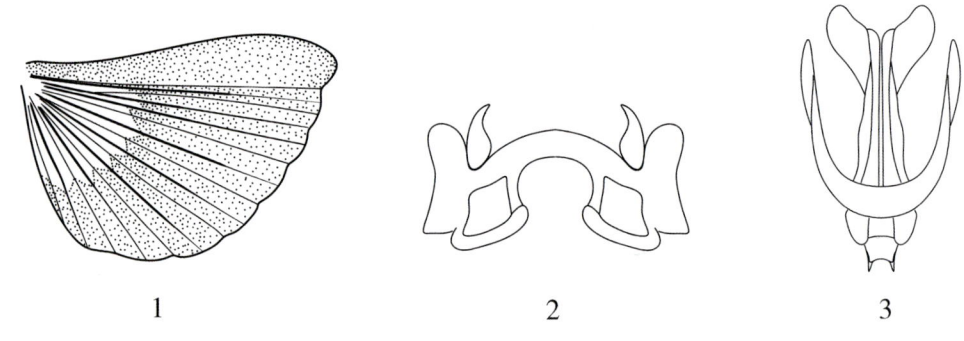

图 59　科氏痂蝗 *Bryodema kozlovi* Bey-Bienko（1~3）
1.后翅(雄性);2.阳茎基背片;3.阳茎复合体

22. 皱膝蝗属 *Angaracris* Bey-Bienko, 1930

Angaracris Bey-Bienko,1930. Ann. Mus. Zool. Acad. Soc,31:118.

模式种: *Gryllus barabensis* Pallas,1930

体中型或大型。头侧窝呈三角形。前胸背板前端较窄,后端宽,具颗粒及短隆线,侧隆线在沟后区可见。前翅发达,很长,可到达后足胫节中部。后翅无暗色横带纹。后足胫节基部膨大,部分具平行的横皱纹(图 60,⑥)。雄性飞翔时可发音。

本属内蒙古有 1 个种:鼓翅皱膝蝗 *Angaracris barabensis* (Pallas)。

内蒙古草地常见皱膝蝗属 *Angaracris* Bey-Bienko 分种检索表

1(1)后翅基部玫瑰红色或淡色,其余部分本色。后足股节近膝部处的内侧基上侧具黑色横纹,后足股节末端膨大,部分内侧通常全黑色·························· **鼓翅皱膝蝗 *Angaracris barabensis* (Pallas)**

(35)鼓翅皱膝蝗 Angaracris barabensis (Pallas,1771)(彩图35)

Gryllus barabensis Pallas,1971. Reise Ⅱ. p. 433. n. 79.

Oedipoda rhodopa Fisch von Waldheim,1836. Bull. Mosc. Nat. Sci . 9:348. Angaracris thodopa(F. -W.)

Bryodema barabense var. *reseipennis* Krauss 1901. Zool. Anz. 24:237.

Gryllus Locusta barnbensis Pallas,1773. Reise Russ. Reiches, 2:728.

Oedipoda barabensis Fisch von Waldheim,1846. Orthopteres de la Russie:295.

雄性体长23.5~26.0mm,雌性体长27.0~33.0mm。体黄褐或浅绿色。头侧窝近三角形。触角超过前胸背板后缘。前胸背板中隆线明显,被后横沟深切,侧隆线在沟后区明显(图60,①)。后胸腹板侧叶间中隔宽(图60,②③)。前、后翅发达,超过后足股节顶端,前翅具很多细碎而暗褐色斑点(图60,④)。后翅前缘呈"S"形弯曲,基部淡绿色或淡黄色,常呈鲜红色,但保存时间长的标本易褪色成无色。后足股节粗短,上隆线平滑,膝侧片顶端呈圆形,股节外侧具3个不明显的暗色横斑,股节内侧具2个黑斑(图60,⑤)。后足胫节黄色,基部膨大部分具细皱纹(图60,⑥)。鼓膜孔呈卵圆形(图60,⑦)。雄性下生殖板呈短锥形(图60,⑧);肛上板呈三角形,顶端尖(图60,⑨)。雌性上产卵瓣外缘具不规则的细齿(图60,⑩)。雄性阳茎基背片如图60,⑪⑫,阳茎复合体如图60,⑬。

一年发生一代,以卵在土中越冬。5月中、下旬越冬卵开始孵化,6月下旬大部分蝗蝻进入三龄期,7月下旬羽化为成虫,8月下旬雌虫开始产卵。主要分布在典型草原和荒漠草原,为害菊科、百合科植物以及冷蒿、艾蒿、双齿葱、多根葱及萎陵菜等。

分布:内蒙古赤峰市、呼和浩特市、包头市、呼伦贝尔市、锡林郭勒盟、乌兰察布市、巴彦淖尔市,黑龙江,河北,山西,甘肃,宁夏,青海。

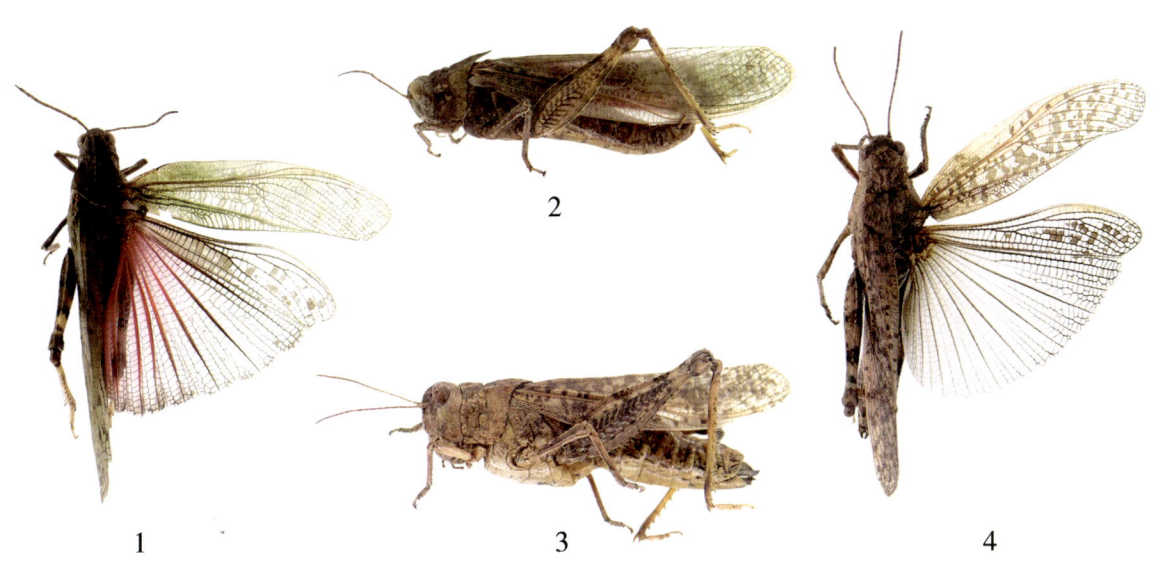

彩图35 鼓翅皱膝蝗 *Angaracris barabensis* (Pallas)
1.背面观(雄性);2.侧面观(雄性);3.侧面观(雌性);4.背面观(雌性)

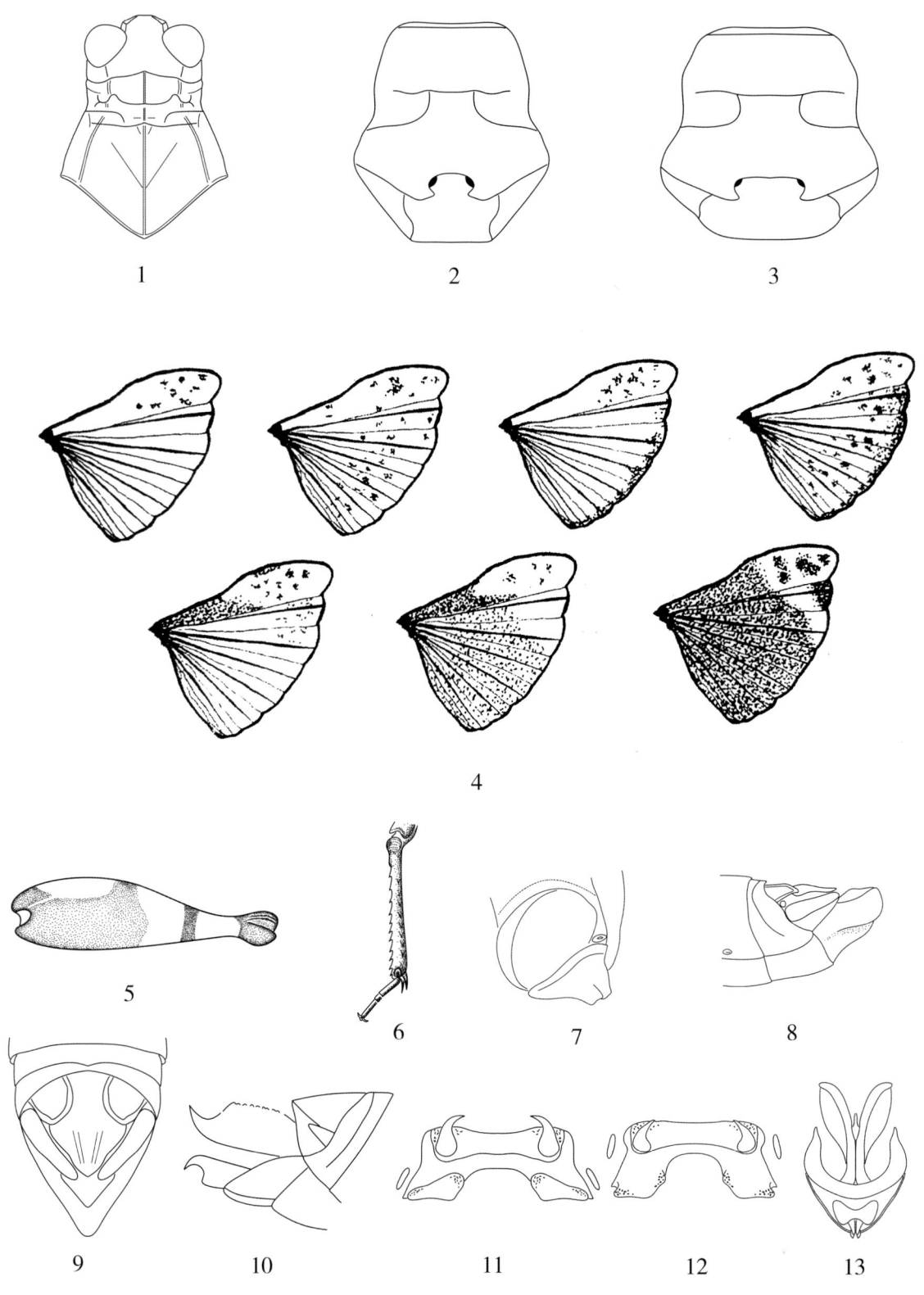

图 60 鼓翅皱膝蝗 *Angaracris barabensis* (Pallas)(1~13)

1.头、前胸背板背面观;2.中、后胸腹板腹面观;3.中、后胸腹板腹面观;4.后翅;5.后足股节内侧(雄性、右);6.后足胫节;7.鼓膜器;8.腹部末端侧面观(雄性);9.腹部末端背面观(雄性);10.腹部末端侧面观(雌性);11.阳茎基背片正面观;12.阳茎基背片背面观;13.阳茎复合体

(十四)异痂蝗亚科 Bryodemellinae Yin,1982

头侧面观垂直。颜面隆起略凹。头顶短宽,顶端钝圆,侧缘隆起明显。头侧窝呈三角形或近圆形。前胸背板中隆线较细,全长明显,被2条横沟切割,侧隆线在沟后区略可见。前、后翅均发达,前翅中脉域缺中闰脉,有时具很弱而短的中闰脉,中闰脉上不具细齿。后足股节上侧中隆线平滑,缺细齿,外侧上隆线端半部具细齿,基部外侧上基片长于下基片。后足胫节缺外端刺。跗节爪中垫较小。鼓膜器发达,鼓膜片甚小。

内蒙古有1个属:异痂蝗属 Bryodemella Yin。

23. 异痂蝗属 *Bryodemella* Yin,1982

Bryodemella Yin,1982. Acta Biol. Plateau Sin. 1(1):86

模式种: *Bryodema holdereri* (Krauss, 1901)

体中型或大型,粗大。头侧窝呈三角形或卵形。前胸背板前端狭,后端宽平,中隆线被2条横沟所切断。中胸腹板侧叶间中隔很宽。翅发达,有两种类型:一类为雌、雄翅均发达,超过后足股节顶端,为雌雄同形,另一类为雄性发达,雌性翅短缩,不到达后足股节顶端,为雌雄异形。后足股节外侧上隆线端半部具细齿,此细齿能与后翅粗大翅脉摩擦而发音,同时粗大翅脉上亦具细齿,能与后足股节上侧中隆线摩擦发音。

内蒙古有2个种:黄胫异痂蝗 *Bryodemella holdereri holdereri* (Krauss),轮纹异痂蝗 *Bryodemella tuberculatum dilutum* (Stål)。

内蒙古草地常见异痂蝗属 *Bryodemella* Yin 分种检索表

1(2)后足股节下膝侧片较宽(图61,①)。后足胫节黄色,顶端无暗色。前翅中脉域不具中闰脉。后翅无暗色横带纹,尽在前缘基部有暗色斑纹(图61,②) ·· 黄胫异痂蝗 *Bryodemella holdereri holdereri* (Krauss)
2(1)后足股节下膝侧片不宽,下缘几乎呈直线状(图62,④)。后足胫节污黄色,顶端无暗色。前翅中脉域具弱的中闰脉。后翅基部玫瑰色,中部具较狭的暗色横带纹,外缘淡色,尽前缘具暗色斑点(图62,②) ··· 轮纹异痂蝗 *Bryodemella tuberculatum dilutum* (Stål)

(36)黄胫异痂蝗 *Bryodemella holdereri holdereri* (Krauss, 1901)(彩图36)

Bryodema holdereri Krauss,1901. Zool. Anz. ,XXIV:236.

雄性体长30.0~33.7mm,雌性体长37.3~42.2mm。雌性体形与雄性相似,略粗壮,黄褐色。头顶侧缘隆线明显。触角略超过前胸背板的后缘。头侧窝呈三角形。前胸背板中隆线较细,全长明显,被2条横沟切断;侧隆线在沟后区略可见。中胸腹板侧叶间中隔宽(图61,③)。

前、后翅很发达,略超出后足胫节的顶端。前翅中脉域缺中闰脉,前翅散布暗色斑点。雌性前翅稍短,略不到达后足胫节的顶端;中脉域缺中闰脉。后翅端部本色透明,第1臀叶半部暗色,从第2臀叶起主要纵脉中段加粗部分鲜红色,基部略呈红色,无暗色横带纹,尽在前缘基部有暗色斑纹(图61,②)。后足股节粗短,上基片长于下基片,上侧具3个暗色斑纹,内侧和底侧黑色,近端部处具1个淡色斑纹,外侧上、下隆线均具黑色小点。后足股节下膝侧片较宽(图61,①)。后足胫节黄色,顶端不呈暗色。后足胫节缺外端刺。雄性肛上板呈三角形,尾须呈柱状,下生殖板呈短锥形,阳茎基背片呈桥状,锚状突发达(图61,④),阳茎复合体如图61,⑤。

一年发生一代,以卵在土中越冬。卵5月下旬开始孵化,6月达孵化盛期,6月下旬成虫羽化,7月中、下旬达羽化盛期,8月下旬开始产卵。

分布:内蒙古赤峰市,黑龙江,吉林,辽宁,甘肃,青海。

彩图36 黄胫异痂蝗 *Bryodemella holdereri holdereri* (Krauss)
1.背面观(雄性);2.侧面观(雄性);3.侧面观(雌性);4.背面观(雌性)

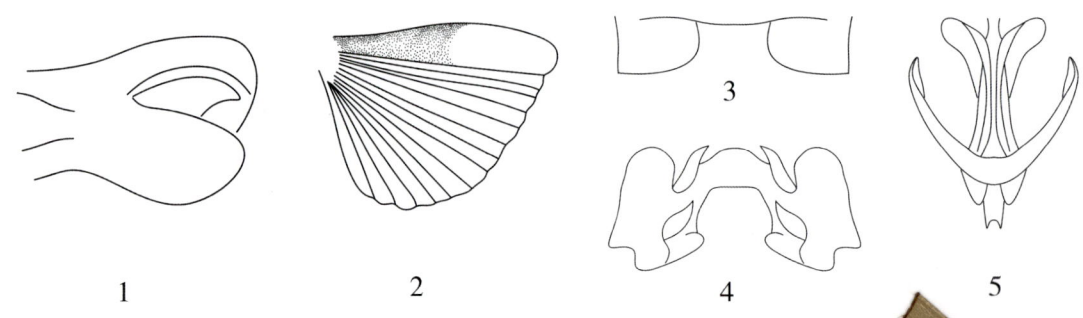

图61 黄胫异痂蝗 *Bryodemella holdereri holdereri* (Krauss) (1～5)
1.后足股节膝部;2.后翅;3.后胸腹板腹面观;4.阳茎基背片;5.阳茎复合体

(37) 轮纹异痂蝗 *Bryodemella tuberculatum dilutum* (Stål, 1813) (彩图 37)

Gryllus (*Locusta*) *dilutus* Stål, 1813. Representations exactment colores d'apres nature des Spectres ou Phasmes, des Mantes, des Saurerelles, des Grillons, des Criquets et des Blattes qui se trouvent dans les quatres parties du Monde. Acrididae, Amsterdam:21.

Bryodema tuberculatum sibirica Ikonnikov, 1913. Uber die von Schmidt aus Korea Mitgebrachten Acridiodeen:17

雄性体长 29.0~39.0mm，雌性体长 34.0~38.0mm。雌雄同形。体黄褐色。头侧窝呈三角形或卵形。前胸背板中隆线明显，被 2 条横沟所切断；沟后区长为沟前区长的 2 倍；侧隆线在沟后区可见，后缘呈钝角形(图 62,①)。前、后翅发达，前翅中脉域具弱的中闰脉。后翅基部玫瑰色，中部具较狭的暗色横带纹(图 62,②)，外缘淡色，仅前缘具暗色斑点，雄性臀域 $2A_1$ 和 $2A_2$ 脉基部加厚(图 62,③)。后足股节下膝侧片下缘几乎成一直线(图 62,④)，后足股节内侧黑色，具黄色膝前环；膝部外侧褐色，内侧黑色，上基片长于下基片。后足胫节污黄色，顶端暗色。雄性下生殖板呈短锥形，顶端钝(图 62,⑤)。雌性产卵瓣粗短，顶端较尖，端部呈钩状，边缘光滑无齿。雄性阳茎基背片如图 62,⑥，阳茎复合体如图 62,⑦。

一年发生一代，以卵在土中越冬。成虫最早于 7 月初羽化，7 月中、下旬进入羽化盛期。主要栖息在山地、丘陵地区和固定沙带边缘。为害菊科和百合科植物。

分布：内蒙古赤峰市、呼和浩特市、呼伦贝尔市、兴安盟、锡林郭勒盟、乌兰察布市，黑龙江，吉林，辽宁，山东，河北，山西，陕西，青海，新疆。

彩图 37　轮纹异痂蝗 *Bryodemella tuberculatum dilutum* (Stål)
1.背面观(雄性)；2.侧面观(雄性)；3.侧面观(雌性)；4.背面观(雌性)

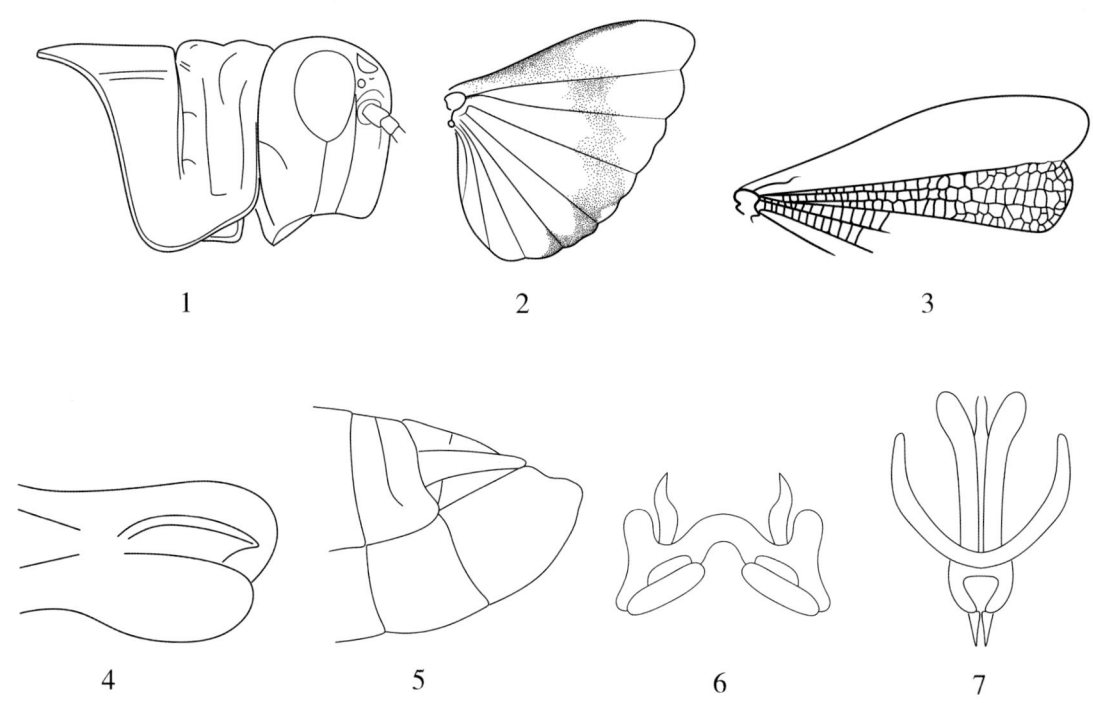

图 62　轮纹异痂蝗 *Bryodemella tuberculatum dilutum*（Stål）(1～7)
1.头、前胸背板侧面观；2.后翅；3.后翅翅脉；4.后足股节膝部；5.腹部末端侧面观（雄性）；6.阳茎基背片；7.阳茎复合体

（十五）斑翅蝗亚科 Oedipodinae Walker, 1871

体中型至大型。颜面侧面观大多为垂直，少数明显向后倾斜。头顶宽短，向前倾斜，或较平直。头侧窝大多消失，少数较明显。触角一般到达或超过前胸背板后缘。前胸背板宽平；中隆线较平直，少数种类中隆线明显隆起，呈屋脊形。前胸腹板平坦或略隆起。前、后翅均发达，中脉域具明显的中闰脉。后足股节较粗短，上侧中隆线全长平滑，缺细齿。后足胫节基部膨大处平滑。鼓膜器发达。

内蒙古有 13 个属：草绿蝗属 *Parapleurus* Fischer，尖翅蝗属 *Epacromius* Uvarov，绿纹蝗属 *Aiolopus* Fieber，沼泽蝗属 *Mecostethus* Fieber，小车蝗属 *Oedaleus* Fischer，赤翅蝗属 *Celes* Saussure，疣蝗属 *Trilophidia* Stål，胫刺蝗属 *Compsorhipus* Saussure，束颈蝗属 *Sphingonotus* Fieber，细距蝗属 *Leptopternis* Saussure，乌饰蝗 *Psophus* Fischer，旋跳蝗属 *Helioscirtus* Saussure，方额蝗属 *Quadriverticis* Zheng。

内蒙古草地常见斑翅蝗亚科 Oedipodinae 分属检索表

1(10)头顶背面观平，不向前倾斜。颜面侧面观向后倾斜，颜面与头顶成锐角。

2(7) 前胸背板缺侧隆线,有时仅在沟后区略可见短隆线。头侧窝明显或较小。

3(4) 头侧窝很小,不明显或缺,其前端较远地不到达头顶顶端。体通常为绿色(干标本为黄褐色),自复眼后缘至前胸背板后缘常具有暗褐色纵带纹 ································ **草绿蝗属 *Parapleurus* Fischer**

4(3) 头侧窝明显,呈三角形或梯形。

5(6) 头侧窝呈三角形。前翅中脉域之中闰脉常平行于中脉。中胸腹板侧叶间中隔较狭长,常在中部缩狭,其长明显大于宽。雄性下生殖板呈舌状 ································ **尖翅蝗属 *Epacromius* Uvarov**

6(5) 头侧窝呈梯形,明显。前翅中脉域之中闰脉的端部趋近中脉,其顶端常连接中脉。中胸腹板侧叶间中隔较宽,长宽约相等。雄性下生殖板近锥形 ································ **绿纹蝗属 *Aiolopus* Fieber**

7(2) 前胸背板具有明显的侧隆线,全长明显或只在沟前区明显,在沟后区消失或侧隆线为刻点状或颗粒状,或具褐色痕迹。

8(9) 前胸背板侧隆线较弱,有刻点或颗粒状突起,有时在沟后区有褐色斑纹。在沟前区具有1个小的疣状突起。头侧窝很小,近三角形,但常不明显。前翅革质,端部具有较密的横脉。后足胫节内侧端距的下距不明显,或略长于上距 ································ **沼泽蝗属 *Mecostethus* Fieber**

9(8) 前胸背板侧隆线发达,全长明显。头侧窝明显。前胸背板侧隆线与中隆线间有补充的纵隆线 ································ **隆背蝗属 *Carinacris* Liu(内蒙古无分布)**

10(1) 头顶侧面观明显倾斜。颜面直,侧面观颜面与头顶成钝角或近圆形。

11(14) 前胸背板中隆线明显,全长较完整或仅被后横沟所切割。

12(13) 前胸背板中隆线仅被后横沟微小切割,其上缘无明显的切口;前胸背板中隆线较低,略为隆起,侧面观上缘较平直或略呈弧形。前胸背板背面常具"X"形淡色斑纹,在中隆线两侧缺凹窝 ································ **小车蝗属 *Oedaleus* Fieber**

13(12) 前胸背板中隆线被横沟明显地切割,其上缘侧面观有明显切口。前胸背板沟后区常具有1对明显的或数对侧隆线。头侧窝明显呈三角形。后翅缺暗褐色横带纹,仅前缘及外缘呈暗色,基部为红色。雌性下产卵瓣腹面基部较平滑,缺粗糙颗粒。体形一般较大 ································ **赤翅蝗属 *Celes* Saussure**

14(11) 前胸背板中隆线被2~3个横沟切割,其上缘有2~3个切口,有时横沟较细,故切口不明显。

15(16) 前胸背板沟前区中隆线有2~3个较深的切口,其上缘侧面观具2个明显的点状突起。后头在两复眼间有1对圆粒状突起。后翅无暗色横带纹。体腹面及足常有较密的绒毛 ································ **疣蝗属 *Trilophidia* Stål**

16(15) 前胸背板沟前区中隆线缺深的切口,侧面观无点状突起。后头在两复眼间平滑,缺颗粒状突起。

17(20) 后足胫节端部的内侧距正常,其长不长于后足跗节第1节长之半。

18(19) 腹部第1节鼓膜器的鼓膜片较小,常为狭长形,仅覆盖鼓膜孔的1/2以下。后翅基部具宽的轮纹,体腹面有较密的绒毛 ································ **胫刺蝗属 *Compsorhipis* Saussure**

19(18) 腹部第1节鼓膜器的鼓膜片较大,可覆盖鼓膜孔的1/3以上。前胸背板侧板前下角钝或直,不伸出成突起。体细长,匀称。后翅有暗色轮纹或缺 ································ **束颈蝗属 *Sphingonotus* Fieber**

20(17) 后足胫节端部距长,内侧距长于后足跗节第1节长之半。前胸背板沟前区明显狭于沟后区。中足股节细长,长为前足股节长的1.5倍以上 ································ **细距蝗属 *Leptopternis* Saussure**

24. 草绿蝗属 *Parapleurus* Fischer,1853

Parapleurus Fischer 1853. Orth. Eur. :297,363.

模式种: *Gryllus alliaceus* Germar,1817

体形中等,匀称。头侧窝很小,不明显。颜面明显向后倾斜,与头顶成锐角。颜面隆起较宽,通常具纵沟。前胸背板宽平;中隆线较低,完整,仅被后横沟微微割断;无侧隆线;3条横沟明显,后横沟位于前胸背板的中部。后胸腹板侧叶后端明显分开。前、后翅发达,其顶端超过后足股节的端部;前翅中脉域有明显的中闰脉,其上具发音齿,闰脉前端有稀疏的横脉。后翅主要纵脉正常,不明显加粗。后足股节上侧中隆线光滑,缺细齿;外侧上膝侧片顶端呈圆形。后足胫节顶端无外端刺。跗节爪中垫较宽大。

本属内蒙古有1个种:葱色草绿蝗 *Parapleurus alliaceus alliaceus* (Germar)。

内蒙古草地常见草绿蝗属 *Parapleurus* Fischer 分种检索表

1(1)触角较长,超过后足股节基部(雄性)或不达后足股节基部(雌性)。自复眼后端向后沿伸至前胸背板侧片后缘有明显的黑色纵条纹(图63,①)。前翅长,顶端超过后足股节的顶端。体绿色或黄绿色 ······································· 葱色草绿蝗 *Parapleurus alliaceus alliaceus* (Germar)

(38)葱色草绿蝗 *Parapleurus alliaceus alliaceus* (Germar,1817) (彩图38)

Gryllus alliaceus Germar,1817. Fauna Ins. Eur,fasc. XI,tab. 19.

Gryllus typus Fischer,1853. Orth. Europ. :364.

Parapleurus fastigiatus Rehn,J. A. G. ,1902. Proc. Acad. Nat. Sci. Phil. 54:629.

雄性体长20.0~23.0mm,雌性体长30.0~35.0mm。雄性体形细长,雌性体形明显粗大。体通常呈草绿色(干标本为黄褐色),自复眼后缘至前胸背板后缘具有明显的黑色纵条纹(图63,①)。头顶不向前倾斜。头侧窝不明显,呈三角形。颜面隆起较宽,通常具纵沟。复眼呈卵形。前胸背板中隆线较低,完整,仅被后横沟微微割断;无侧隆线;3条横沟均明显,后横沟位于前胸背板的中部。后胸腹板侧叶明显分开。前、后翅均很发达,顶端明显超过后足股节的端部;前翅中脉域具有明显的中闰脉,上有发音齿,闰脉前端有稀疏横脉;后翅主要纵脉正常。后足股节上侧中隆线光滑。后足胫节顶端无外端刺,胫节顶端内侧之上、下距几乎等长。雄性肛上板顶端尖(图63,②);下生殖板呈长锥形,顶端尖细(图63,③)。尾须呈长锥形。雌性下生殖板后缘呈钝角形;产卵瓣狭长,上外缘具细齿(图63,④)。雄性阳茎基背片如图63,⑤,阳茎复合体如图63,⑥。

一年发生一代,以卵在土中越冬。栖息在湿度较大的环境。卵粒较直或略弯曲,中部较粗,向两端较细,上端钝圆,下端稍呈狭圆状。

分布:内蒙古锡林郭勒盟白音锡勒牧场、呼伦贝尔市兴安岭,河北,陕西,甘肃,新疆,湖南,四川。

彩图 38 葱色草绿蝗 *Parapleurus alliaceus alliaceus* (Germar)
1.背面观(雄性);2.侧面观(雄性);3.侧面观(雌性);4.背面观(雌性)

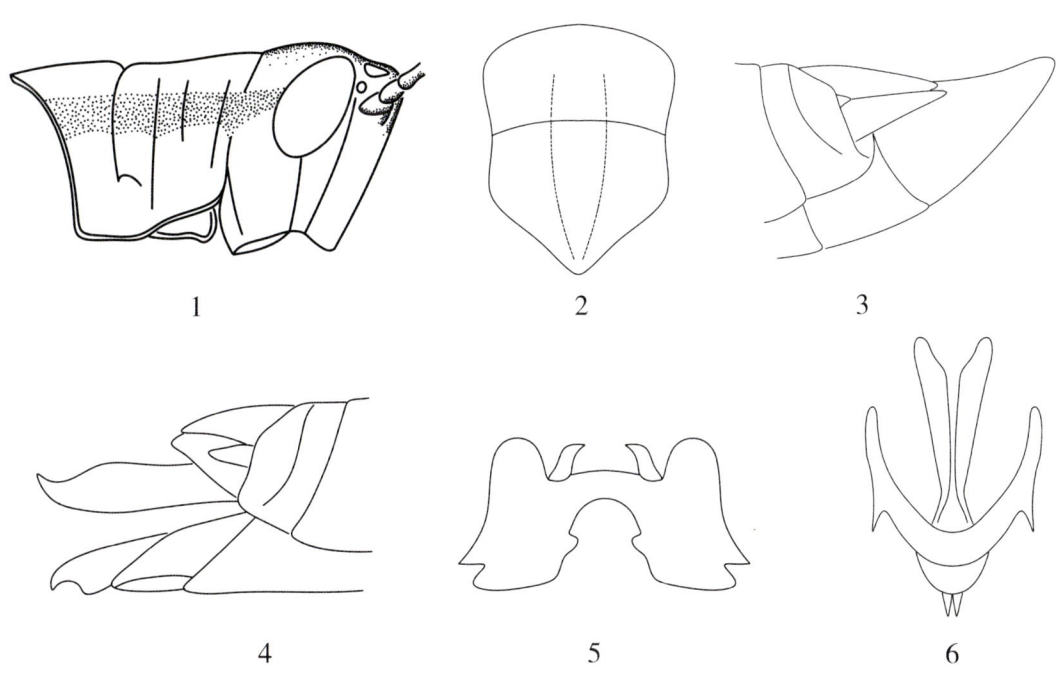

图 63 葱色草绿蝗 *Parapleurus alliaceus alliaceus* (Germar) (1～6)
1.头、前胸背板侧面观;2.肛上板背面观(雄性);3.腹部末端部末侧面观(雄性);4.腹部末端侧面观(雌性);5.阳茎基背片;6.阳茎复合体

25. 沼泽蝗属 *Mecostethus* Fieber,1852

Mecostethus Fieber,1852. Kelch. Orth. Oberschles. :1.
Parapleurus Fischer,1853. Orth. Eur. :297,363.

模式种：*Mecostethus grossus* (Linnaeus,1758)

体中型。颜面倾斜,与头顶成锐角。头侧窝小,呈三角形,不明显。前胸背板侧隆线明显,近平行,后缘近圆弧形。前翅发达,超过后足股节的顶端,中脉域具闰脉,在前翅中脉域前具密的翅脉。鼓膜器发达。雄性下生殖板呈长圆锥形,顶端细。雌性产卵瓣狭长。

本属内蒙古有 2 个种:沼泽蝗 *Mecostethus grossus* Linnaeus,黑尾沼泽蝗 *Mecostethus magister* Rehn。

内蒙古草地常见沼泽蝗属 *Mecostethus* Fieber 分种检索表

1(1)头顶无中隆线或中隆线不清晰。前胸背板侧隆线全长明显(图 64,①),后横沟明显位于中部之前,沟后区长为沟前区长的 1.5 倍 ………………………… 沼泽蝗 *Mecostethus grossus* (Linnaeus)

(39)沼泽蝗 *Mecostethus grossus* (Linnaeus,1758) (彩图 39)

Gryllus (*Locusta*) *grossus* Linnaeus,1758. Syst Nat. ,ed. X, I :433.
Acrydium rubripes De Geer,1773. Mem. Hist. Ins. ,III:477.
Gryllus flavipes Gmelin,1788. Syst. Nat. ,(4):2088.
Gryllus (*Locusta*) *germanicus* Stoll,1813. Reptes. spectres ou phasmes,etc. :41.
Stethophyma grossum (Linnaeus,1758). Syst. Nat. ,ed. X. I :433.

雄性体长 22.0~23.0mm,雌性体长 25.9~39.1mm。体褐色。头侧窝小,呈三角形。头背面中部黑色,两侧具淡黄褐色纵纹。复眼位于头中部,复眼后至前胸背板侧缘具黑色带纹(图 64,①)。雄性触角超过前胸背板后缘;雌性触角较短,不到达前胸背板后缘。前胸背板中隆线粗;侧隆线较弱,但明显。中胸腹板侧叶间中隔狭。后胸腹板侧叶分开。前、后翅发达,前翅较宽大,前缘脉域、中脉域、及肘脉域具闰脉,中脉域宽大于肘脉域之宽。后足股节膝侧片顶端呈圆形;下膝侧片下缘呈弧形,端部呈狭圆形。后足胫节黄色,近基部 1/3 具黑色环纹,缺外端刺。尾须呈长圆锥形。雄性下生殖板呈长锥形(图 64,②)。雌性下生殖板后缘具三叶状突起,产卵瓣细长,上产卵瓣长为下产卵瓣长的 4 倍。

一年发生一代,以卵在土中越冬。栖息在湿度大的沼泽及草甸草原,为害羊草等禾本科牧草。

分布:内蒙古赤峰市、呼伦贝尔市、锡林郭勒盟,黑龙江,河北,青海,四川,新疆。

彩图 39　沼泽蝗 *Mecostethus grossus*（Linnaeus）
1.背面观（雄性）；2.侧面观（雄性）；3.侧面观（雌性）；4.背面观（雌性）

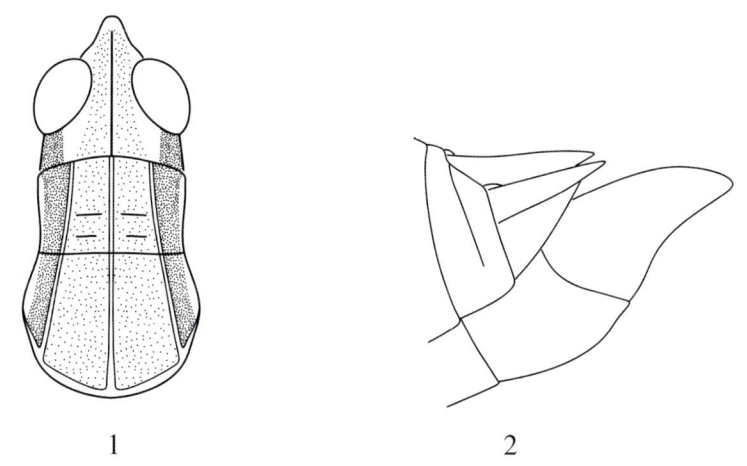

图 64　沼泽蝗 *Mecostethus grossus*（Linnaeus）（1～2）
1.头、前胸背板背面观（雄性）；2.腹部末端侧面观（雄性）

26. 尖翅蝗属 *Epacromius* Uvarov, 1942

Epacromius Uvarov,1942. Trans. Amer. Ent. Soc.,67:337,338

模式种：*Gryllus tergestinus* Charpentier,1825

体小型,匀称。颜面倾斜,颜面隆起中部具纵沟。头顶端较钝。头侧窝呈长三角形。触角呈丝状,超过前胸背板后缘,复眼呈卵圆形,突出。前胸背板中隆线低,明显,仅被后横沟切断,无侧隆线,沟前区短于沟后区,后缘钝圆。中胸腹板侧叶间中隔呈长方形,长略大于宽,后端不扩展。

前翅发达,前翅中脉域之中闰脉常与中脉平行,超过后足股节顶端。雄性下生殖板上下扁,近短锥形。雌性产卵瓣粗短。

本属内蒙古有3个种:大垫尖翅蝗 *Epacromius coerulipes*（Ivanov）,小垫尖翅蝗 *Epacromius tergestinus tergestinus*（Charpentier）,甘蒙尖翅蝗 *Epacromius tergestinus extimus* Bey-Bienko。

内蒙古草地常见尖翅蝗属 *Epacromius* Uvarov 分种检索表

1(2) 跗节爪间中垫长,其顶端超过爪中部（图65,④）。触角短粗,中段一节长为宽的1.5～1.75倍。后足股节下侧桔红色 ·· 大垫尖翅蝗 *Epacromius coerulipes*（Ivanov）

2(1) 跗节爪间中垫短,狭小,其顶端不到爪中部（图66,②）。触角短粗,中段一节长为宽的2～3倍。后足股节下侧非红色 ······················· 小垫尖翅蝗 *Epacromius tergestinus tergestinus*（Charpentier）

a(b) 雄性下生殖板较长,末端较扁平,顶端宽圆形,从侧面看略向下弯曲。雄性后足跗节第3节长比第1节略长。雌、雄两性前翅较长,顶端超过后足胫节的中部 ···
·························· 小垫尖翅蝗 *Epacromius tergestinus tergestinus*（Charpentier）

b(a) 雄性下生殖板较长短,末端较厚,顶端狭圆形,从侧面看不向下弯曲（图66,③）。雄性后足跗节第3节的长约等于第1节的长。雌、雄两性前翅较短,顶端到达或不达后足胫节的中部 ·····················
·························· 甘蒙尖翅蝗 *Epacromius tergestinus extimus* Bey-Bienko

(40) 大垫尖翅蝗 *Epacromius coerulipes*（Ivanov,1887）（彩图40）

Aiolopus coerulipes Ivanov,1887. Trud. Obschz. Isp. Prir. Charkov. Univ. 21:348.

Oedipoda pulverulentus Fischer von Waldheim,1846. Orth. Ross. p. 299. n. 18. pl. 32

Aiolopus tergestinus var. *chinensis* Karny,1907. Verh. Zool. -bot,Ges. Wien. ,62:285.

雄性体长14.5～18.5mm,雌性体长23.0～29.0mm。体黄褐色、暗褐色或黄绿色。颜面略倾斜,颜面隆起较宽,侧隆线明显。头侧窝呈三角形。中单眼附近具短纵沟（图65,①）。触角呈丝状,超过前胸背板后缘甚远,中段一节长为宽的1.5～1.75倍。前胸背板中隆线明显而低,无侧隆线,沟前区长小于沟后区之长。前胸背板中央常具淡色、红褐色或暗褐色纵纹,在背面具不明显的淡色"X"形纹（图65,②）。中胸腹板侧叶间中隔长为宽的1.3倍左右（图65,③）。前翅发达,到达后足胫节中部,中脉域具中闰脉,顶端靠近中脉。后足跗节爪间中垫较长,呈三角形,超过爪中部（图65,④）。后足股节上侧中隆线光滑,具3个暗色横斑,下侧橙红色。后足胫节淡黄色,基部、中部及端部具黑色环纹。雄性肛上板近宽菱形,顶端中央有纵沟（图65,⑤）;尾须呈长锥形;下生殖板上下扁平（图65,⑥）。雌性产卵瓣短粗,上产卵瓣外缘光滑（图65,⑦）。雄性阳茎基背片如图65,⑧,阳茎复合体如图65,⑨。

一年发生一代,以卵在土中越冬。成虫喜产卵在较高的河堤、田埂、路旁和河、湖区荒地杂草稀矮而阳光充足的地方。翌年6月卵孵化,7月成虫羽化。喜食禾本科牧草,也常为害豆类等作物。

分布:内蒙古赤峰市、呼和浩特市、呼伦贝尔市、兴安盟、锡林郭勒盟、乌兰察布市、鄂尔多斯市、阿拉善盟,黑龙江,吉林,辽宁,山东,江苏,安徽,河北,河南,陕西,山西,甘肃,宁夏,新疆,青海。

彩图40　大垫尖翅蝗 *Epacromius coerulipes*（Ivanov）
1.背面观(雄性);2.侧面观(雄性);3.侧面观(雌性);4.背面观(雌性)

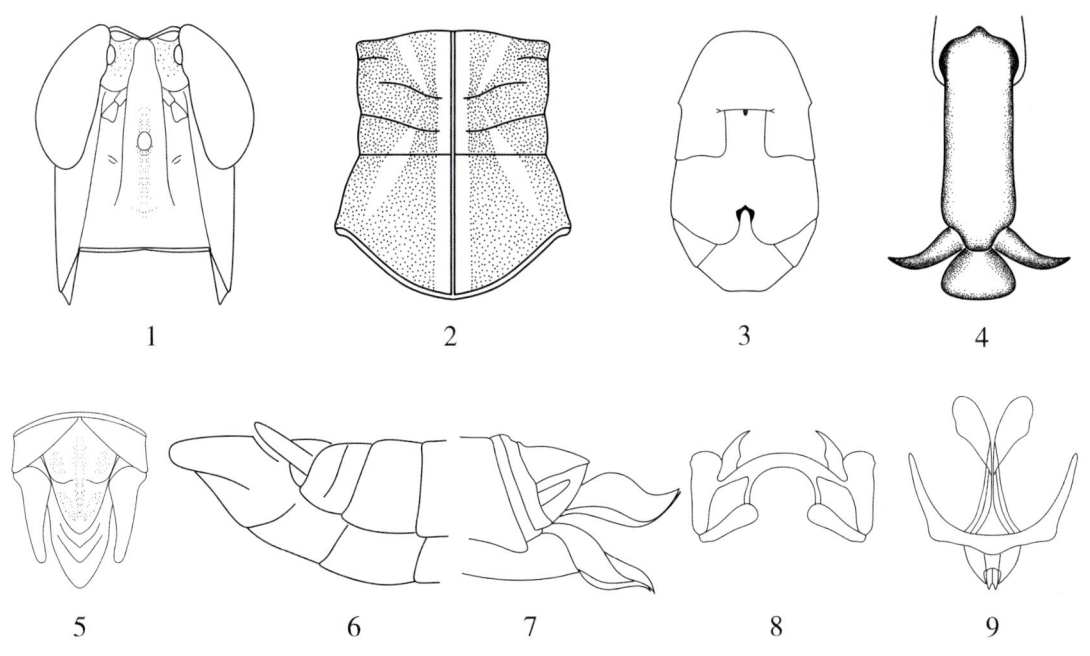

图65　大垫尖翅蝗 *Epacromius coerulipes*（Ivanov）（1～9）
1.头部正面观;2.前胸背板背面观(雌性);3.中、后胸腹板(雄性)腹面观;4.爪及中垫;5.腹部末端背面观(雄性);6.腹部末端侧面观(雄性);7.腹部末端侧面观(雌性);8.阳茎基背片;9.阳茎复合体

(41)小垫尖翅蝗 *Epacromius tergestinus tergestinus* (Charpentier, 1825)（彩图 41）

Gryllus tergestinus Charpentier,1825. Hor. Ent. p. 139.

Epacromia tergestina Krauss,1879. Sitz. Akad. Wiss. Wien. Math-Nat. C. Ⅱ. XXⅦ. (1)p. 487. n. 48.

Epacromia tergestina favolimbus Vorontzovsky,1928. Bull. Orenburg Plant Prot. Sta. pt. 1: 17. Orenburg

Epacromia tergestinal ancearius Vorontzovsky,1928,Bull. Orenburg Plant Prot Sta. pt. 1:18.

Epacromia tergestina viridis Mab. ,1906. Ann. Soc. Ent. France,ⅨXV. p. 41.

Epacromia thalassina Fischer,1853. var. (nec Fabr.)Orth. Eur. p. 361. n. 1,pl. 17.

Epacromia viridis Uvarov,1910. Hor. Soc. Ent. Russ. 39:372.

雄性体长 17.0～22.0mm,雌性体长 25.0～30.0mm。体较小,匀称,黄褐色、暗褐色或绿褐色。前胸背板中央具淡色纵纹,背面具不明显的"X"形纹。头顶侧缘隆线明显,中隆线不明显。头侧窝呈三角形。颜面隆起具细小刻点,中单眼之下明显低凹。前胸背板中隆线呈线状,缺侧隆线,前、中横沟较弱,后横沟切割中隆线,位于背板中部之前,沟后区明显大于沟前区之长。中胸腹板侧叶间中隔呈长方形(图 66,①)。前翅发达,超过后足胫节中部,中脉域具中闰脉,中闰脉具发音齿。雌性前翅不到达后足胫节的中部,后翅略短于前翅。后足股节匀称,上侧中隆线无细齿。后足胫节顶端缺外端刺。跗节爪间中垫小,呈三角形,不到达爪中部(图 66,②)。尾须呈长圆柱形,明显超过肛上板顶端。雄性下生殖板短,顶宽圆,侧面观略向下弯(图 66,③)。雌性产卵瓣粗短,端部呈钩状,边缘光滑无齿。雄性阳茎基背片如图 66,④,阳茎复合体如图 66,⑤。

分布:内蒙古赤峰市、呼和浩特市、包头市、兴安盟、锡林郭勒盟、乌兰察布市、阿拉善盟,新疆。

彩图 41 小垫尖翅蝗 *Epacromius tergestinus tergestinus*（Charpentier）
1.背面观(雄性);2.侧面观(雄性);3.侧面观(雌性);4.背面观(雌性)

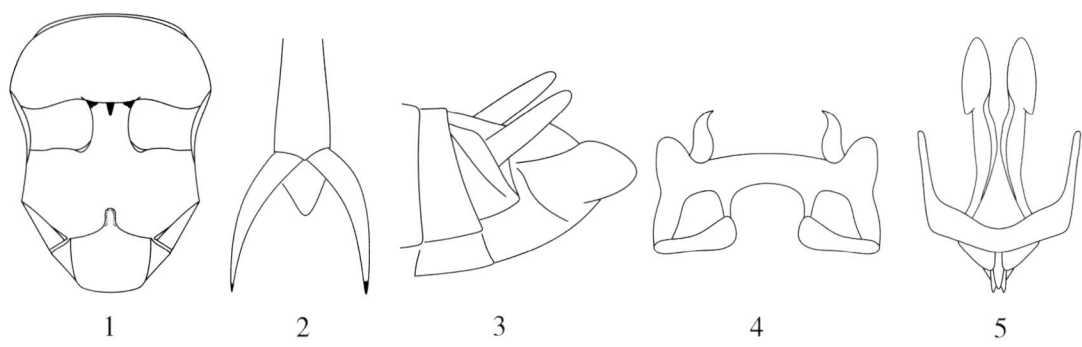

图 66　小垫尖翅蝗 *Epacromius tergestinus tergestinus* (Charpentier)（1～5）
1.中、后胸腹板腹面观；2.爪及中垫；3.腹部末端侧面观（雄性）；4.阳茎基背片；5.阳茎复合体

(42) 甘蒙尖翅蝗 *Epacromius tergestinus extimus* Bey-Bienko, 1951（彩图 42）

Epacromius tergestinus extimus Bey-Bienko, 1951. Acridiodea of the USSR and adjacent countries, 563～566.

雄性体长 15.9～16.3mm，雌性体长 24.4～28.5mm。体暗褐色、黄褐色或绿褐色。复眼之后具黑色纵条纹。前翅具暗色或淡色斑点。头侧窝呈三角形。颜面隆起在中单眼处低凹。前胸背板中隆线低，沟后区中隆线较明显，缺侧隆线，3 条横沟明显，仅后横沟切断中隆线，沟后区长为沟前区长的 1.4～1.5 倍。中胸腹板侧叶间中隔的长为最狭处长的 1.4 倍（图 67，①）。后胸腹板侧叶全长彼此分开。前、后翅发达，到达或不到达后足胫节的中部；中脉域具中闰脉，中闰脉基部靠近肘脉，端部靠近中脉。后足股节匀称，上侧中隆线光滑无齿。后足胫节缺外端刺。后足跗节第 3 节与第 1 节等长；爪中垫短，狭小。尾须呈圆筒形，超过肛上板的端部。雄性下生殖板较短，

彩图 42　甘蒙尖翅蝗 *Epacromius tergestinus extimus* Bey-Bienko
1.背面观（雄性）；2.侧面观（雄性）；3.侧面观（雌性）；4.背面观（雌性）

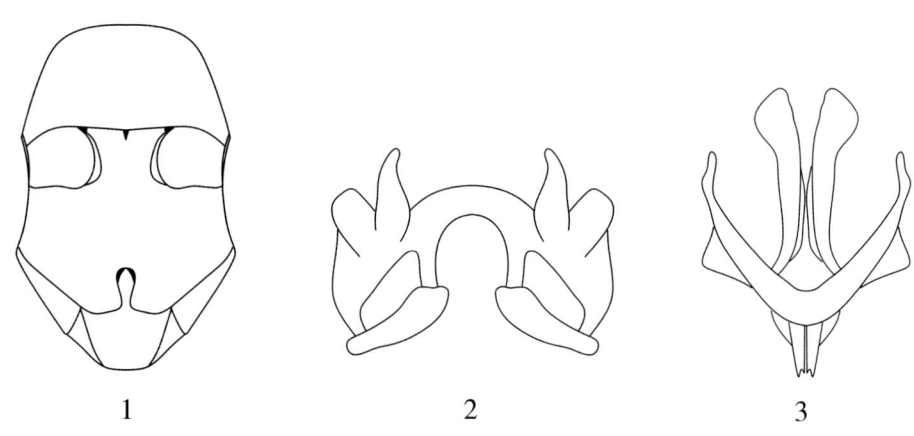

图 67　甘蒙尖翅蝗 *Epacromius tergestinus extimus* Bey-Bienko（1～3）
1. 中、后胸腹板腹面观；2. 阳茎基背片；3. 阳茎复合体

末端部分较厚，顶端呈狭圆形，侧面观向后直伸。雌性尾须不到达肛上板端部；下生殖板末端中央呈三角形突出；产卵瓣粗短，顶端略呈钩状，边缘光滑。雄性阳茎基背片如图 67，②，阳茎复合体如图 67，③。

一年发生一代，以卵在土中越冬。栖息在干草原地区，喜在碱性地取食禾本科植物。

分布：内蒙古兴安盟科尔沁右翼中旗及巴彦淖尔市磴口县、乌拉特前旗、乌拉特后旗，吉林，陕西，甘肃，青海。

27. 绿纹蝗属 *Aiolopus* Fieber, 1853

Aiolopus Fieber, 1853. Lotos, 3:100.

模式种： *Gryllus thalassinus* Fabricius, 1781

体中型，体表具密刻点和稀疏绒毛。头顶狭长，呈三角形或五边形。颜面隆起仅在中单眼处略凹。头侧窝呈梯形或长方形，达头的顶端。前胸背板呈鞍状，中隆线较低，侧隆线缺或沟前区较弱；后横沟明显切断中隆线，沟后区明显长于沟前区。中胸腹板侧叶间中隔之宽等于或略宽于其长，后端较分开。前、后翅发达；前翅狭长，中脉域之中闰脉明显，其顶端部分接近中脉，中闰脉具发音齿；后翅透明，无暗色横带纹。鼓膜器发达，鼓膜片较小。后足股节上基片长于下基片，上侧中隆线光滑。后足胫节缺外端刺。雄性肛上板呈三角形；下生殖板呈短锥形，顶端较钝。雌性产卵瓣基部较粗，顶端尖锐。

本属内蒙古有 2 个种：绿纹蝗 *Aiolopus thalassinus*（Fabricius），花胫绿纹蝗 *Aiolopus tamulus*（Fabricius）。

内蒙古草地常见绿纹蝗属 *Aiolopus* Fieber 分种检索表

1(2) 头顶较狭，呈狭的锐角形，侧隆线直，不向内弯曲，到复眼的前缘。颜面隆起自中单眼向上渐缩狭（图

69,①)。头侧窝狭长。前翅亚前缘脉域的绿色纵带纹完整,无暗色斑点。后足胫节基部 1/3 黄色,中部蓝色,顶端红色 ·················· **花胫绿纹蝗 *Aiolopus tamulus* (Fabricius)**

2(1)头顶较宽,近圆形,侧隆线在后端向内弯曲,不到复眼前缘。颜面隆起宽平,侧缘几乎平(图 68,①)。头侧窝宽短。前翅亚前缘脉域的绿色纵带纹具暗色斑点。后足胫节基部之半黄色,顶端之半红色,中部有较狭的青蓝色狭环纹·················· **绿纹蝗 *Aiolopus thalassinus* (Fabricius)**

(43)绿纹蝗 *Aiolopus thalassinus* (Fabricius,1781)(彩图 43)

Gryllus thalassinus Fabricius,1781. Spec. Ins.,Ⅰ:367.

Acridium grossum Costa,1836. Fauna del Regno di Napoli Ortopteri:25,pl. 3.

Acridum laetum Brulle,1840. Orthoprera. Histoire naturelle des les Canaries(2):77.

Epacromia angustifemur Ghiliani,1868. Bul. Soc. Ent. Ital.,Ⅰ:179.

Epacromia lurida Brancsik,1895. Jh. Naturw. ver. Trencsiner Com. 17~18:250.

Aiolopus thalassinus kivuensis Sjöstedt,1923. Ark. Zool,15(6):18.

Aiolopus acutus Uvarov,1953. Publ. Cult. Co. Diam. Angola. 21:111.

Aiolopus thalasimus (Fabricius);Hollis,1968. Bul. Brit Mus. Nat. Hist.(Ent.),22(7):319,340.

雄性体长 15.2~21.2mm,雌性体长 19.8~29.3mm。体黄褐色。前胸背板两侧具有狭的深褐色和淡黄色纵纹。头顶呈五边形。颜面隆起宽平,侧缘几乎平行(图 68,①)。头侧窝短宽梯形。前胸背板略呈鞍形,中隆线明显,缺侧隆线。中胸腹板侧叶间中隔长宽几乎相等(图 68,②)。前、后翅超过后足股节端部。前翅亚前缘脉域的绿色条纹近基部常具暗褐色斑纹,端部也具褐色

彩图 43 绿纹蝗 *Aiolopus thalassinus* (Fabricius)
1.背面观(雄性);2.侧面观(雄性);3.侧面观(雌性);4.背面观(雌性)

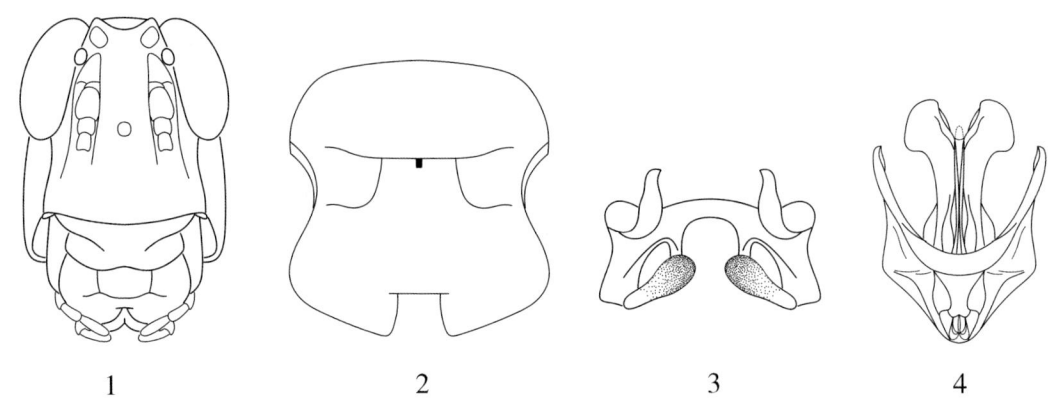

图 68　绿纹蝗 Aiolopus thalassinus (Fabricius) (1～4)
1. 头部正面观；2. 中、后胸腹板腹面观；3. 阳茎基背片；4. 阳茎复合体

斑纹，中脉域中闰脉发达，具发音齿。前、后翅端部翅脉具发音齿。后足股节上侧中隆线光滑，后足胫节缺外端刺。爪中垫长仅为爪的一半。肛上板呈长舌状，基部中央具纵沟。尾须呈圆锥形。雄性下生殖板呈短锥形，顶端较钝。雌性产卵瓣较尖，顶端呈钩状。雄性阳茎基背片如图 68，③，阳茎复合体见图 68，④。

分布：内蒙古呼和浩特市、乌兰察布市，甘肃，新疆。

(44) 花胫绿纹蝗 Aiolopus tamulus (Fabricius, 1798) (彩图 44)

Gryllus tamulus Fabricius, 1798. Ent. Syst. Suppl. :195.

Gomphocerus tricoloripes Burmeister, 1838. Hand. Ent. , 2:649.

Epacromia rufostriata Kirby, 1888. Proc. Zool. Soc. Lond. :550.

Epacrormia tamulus (Fabr.); Shiraki, 1910. A synonymic catalogue of the Orthoptera. 3. Orthoptera Saltatoria. Ⅱ. Locustidae vel Acridiidae, :21.

雄性体长 18.0～22.0mm，雌性体长 25.0～29.0mm。体褐色。前胸背板背面中央具黄褐色纵条纹，两侧具 2 条狭的褐色纵条纹。颜面倾斜。颜面隆起自中单眼处向上渐缩狭（图 69，①）。头顶呈三角形，侧缘隆线明显。头侧窝呈梯形。前胸背板呈鞍状，中隆线低，侧隆线缺，有时沟后区有弱的侧隆线（图 69，②）；后横沟位于中部之前，沟后区为沟前区长的 1.5 倍。中胸腹板侧叶间中隔方形（图 69，③）。前、后翅均发达，超过后足股节的顶端，中脉域的中闰脉发达，其顶端部分接近中脉。前、后翅端部翅脉具发音齿。后翅基部黄绿色，其余部分烟色。鼓膜器发达。后足股节上基片长于下基片，上侧中隆线光滑。后足胫节端部 1/3 鲜红色，基部 1/3 淡黄色，中部蓝黑色。后足胫节缺外端刺。跗节爪中垫略超过爪中部。雄性下生殖板呈短锥形，顶端较钝（图 69，④）。雌性产卵瓣较尖，顶端略呈钩状。雄性阳茎基背片如图 69，⑤，阳茎复合体如图 69，⑥。

分布：内蒙古阿拉善盟贺兰山，辽宁，宁夏，甘肃，河北，北京，陕西，山东，江苏，安徽，浙江，江西，湖南，福建，台湾，广东，海南，广西，四川，贵州，云南，西藏。

彩图 44　花胫绿纹蝗 *Aiolopus tamulus*（Fabricius）

1.背面观（雄性）；2.侧面观（雄性）；3.侧面观（雌性）；4.背面观（雌性）

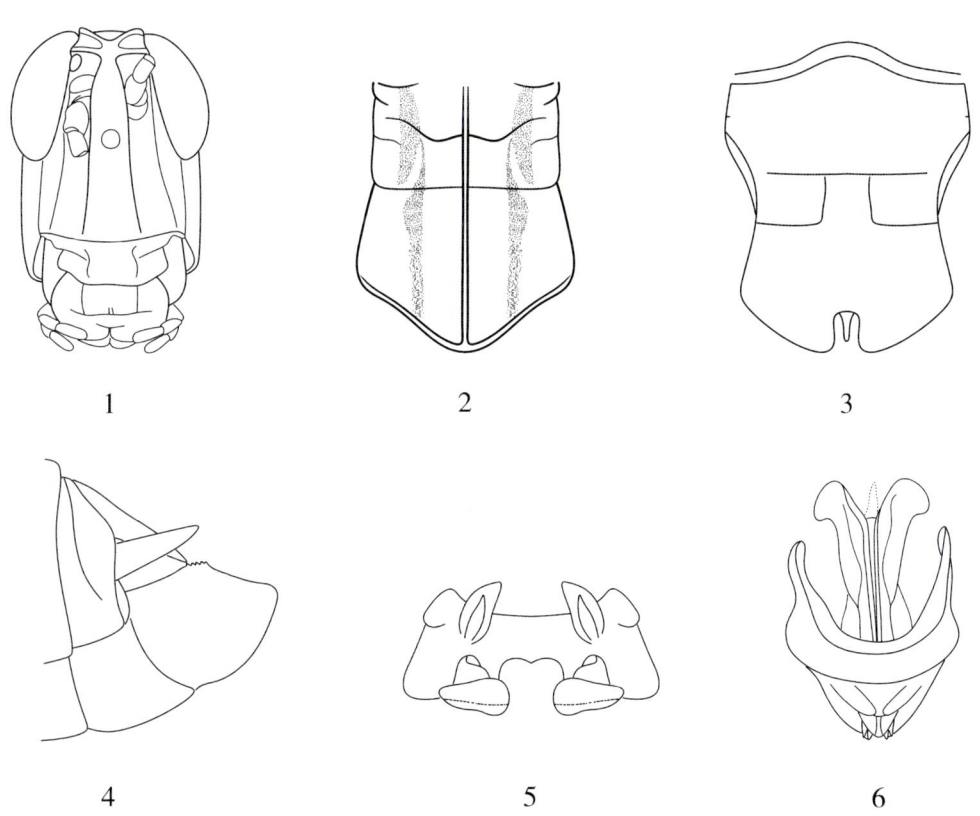

图 69　花胫绿纹蝗 *Aiolopus tamulus*（Fabricius）（1～6）

1.头部正面观；2.前胸背板背面观；3.中、后胸腹板腹面观；4.腹部末端侧面观（雄性）；5.阳茎基背片；6.阳茎复合体

28. 小车蝗属 *Oedaleus* Fieber, 1853

Oedaleus Fieber, 1853, Lotos. 3:126

模式种: *Acrydium decorus* Germar, 1817

头侧窝退化，不明显或呈三角形。触角呈丝状，到达或超过前胸背板后缘。前胸背板有"X"形淡色斑纹，中隆线两侧无侧隆线（图70，①）。侧单眼位于头顶侧缘下面。前翅端部为半透明。雄性前翅较长，常超过后足股节的顶端，中脉域狭于肘脉域。后翅宽大，中部具暗色横带纹（图70，③），基部黄色。雄性体腹面为绿色或黄绿色，但非黑色。

本属内蒙古有3个种：亚洲小车蝗 *Oedaleus decorus asiaticus* Bey-Bienko，黄胫小车蝗 *Oedaleus infernalis amurensis* Ikonnikov，黄足小车蝗 *Oedaleus cnecosopodius* Zheng。

内蒙古草地常见小车蝗属 *Oedaleus* Fieber 分种检索表

1(2) 前胸背板"X"形纹明显，在沟前区与沟后区的纹等宽（图70，①）。后翅暗色带纹明较狭，明显，远不到达翅后缘（图70，③）。前胸背板中隆线侧面观平直，后缘弧圆形 ·· 亚洲小车蝗 *Oedaleus decorus asiaticus* Bey-Bienko

2(1) 前胸背板"X"形纹不太明显，在沟后区的纹较宽于沟前区的纹（图71，②）。后翅暗色条纹较狭，到达翅后缘（图71，③）。雌性后足股节下侧及后足胫节黄褐色。雄性后足股节下侧红色；后足胫节红色，基部黄色部分常混杂 ·················· 黄胫小车蝗 *Oedaleus infernalis amurensis* Ikonnikov

(45) 亚洲小车蝗 *Oedaleus decorus asiaticus* Bey-Bienko, 1941（彩图45）

Oedaleus asiaticus Bey-Bienko, 1941. Mem. Inst. Agron. Leningrad 4:152, 156.

雄性体长18.5～22.5mm，雌性体长28.1～37.0mm。体一般黄绿色，有时淡褐色、黄褐色。雄性颜面近垂直，颜面隆起在中单眼处稍凹，侧缘近平行；雌性颜面垂直。头侧窝不很明显，呈三角形。前胸背板较短，略呈屋脊状，前胸背板"X"形淡色纹明显，在沟前区及沟后区等宽（图70，①）；中隆线较高，缺侧隆线（图70，②）；中胸腹板侧叶间中隔最狭处等于（雄性）或略大于长（雌性）。前翅发达，超过后足股节顶端，前翅基半部具2～3个大块黑斑，端部具细碎不明显褐色斑；中脉域狭于肘脉域；中闰脉位于中脉和前肘脉中央，具发达的发音齿。后翅宽大，较前翅略短，基部淡黄绿色，中部具向内弯曲的黑褐色带纹，带纹离后缘较远（图70，③）。后足股节上隆线光滑，缺细齿。后足胫节红色，缺外端刺。雄性肛上板呈三角形，尾须呈柱状，下生殖板呈短锥形（图70，④）。雌性产卵瓣粗短，端部弯曲呈钩状，黑色，边缘光滑无细齿，下产卵瓣基部突出（图70，⑤）。阳茎基背片桥内侧拱起（图70，⑥）。

一年发生一代，以卵在土中越冬。5月中、下旬越冬卵开始孵化，7月中、下旬为成虫发生盛期，7月下旬至8月上旬开始选择向阳温暖、地面裸露、土质板结、土壤湿度较大的地方产卵。主要分布于典型草原，为害禾本科、莎草科及鸢尾科植物，喜食羊草、隐子草、针茅、冰草、苔草等牧草及玉米、莜麦、小麦等农作物。

分布：内蒙古赤峰市、呼和浩特市、包头市、呼伦贝尔市、兴安盟、通辽市、锡林郭勒盟、乌兰察布市、巴彦淖尔市、阿拉善盟，山东，河北，山西，陕西，甘肃，宁夏，青海。

彩图45　亚洲小车蝗 *Oedaleus decorus asiaticus* Bey-Bienko

1.背面观（雄性）；2.侧面观（雄性）；3.侧面观（雌性）；4.背面观（雌性）

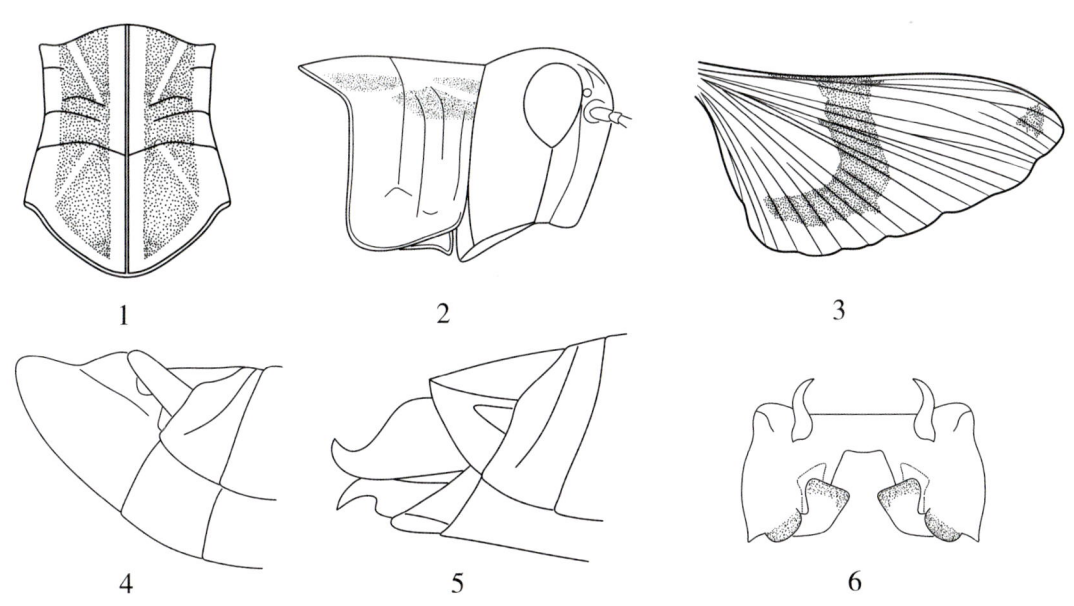

图70　亚洲小车蝗 *Oedaleus decorus asiaticus* Bey-Bienko（1～6）

1.前胸背板背面观；2.头、前胸背板侧面观；3.后翅；4.腹部末端侧面观（雄性）；5.腹部末端侧面观（雌性）；6.阳茎基背片

(46) 黄胫小车蝗 Oedaleus infernalis amurensis Ikonnikov，1911（彩图46）

Oedaleus infernalis var. *amurensis* Ikonnikov，1911. Ann. Mus. Zool. Acad. Imp. Sciences st. Petersburg 16:255.

Oedaleus infernalis amurensis Ikonnikov；Bey-Bienko. 1941. Zap，Leningr. sel'. ,-khoz. Inst. ,4:154.

Oedaleus infernalis infernalis Saussure；Bey-Bienko & Mistshenko,1951. Acridoidea of the USSR and adjacent countries:577.

Oedaleus irfernalis montanus Bey-Bienko,1951. Acridoidea of the USSR and adjacent countries:577.

雄性体长21.0～27.0mm，雌性体长30.0～39.0mm。体黄褐色、暗褐色或绿褐色。颜面隆起几乎达唇基，在中单眼处收缩（图71，①）。头顶宽短。头侧窝不明显，或略呈三角形。前胸背板略缩狭，呈屋脊状；中隆线尖锐；沟后区两侧较平，无尖状突出；前胸背板"X"形纹在沟后区较宽，其宽明显宽于沟前区的带纹（图71，②）。前翅发达，达后足胫节中部，横斑明显，在前缘处有2个淡色三角形斑，中脉域具中闰脉。后翅与前翅等长，暗色带纹较狭，暗色带纹不达翅缘顶端（图71，③）。雌性后足股节下侧及后足胫节通常黄褐色。雄性后足股节下侧及后足胫节红色，后足胫节基部黄色部分常杂有红色。雄性下生殖板呈短锥形；肛上板呈三角形，顶端钝圆；尾须圆柱状，长为宽的2倍（图71，④）。雌性产卵瓣短粗，上产卵瓣上缘无细齿。雄性阳茎基背片桥状，桥拱多变，前后突呈圆弧形（图71，⑤），外冠突稍宽于内冠突。

一年发生一代，以卵在土中越冬。一般8月中旬后发生量较大。主要发生在内蒙古高原外缘山地和大兴安岭以东地区，取食禾本科植物，对小麦等农作物也造成一定危害。

彩图46　黄胫小车蝗 *Oedaleus infernalis amurensis* Ikonnikov
1.背面观（雄性）；2.侧面观（雄性）；3.侧面观（雌性）；4.背面观（雌性）

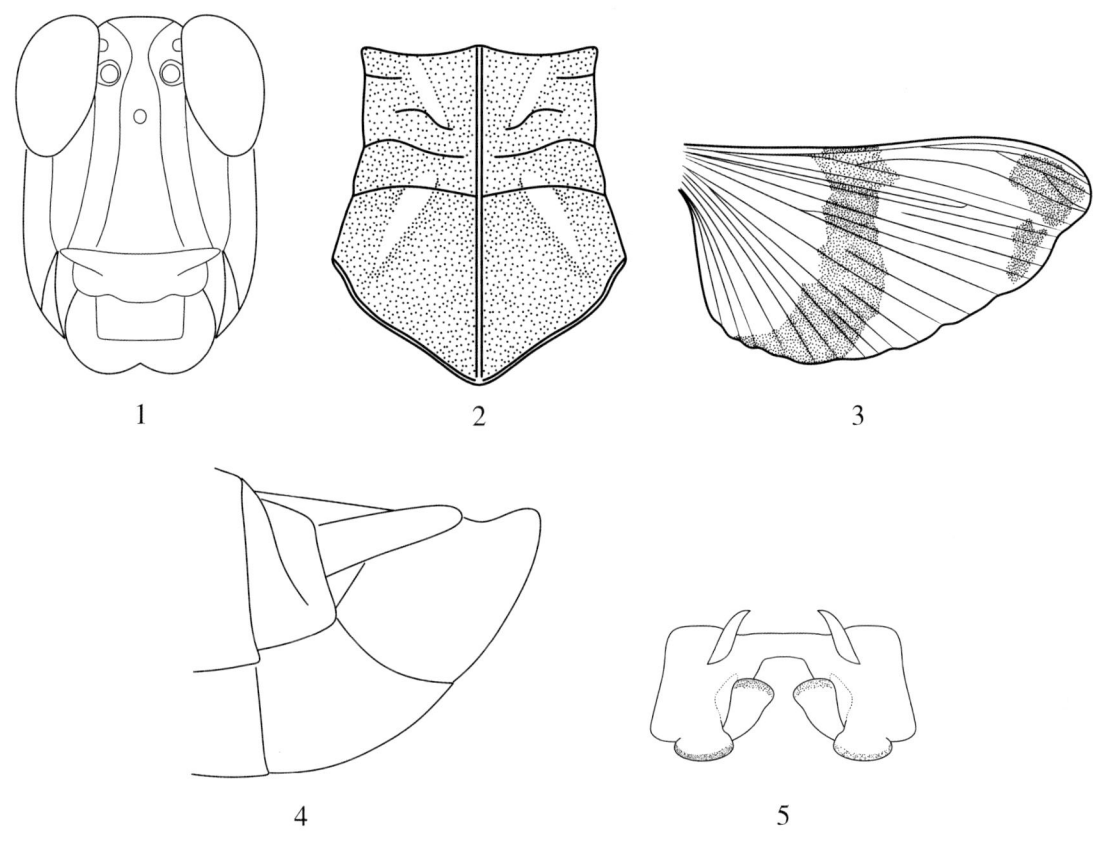

图71 黄胫小车蝗 *Oedaleus infernalis amurensis* Ikonnikov（1～5）
1.头部正面观；2.前胸背板背面观；3.后翅；4.腹部末端侧面观（雄性）；5.阳茎基背片

分布：内蒙古赤峰市、呼和浩特市、包头市、呼伦贝尔市、兴安盟、锡林郭勒盟、乌兰察布市、巴彦淖尔市、鄂尔多斯市、阿拉善盟，北京、黑龙江、吉林、山东、江苏、河北、陕西、山西、甘肃、宁夏、青海。

29. 赤翅蝗属 *Celes* Saussure，1884

Celes Saussure，1884. Mem. Soc. Phys. D'Hist. Nat. Geneve，28(9):131

模式种：***Gryllus variabilis* Pallas，1771**

体型一般较大。头侧窝明显，呈三角形。前胸背板中隆线在沟前区不显著隆起，一般较低，不明显高于沟后区的中隆线。前胸背板沟后区常有明显的1对或数对侧隆线（图72，②）。后翅缺暗色横带纹，仅前缘及外缘暗色，基部红色。后足股节上侧中隆线全长完整，近端部不明显低凹。雌性下产卵瓣腹面基部常较平滑，缺粗糙颗粒。

本属内蒙古有1个种，包括2个亚种：小赤翅蝗 *Celes skalozubovi skalozubovi* Adelung，大赤翅蝗 *Celes skalozubovi akitanus*（Shiraki）。

内蒙古草地常见赤翅蝗属 Celes Saussure 分种检索表

1(1) 前胸背板沟后区只有 1 条侧隆线（图 72, ①） ·················· 赤翅蝗 Celes skalozubovi Adelung
 a(b) 触角细长，雄性中段一节长为宽的 2 倍，雌性为 2.5 倍。体大型·······················
 ·· 大赤翅蝗 Celes skalozubovi akitanus（Shiraki）
 b(a) 触角粗短，雄性中段一节长为宽的 1.5 倍，雌性为 2 倍。体小型·······················
 ·· 小赤翅蝗 Celes skalozubovi skalozubovi Adelung

(47) 大赤翅蝗 Celes skalozubovi akitanus（Shiraki, 1910）（彩图 47）

Oedipoda akitana Shiraki, 1910, Acrididen Japans:40, Tab. 2, Fig. 13.

Celes skalozubovi orientalis Ikonnikov, 1913. Uber die von P. Schmidt aus Korea mitgebr. Acrid. :15.

雄性体长 25.9~27.9mm，雌性体长 37.2~43.6mm。体暗褐色或黄褐色。头侧窝三角形。颜面隆起在中单眼之下略低凹。复眼纵径为眼下沟长的 1.6 倍。前胸背板较宽平；中隆线较低；侧隆线在沟前区消失，沟后区可见；3 条横沟明显，仅后横沟切断中隆线，沟后区长为沟前区长的 1.22 倍。中胸腹板侧叶间中隔较宽，最狭处与长近相等，后胸腹板较宽地分开。前翅发达，暗褐色或黄褐色，有不规则的黑色斑点或斑纹；中脉域中的中闰脉明显。后翅基部玫瑰色，前缘和顶端暗色。后足股节上侧中隆线光滑，在上侧和内侧由基部到端部有 3 个黑斑纹。后足胫节缺外端刺，蓝黑色，近基部具 1 个淡色环纹。肛上板呈三角形。尾须呈较长的锥形，顶端略向内弯曲，顶端尖。雄性下生殖板呈短锥形。雌性上产卵瓣边缘无锯齿，顶端呈钩状；下产卵瓣基部有齿状突起，边缘光滑，端部呈钩状。

彩图 47 大赤翅蝗 *Celes skalozubovi akitanus*（Shiraki）
1.背面观（雄性）；2.侧面观（雄性）；3.侧面观（雌性）；4.背面观（雌性）

分布:内蒙古(详细分布地址不明),吉林,河北,山西,青海,山东。

(48)小赤翅蝗 Celes skalozubovi skalozubovi Adelung, 1906（彩图48）

Celes skalozubovi skalozubovi Adelung, 1906. Faun. Prem. Tobo. Gub. 15:10.

雄性体长19.2～20.4mm,雌性体长30.3～35.0mm。体暗褐色,复眼之下常具不明显的淡色斑纹。颜面隆起宽平,中单眼之下凹陷。头顶侧缘隆线明显。头侧窝呈三角形。触角中段一节长为宽的2.5～3倍。复眼纵径为横径的1.3～1.4倍,约为眼下沟长的1.5倍。前胸背板宽平,侧隆线在沟后区明显(图72,①),中隆线明显,3条横沟明显,后横沟切断中隆线,沟后区长于沟前区之长(图72,②)。雄性中胸腹板侧叶间中隔宽约等于其长,雌性宽为长的1.5倍。前翅暗褐色,有不很明显的黑色斑纹;前翅发达,中脉域的中闰脉明显,顶端部分接近中脉。后翅略短于前翅,基部玫瑰红色,前缘和端部暗色(图72,③)。后足股节暗褐色,粗短;上侧和内侧具3个黑色斑纹,底侧色较淡,具2个黑色斑纹,与内侧斑纹相连,纵隆线无细齿。后足胫节蓝黑色,近基部具1个淡色斑纹,缺外端刺;跗节爪中垫刚到爪的中部。雄性肛上板呈三角形,中央具2条纵隆线(图72,④);尾须细长呈锥形,顶端尖;下生殖板呈短锥形,顶端钝(图72,⑤)。雌性上产卵瓣上外缘不平(图72,⑥)。阳茎基背片如图72,⑦,阳茎复合体如图72,⑧。

一年发生一代,以卵在土中越冬。6月末可见成虫。栖息在典型草原、林缘草场、丘陵地。

分布:内蒙古赤峰市、呼伦贝尔市、兴安盟、阿拉善盟,黑龙江,吉林,辽宁,山西,甘肃,山东,湖北,四川,宁夏,青海。

彩图48 小赤翅蝗 *Celes skalozubovi skalozubovi* Adelung
1.背面观(雄性);2.侧面观(雄性);3.侧面观(雌性);4.背面观(雌性)

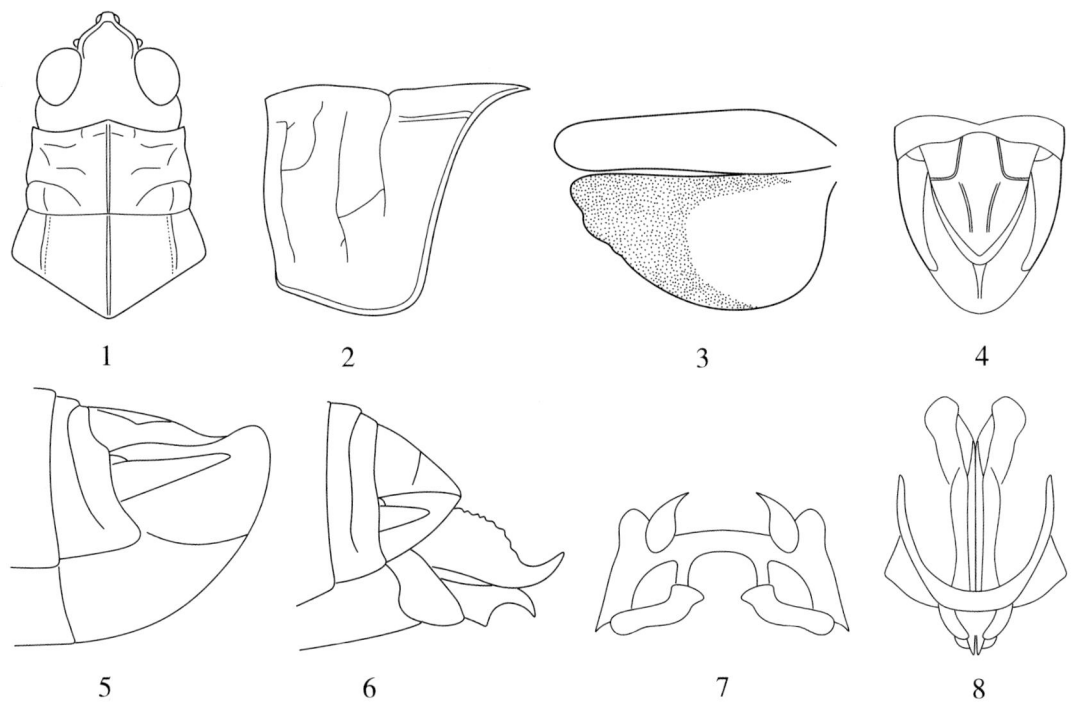

图 72 小赤翅蝗 *Celes skalozubovi skalozubovi* Adelung (1~8)

1.头、前胸背板背面观(雌性);2.前胸背板侧面观;3.前、后翅;4.腹部末端背面观(雄性);5.腹部末端侧面观(雄性);6.腹部末端侧面观(雌性);7.阳茎基背片;8.阳茎复合体

30. 胫刺蝗属 *Compsorhipis* Saussure，1889

Compsorhipis Saussure,1889. Mitt. Schweiz. Ent. Ges. ,8:87.

Callirhipis Saussure,1888. Mem. Soc. Phys. D'Hist. Nat. Geneve,30(1):66 (nec Latreille).

模式种: *Callirhipis dividiana* Saussure,1888

体中型或大型,体腹面及足具密的细绒毛。头顶宽短。头侧窝缺。颜面隆起仅在中单眼处略低凹,具浅纵沟。前胸背板具细刻点,沟前区呈圆柱形,沟后区宽平,两侧隆起似脊状;中隆线细,被中、后横沟切割,无侧隆线(图73,①);后横沟常位于前胸背板中部之前。前、后翅发达,超过后足胫节中部;前翅几乎透明,中脉域具中闰脉;后翅宽大,基部玫瑰色,中部常具较宽的暗色轮纹,几乎占后翅的大部,近顶端淡色(图73,⑥)。后足股节上侧中隆线光滑。后足胫节端部内侧距正常,不长于后足第1跗节之半。爪中垫较短,到达或不到达爪中部。鼓膜器呈狭长形。雄性下生殖板呈短锥形。雌性产卵瓣粗短,顶端较尖。

本属内蒙古有3个种:小胫刺蝗 *Compsorhipis bryodemoides* Bey-Bienko,大胫刺蝗 *Compsorhipis davidiana*（Saussure）,狭条胫刺蝗 *Compsorhipis angustilinearis* Huo et Zheng。

内蒙古草地常见胫刺蝗属 Compsorhips Saussure 分种检索表

1(2)体粗大。前胸腹板在两前足基部间半月形隆起。后翅透明,带纹较宽,其宽度甚宽于前翅的宽度(图73,②),基部玫瑰红色,与黑色轮纹的内缘无明显的分界,横脉黑色。雄性前翅的前缘脉域具不规则的横脉 ·· 大胫刺蝗 Compsorhipis davidiana (Saussure)

2(1)体短小。前胸腹板在前两足之间的隆起呈三角形。后翅中部黑色轮纹宽比前翅的略宽(图74,①),基部玫瑰色,与黑色轮纹的内缘有明显的分界,横脉红色。雄性前翅前缘脉域的横脉正常 ··· 小胫刺蝗 Compsorhipis bryodemoides Bey-Bienko

(49)大胫刺蝗 Compsorhipis davidiana (Saussure, 1888)(彩图49)

Callirhipis davidiana Saussure 1888, Mem. Soc. Phys. D'Hist. Nat. Geneve, 30 (1):67.

Compsorhipis davidiana (Saussure); Bey-Bienko 1932, Stylops, 1182.

雄性体长25.0~32.5mm,雌性体长33.0~40.0mm。体暗褐色、褐色或灰褐色,体腹面及足具较密的细绒毛。颜面隆起宽平,具浅纵沟。头侧窝缺。前胸背板只有细刻点;前端圆柱形,后端较宽平,两侧隆线脊状,中隆线颇细,在横沟间不明显,缺侧隆线(图73,①)。前胸腹板隆起呈钝圆形。前、后翅发达。前翅前缘脉域有不规则的横脉,中脉域之中闰脉全长靠近中脉;前翅有3个黑色横斑。后翅宽大,$2A_1$与$2A_2$脉平行,$2A_2$脉较粗;后翅大部有黑色轮纹,其宽大于前翅之宽(图73,②),基部玫瑰色,与黑色轮纹内缘间无明显的分界,横脉黑,近翅端为淡色。后足股节匀称,上侧中隆线缺齿。后足胫节缺外端刺,外侧黄色或淡橘红色。鼓膜器的鼓膜片较小。肛上板呈三角形。尾须呈柱状,短于肛上板顶端。雄性下生殖板呈短锥形,顶端较尖(图73,③)。雌性产卵瓣粗短,上产卵瓣之上缘无细齿。雄性阳茎基背片如图73,④,阳茎复合体如图73,⑤。

彩图49 大胫刺蝗 *Compsorhipis davidiana* (Saussure)
1.背面观(雄性);2.侧面观(雄性);3.侧面观(雌性);4.背面观(雌性)

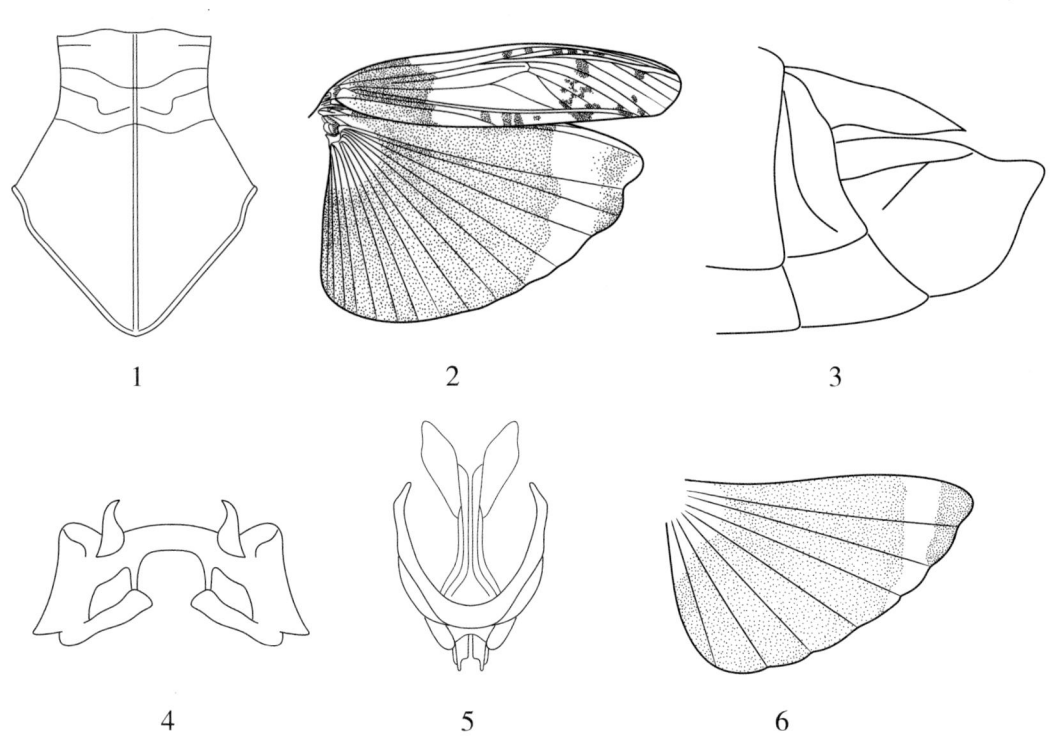

图 73 大胫刺蝗 *Compsorhipis davidiana*（Saussure）(1～6)

1.前胸背板背面观(雄性)；2.前、后翅(雄性)；3.腹部末端侧面观(雄性)；4.阳茎基背片；5.阳茎复合体；6.后翅(雄性)

分布：内蒙古呼和浩特市、锡林郭勒盟、阿拉善盟贺兰山、巴彦淖尔市，河北，陕西，宁夏，甘肃，新疆。

(50)小胫刺蝗 *Compsorhipis bryodemoides* Bey-Bienko, 1932（彩图 50）

Compsorhipis bryodemoides Bey-Bienko, 1932. Stylops, 1:82.

雄性体长 24.5～28.0mm，雌性体长 26.0～34.0mm。体褐色、暗褐色或灰褐色，腹面及足具较密的细绒毛。颜面隆起平，具浅纵沟。无头侧窝。前胸背板只有细刻点，前端呈圆柱形，后端较宽平；侧隆线似脊状；中隆线颇细，在横沟间不明显；缺侧隆线。前胸腹板隆起，呈三角形。前、后翅发达，超过后足胫节中部或到达其顶端。前翅前缘脉域的横脉正常，中脉域具中闰脉，全长靠近中脉，前翅具 3 个暗色横斑。后翅宽大，$2A_1$ 脉较粗，$2A_1$ 与 $2A_2$ 脉平行，基部呈玫瑰色或粉红色；中部有黑色轮纹，二者分界明显；横脉红色，端部淡色，仅在 2A 脉顶端呈淡黑色；中部黑色轮纹较宽，其宽略大于前翅轮纹之宽（图 74，①）。后足股节上侧中隆线缺齿；股节外侧具 2 个不明显的黑色横斑，内侧黑色，端部黄色。后足胫节缺外端刺，外侧有 10～17 个刺，内侧有 13～17 个刺（图 74，②）；胫节外侧黄色，内侧黄色或淡橘红色。鼓膜器的鼓膜片较小。肛上板呈三角形。尾须呈柱形，短于肛上板顶端。雄性下生殖板呈短锥形。雌性产卵瓣粗短，上产卵瓣上缘无细齿。

分布：内蒙古锡林郭勒盟锡林浩特市、苏尼特右旗赛罕塔拉温杜庙。

彩图50　小胫刺蝗 Compsorhipis bryodemoides Bey-Bienko
1. 背面观(雄性)；2. 侧面观(雄性)；3. 侧面观(雌性)；4. 背面观(雌性)

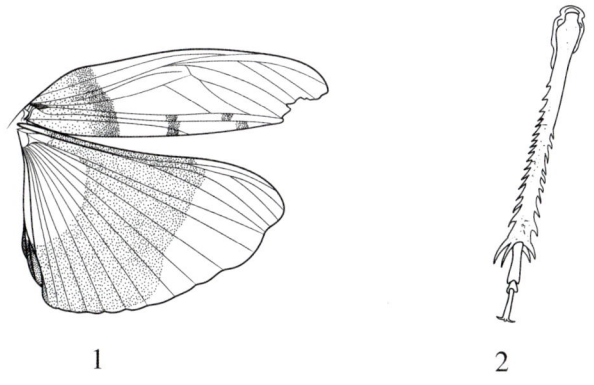

图74　小胫刺蝗 Compsorhipis bryodemoides Bey-Bienko (1～2)
1. 前、后翅(雄性)；2. 后足胫节

31. 疣蝗属 Trilophidia Stål, 1873

Trilophidia Stål, 1873. Recens. Orth., Ⅰ:117,131.

模式种: *Oedipoda cristella* Stål, 1873

体中型或小型，体腹部及足被密毛。颜面稍倾斜，后头较平，在复眼间具2个小突起(图75，①)。前胸背板中隆线隆起，被横沟明显深切，侧面观呈2个齿状突(图75，②)，侧隆线在沟后区明显。前翅狭长，超过后足股节顶端。后翅基部本色或淡黄色，外缘色较暗。

本属内蒙古有1个种：疣蝗 *Trilophidia annulata* (Thunberg)。

内蒙古草地常见疣蝗属 Trilophidia Stål 分种检索表

1(1)前胸背板中隆线在沟前区被横沟深切,侧面观呈 2 齿状(图 75,②)。后足股节短粗,上侧常有 3 个三角形暗色斑,基部一个较小,常不明显(图 75,⑤)。后足胫节暗色,常具 2 个宽的暗色斑。腹部具暗色斑点或纵纹 ·· 疣蝗 Trilophidia annulata (Thunberg)

(51)疣蝗 Trilophidia annulata (Thunberg,1815)(彩图 51)

Gryllus annulata Thunberg,1815. Mem. Acad. St. -Petersb. ,5:234.

Gryllus bidens Thunberg,1815. Mem. Acad. Sci. St. -Petersb. ,5:235.

Epacromia aspera Walker,1870. Catalogue of the Specimens of Dermaptera Saltatoria in the collection of the British Museum,Ⅳ:775.

Epacromia turpis Walker,1870. Catalogue of the Specimens of Dermaptera Saltatoria in the collection of the British Museum. Ⅳ. 775.

Epacromia nigricans Walker,1870. Catalogue of the Specimens of Dermaptera Saltatoria in the collection of the British Museum. Ⅳ:776

雄性体长 11.7～16.2mm,雌性体长 15.0～26.0mm。体小型,较宽,黄褐色、暗褐色或暗灰色。头顶在眼后具 1 对瘤突(图 75,①)。头侧窝较深,呈不规则的卵圆形。触角呈丝状,超过前胸背板后缘。前胸背板中隆线高,被 2 条横沟深切,侧面观呈 2 齿突(图 75,③),侧隆线在沟后区明显,中胸腹板侧叶间中隔宽(图 75,④)。前翅超过后足股节顶端,顶端圆,具暗黄色斑或斑点。后翅基部黄绿色,透明,其余部分烟色。后足股节上侧具 3 个暗色黄斑,内侧黑色,端部具 2 个淡色斑。后足胫节暗褐色,中部具 2 个淡色环纹,缺外端刺。鼓膜器发达。雄性肛上板呈三角形,

彩图 51 疣蝗 Trilophidia annulata (Thunberg)
1.背面观(雄性);2.侧面观(雄性);3.侧面观(雌性);4.背面观(雌性)

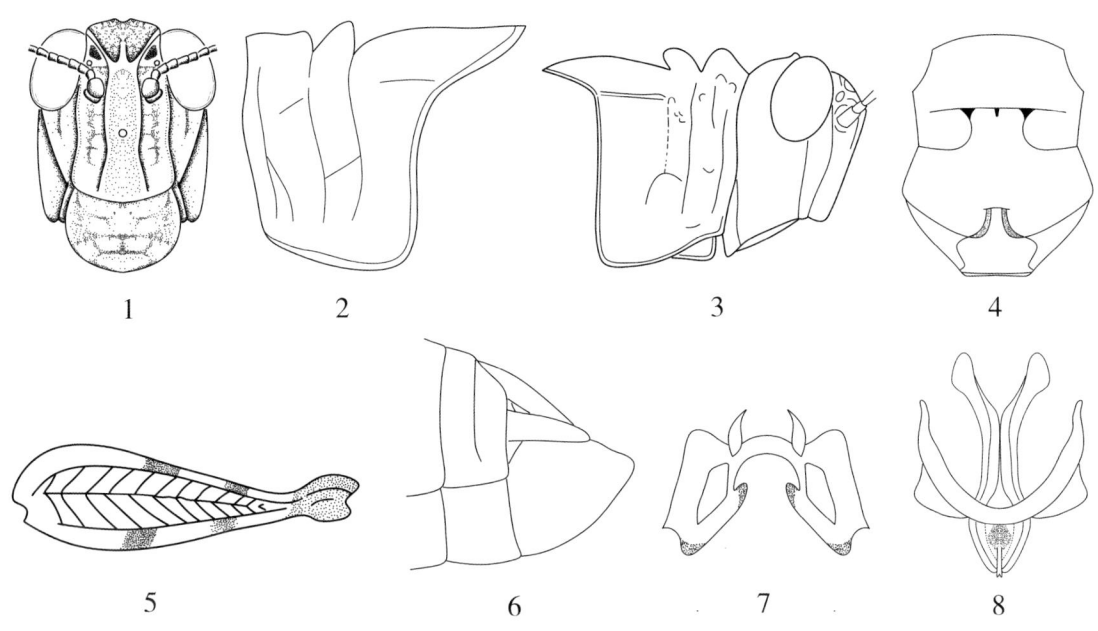

图 75 疣蝗 *Trilophidia annulata*（Thunberg）(1~8)

1.头正面观；2.前胸背板侧面观；3.头、前胸背板侧面观；4.中、后胸腹板腹面观；5.后足股节；6.腹部末端侧面观(雄性)；7.阳茎基背片；8.阳茎复合体

下生殖板呈短锥形(图 75，⑥)。雌性产卵瓣短粗。雄性阳茎基背片如图 75，⑦，阳茎复合体如图 75，⑧。

成虫 6~9 月出现。栖息于干草原地区和公路旁的稀疏植被区，因有保护色不易被发现。

分布：内蒙古赤峰市、呼和浩特市、呼伦贝尔市、阿拉善盟、黑龙江、吉林、辽宁、河北、陕西、甘肃、山东、江苏、安徽、浙江、福建、江西、广东省、广西、云南、四川、贵州、宁夏、西藏。

32. 束颈蝗属 *Sphingonotus* Fieber, 1852

Sphingonotus Fieber, 1852. in Kelch, 1852. Grundl. Orth. Oberschles:2.

模式种：*Gryllus Locusta caerulans* Linnaeus, 1767

体中型或小型。头略高于前胸背板。颜面垂直。颜面隆起平或具浅纵沟。头顶宽，顶端圆，侧缘隆线明显(图 80，③)。头侧窝三角形或不明显。触角常超过前胸背板后缘。复眼呈卵形。前胸背板沟前区狭，呈圆柱形；沟后区宽平；后缘呈直角形、钝角形、圆弧形；中隆线细，在横沟之间常消失；中隆线被 3 个横沟切断(图 80，①)；前胸背板侧片前下角呈直角或钝角形，后下角呈圆形或钝角形。中胸腹板侧叶间中隔较宽，宽为长的 1.2~2.5 倍。前翅发达，到达后足胫节中部，具闰脉。后翅主要纵脉正常，不明显增粗，其第 2 臀叶之 $2A_1$ 与 $2A_2$ 脉略相互接近，较细，第 3 臀叶缺补充纵脉。鼓膜片大，覆盖鼓膜孔 1/3 以上。雄性下生殖板呈短锥形。

本属内蒙古有 11 个种：贝氏束颈蝗 *Sphingonotus beybienkoi* Mistshenko，蒙古束颈蝗

Sphingonotus mongolicus Saussure,黑翅束颈蝗 *Sphingonotus obscuratus latissimus* Uvarov,八纹束颈蝗 *Sphingonotus octofasciatus* (Serville),瘤背束颈蝗 *Sphingonotus salinus* (Pallas),盐池束颈蝗 *Sphingonotus yenchihensis* Cheng et Chiu,雅丽束颈蝗 *Sphingonotus elegans* Mistshenko,宁夏束颈蝗 *Sphingonotus ningsianus* Zheng et Cow,戈壁束颈蝗 *Sphingonotus gobicus* Chogsomzhav,鄂托克束颈蝗 *Sphingonotus otogensis* Zheng et Yang,柴达木束颈蝗 *Sphingonotus tzaidamicus* Mistshenko。

内蒙古草地常见束颈蝗属 *Sphingonotus* Fieber 分种检索表

1(10)后翅本色,无暗色带纹。

2(3)前翅径分脉向后仅1条分脉(图77,①)。后足股节内侧暗色具2个暗色斑纹。后足胫节短于股节的长度。后翅基部淡蓝色 ·················· 柴达木束颈蝗 *Sphingonotus tzaidamicus* Mistshenko

3(2)前翅径分脉向后有2~4条分脉(图77,②)。

4(7)后翅主要纵脉不呈黑色(包括轭脉),(碱土束颈蝗、贝氏束颈蝗、二纹束颈蝗少数个体径分脉也仅有1条分支)。

5(6)前胸背板前、后缘近平行,顶端宽圆;前胸背板侧片后下角渐尖、略钝角形或斜截形。中胸腹板侧叶间中隔宽为长的1.5~1.7倍。前胸背板沟后区长为沟前区长的2~2.2倍。后足胫节浅蓝或淡黄色,无暗色斑纹。复眼纵径为眼下沟长的1.3~1.5倍 ··· 雅丽束颈蝗 *Sphingonotus elegans* Mistshenko

6(5)前翅顶端1/4处略缩狭。前胸背板侧片后下角宽圆形。前胸背板沟后区长为沟前区长的1.8~2倍。中胸腹板侧叶间中隔宽为长的1.8~2倍。复眼纵径为眼下沟长的1.2倍 ·· 贝氏束颈蝗 *Sphingonotus beybienkoi* Mistshenko

7(4)后翅主要纵脉黑色,几乎到达翅的基部。

8(9)体小型,匀称。前胸背板沟后区长为沟前区长的1.6~1.7倍。后足股节短粗,长为宽的3.5~3.7倍。后足胫节淡黄青色,具1个不明显的横纹。后翅基部透明无色 ·· 盐池束颈蝗 *Sphingonotus yenchihensis* Cheng et Chiu

9(8)体中型,狭长。前胸背板沟后区长为沟前区长的1.8~2倍。后足股节匀称,长为宽的4.3倍。后足胫节淡黄青色,具1个不明显的暗纹。后翅基部淡蓝色 ·· 宁夏束颈蝗 *Sphingonotus ningsianus* Zheng et Cow

10(1)后翅具明显的暗色横带纹。

11(12)前胸背板中隆线在沟前区呈小瘤状突起。后翅基部玫瑰红色,顶端暗色斑分成2个斑点(图79,②)。前胸背板后缘呈钝角形 ·················· 瘤背束颈蝗 *Sphingonotus salinus* (Pallas)

12(11)前胸背板中隆线全长细而低。

13(14)后翅顶端无暗色斑点。后翅暗色横带宽,但不达后翅外缘和内缘(图80,②)。后翅基部淡蓝色。后足胫节污黄白色,近基部具1个淡色斑 ············ 蒙古束颈蝗 *Sphingonotus mongolicus* Saussure

14(13)后翅顶端有较大的暗色斑块。

15(16)后翅基部红色,中部的暗色横纹较狭,顶端具1个较大的暗斑。前翅具明显暗色与淡色相间的斑纹,无其他任何斑点(图82,①)。后足股节内侧黄色,具1个暗色横纹;若暗色,则有2个淡色斑 ······

.... 八纹束颈蝗 *Sphingonotus octofasciatus* (Serville)

16(15)后翅大部分暗色,近基部前缘淡蓝色,顶端具 2 个暗色斑(图 81,③)。后足股节内侧黑色,具 1 个淡色斑。后足胫节淡蓝色或蓝色 ·············· 黑翅束颈蝗 *Sphingonotus obscuratus latissimus* Uvarov

(52)柴达木束颈蝗 *Sphingonotus tzaidamicus* Mistshenko,1936 (彩图 52)

Sphingonotus tzaidamicus Mistshenko,1936. Eos,Ⅻ:79,113.

雄性体长 13.4～13.5mm,雌性体长 20.0～21.5mm。体红褐色或灰褐色。颜面隆起纵沟明显。前胸背板中隆线低细,被 3 条横沟切割;后横沟位于中部之前;侧片后下角呈宽圆形。中胸腹板侧叶间中隔宽为长的 2 倍。前翅明显超过腹部末端,但远不到达后足胫节中部,基部 1/3 处和中部具不明显的暗色斑纹;中脉域之中闰脉顶端靠近中脉,径分脉有 1～2 分支(图 77,①)。后足股节匀称,内侧呈暗褐色,具 2 个淡色条纹。后足胫节明显短于股节,淡黄白色,具 2 个暗色斑纹。雄性下生殖板呈短锥状,顶端钝。雌性产卵瓣短粗,顶端钩状,下产卵瓣基部光滑。

分布:内蒙古阿拉善盟贺兰山,青海,新疆。

彩图 52 柴达木束颈蝗 *Sphingonotus tzaidamicus* Mistshenko
1.背面观(雄性);2.侧面观(雄性)

(53)盐池束颈蝗 *Sphingonotus yenchihensis* Cheng et Chiu, 1965 (彩图 53)

Sphingonotus yenchihensis Cheng et Chiu,1965. Acta Entomologica Sinica,14(6):587～589.

雄性体长 12.0～14.0mm,雌性体长 17.5～21.5mm。体黄褐色、灰褐色或红褐色,体表具明显的黑褐色斑纹。头侧面观高于前胸背板水平线(图 76,①)。头侧窝不明显。颜面隆起具明显的纵沟。复眼纵径为眼下沟长的 1.35～1.5 倍。前胸背板中隆线低细,被 3 条横沟割断;后横沟位于中部之前,沟后区长为沟前区长的 1.6～1.75 倍(图 76,②)。中胸腹板侧叶间中隔宽为其长的 1.64～1.7 倍。前翅狭长,基部 1/3 处和中部具黑色横斑纹,顶端具斑点;中脉域之中闰脉顶端靠近中脉,径分脉1～2分枝。后翅基部无色。后足股节内侧黑褐色,具1～2个淡色斑纹(图76,③④)。后足胫节淡黄色,基部1/3处具明显的斑纹。雄性下生殖板呈短锥状。雌性产卵瓣短粗,顶端钩状,下产卵瓣基部光滑。雄性阳茎基背片如图76,⑤,阳茎复合体如图76,⑥。

分布:内蒙古锡林郭勒盟锡林浩特市、鄂尔多斯市、阿拉善盟贺兰山,陕西,宁夏,甘肃。

彩图53　盐池束颈蝗 *Sphingonotus yenchihensis* Cheng et Chiu
1.背面观(雄性);2.侧面观(雄性);3.背面观(雌性)

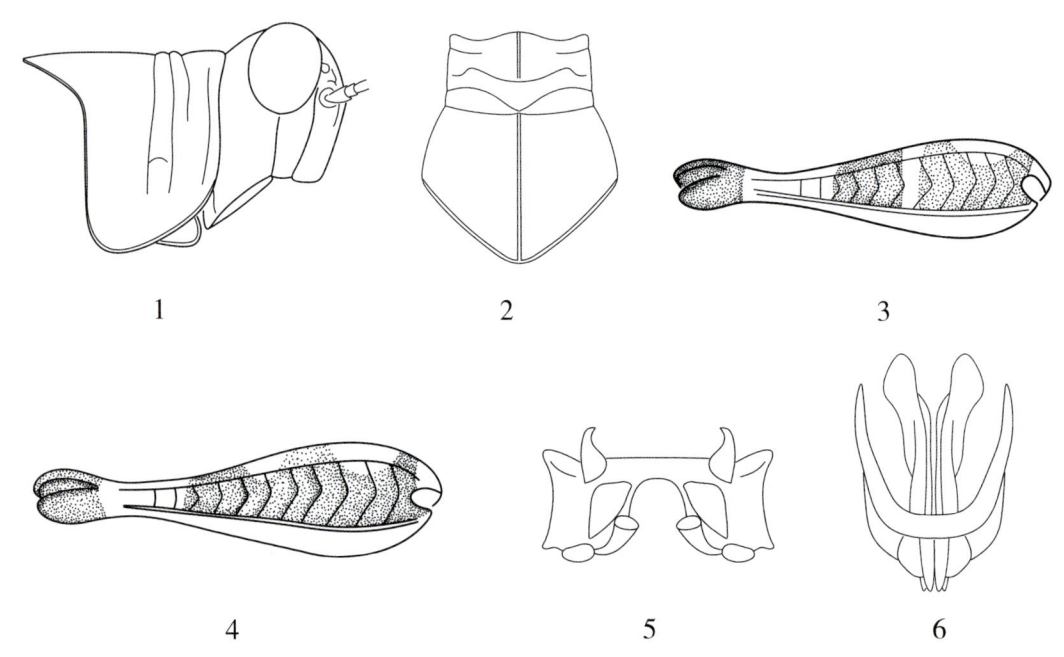

图76　盐池束颈蝗 *Sphingonotus yenchihensis* Cheng et Chiu (1～6)
1.头、前胸背板侧面观;2.前胸背板背面观;3.后足股节内侧(雌性、左侧);4.后足股节内侧(雄性、左侧);5.阳茎基背片;6.阳茎复合体

(54) 雅丽束颈蝗 *Sphingonotus elegans* Mistshenko, 1936（彩图54）

Sphingonotus elegans Mistshenko,1936,Eos,Ⅻ:84,165～168.

雄性体长14.5～22.5mm,雌性体长23～31.5mm。前翅具暗色斑点,不形成横带纹。头顶具明显或不明显的侧缘隆线和中隆线。头侧窝不明显。颜面隆起略凹陷。复眼纵径为眼下沟长的1.3～1.5倍。前胸背板中隆线低细,被3条横沟割断;后横沟位于中部之前,沟后区长为沟前区长的2～2.2倍;前胸背板侧片前缘略呈波状,前下角钝,后缘直,后下角略渐尖。前、后翅发达,前翅中脉域的中闰脉直,与中脉平行,径分脉3～4分枝(图77,②)。中胸腹板侧叶间中隔宽约为长的1.7倍。后足股节内侧暗色,有2条完整的淡色斑纹。后足胫黄色或淡蓝色。雄性下生殖板呈短锥状,顶端钝。雌性产卵瓣基部宽,顶端尖,上产卵瓣的上外缘无细齿,下产卵瓣基部具少量颗粒状突起。雄性阳茎基背片如图77,③。

分布:内蒙古鄂尔多斯市、阿拉善盟,新疆。

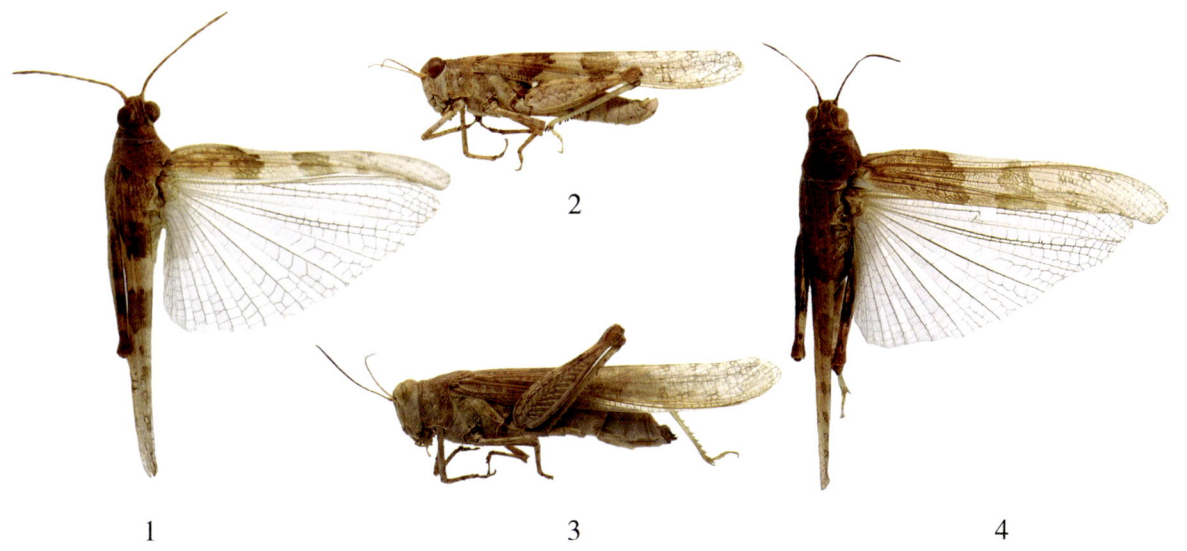

彩图54 雅丽束颈蝗 *Sphingonotus elegans* Mistshenko

1.背面观(雄性);2.侧面观(雄性);3.侧面观(雌性);4.背面观(雌性)

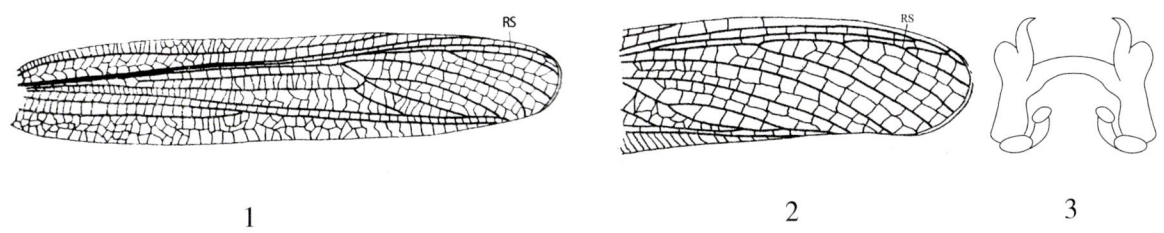

图77 柴达木束颈蝗 *Sphingonotus tzaidamicus* Mistshenko(1);

雅丽束颈蝗 *Sphingonotus elegans* Mistshenko(2～3)

1.柴达木束颈蝗 *Sphingonotus tzaidamicus*,翅脉;2.雅丽束颈蝗 *Sphingonotus elegans*,翅脉;3.阳茎基背片

(55) 宁夏束颈蝗 *Sphingonotus ningsianus* Zheng et Cow, 1981（彩图 55）

Sphingonotus ningsianus Zheng et Cow, 1981. Acta Entomologica Sinica, 24(1): 75~76.

雄性体长 19.0~20.0mm，雌性体长 24.0~29.0mm。体黄褐色到灰褐色，体表具明显的黑褐色斑点。头顶具明显的侧缘隆线。头侧窝可见。颜面纵沟不深。复眼纵径为眼下沟长的 1.5~1.6 倍。前胸背板中隆线低细，3 条横沟明显，切割中隆线；后横沟位于中部之前，沟后区长为沟前区长的 1.8~2 倍；前胸侧片后下角渐尖。中胸腹板侧叶间中隔长约为宽的 1.5 倍。前翅明显超过后足股节的顶端，有 2 条明显的黑褐色横纹，基部的 1 条大而宽，中部的 1 条较小，中脉域之中闰脉直，与中脉平行，径分脉 2~3 条分枝。后翅基部无色。后足股节外侧黄褐色。后足胫节淡黄色，基部黑色。雄性下生殖板呈短锥形，顶端钝圆。雌性产卵瓣顶端钩状，下产卵瓣基部之悬垫具颗粒状突起。雄性阳茎基背片如图 78，①，阳茎复合体如图 78，②。

分布：内蒙古阿拉善盟，宁夏。

彩图 55　宁夏束颈蝗 *Sphingonotus ningsianus* Zheng et Cow
1.背面观(雄性)；2.侧面观(雄性)；3.侧面观(雌性)；4.背面观(雌性)

(56) 贝氏束颈蝗 *Sphingonotus beybienkoi* Mistshenko, 1936（彩图 56）

Sphingonotus beybienkoi Mistshenko, 1936, Eos, XII: 83, 149, 151.

雄性体长 14.5~17mm，雌性体长 18.5~23.5mm。体灰褐色。前翅具 2 条暗色横带，后翅基部淡蓝色。头顶侧缘隆线和中隆线明显。头侧窝不明显。颜面隆起不具纵沟，仅中单眼处略凹。前胸背板中隆线低细，被 3 条横沟割断；后横沟位于中部之前，沟后区长为沟前区长的 1.8~2 倍。前、后翅发达，超过后足股节的端部；中脉域之中闰脉直，顶端略靠近中脉，径分脉 1~2 分枝。后足股节匀称。后足胫节略短于后足股节。雄性下生殖板呈短锥状，顶端钝。雌性产卵瓣较长,顶端尖,下产卵瓣基部颗粒状突起。雄性阳茎基背片如图78,③。

分布:内蒙古鄂尔多斯市、阿拉善盟,甘肃,新疆。

彩图56　贝氏束颈蝗 *Sphingonotus beybienkoi* Mistshenko
1.背面观(雄性);2.侧面观(雄性);3.侧面观(雌性);4.背面观(雌性)

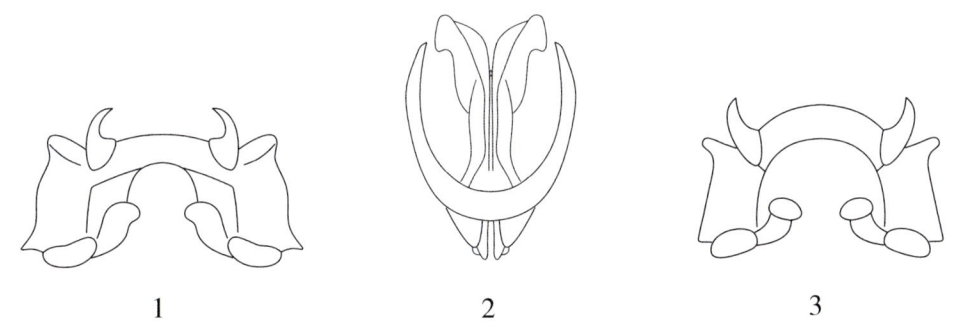

图78　宁夏束颈蝗 *Sphingonotus ningsianus* Zheng et Cow (1～2);
贝氏束颈蝗 *Sphingonotus beybienkoi* Mistshenko (3)

1和2.宁夏束颈蝗 *Sphingonotus ningsianus*,1.阳茎基背片,2.阳茎复合体;3.贝氏束颈蝗 *Sphingonotus beybienkoi*,阳茎基背片

(57)瘤背束颈蝗 *Sphingonotus salinus* (Pallas,1773) (彩图57)

Gryllus Locusta salinus Pallas,1773. Reise durch Ver. Rrov. Puss. Reichs, Ⅱ:727.
Oedipoda zinini Kittary,1849. Bull. Mosc. Obs., XXII:470.
Sphingonorus suschkini Adelung,1906. Mater. Poz. Fau. Flor. Ross. Imp.,7:86.

雄性体长19.2～25.5mm,雌性体长24.5～34.5mm。体灰褐色、黄褐色或褐色,体表具许多小黑色斑点。头顶侧缘隆线和中隆线明显。头侧窝呈三角形。颜面隆起两侧缘近平行,中纵沟可见。复眼纵径几乎与眼下沟等长。前胸背板中隆线在沟前区呈小片状隆起,在沟后区低细,被3条横沟切割;后横沟位于中部之前;侧隆线不明显或略可见;前胸背板侧片前下角呈直角状或钝角状,后下角渐尖或钝角状。前、后翅发达;前翅中脉域之中闰脉几乎直,顶端略靠近中脉;后翅基部玫瑰色,中部暗色横带纹不到达后翅后缘,顶端的暗色斑块常分裂成2块(图79,①)。后足股节内侧黑色,顶端淡色,上侧中隆线无细齿。后足胫节黄白色,基部黑色,有时微蓝色。雄性下生殖板呈短锥形。雌性产卵瓣短粗,顶端尖;上产卵瓣的上外缘端前凹口宽,呈"S"形弯曲;下产卵瓣基部平滑或具明显的突起(图79,②)。雄性阳茎基背片如图79,③。

栖息于荒漠草原,成虫7月中旬出现,为害野茎蓼、驼绒藜、角果藜、猪毛菜、无叶假木贼、播娘蒿、野苜蓿、黄芪、鹤虱、银蒿等植物。

分布:内蒙古巴彦淖尔市、阿拉善盟,新疆。

彩图 57　瘤背束颈蝗 *Sphingonotus salinus* (Pallas)

1.背面观(雄性);2.侧面观(雄性);3.侧面观(雌性);4.背面观(雌性)

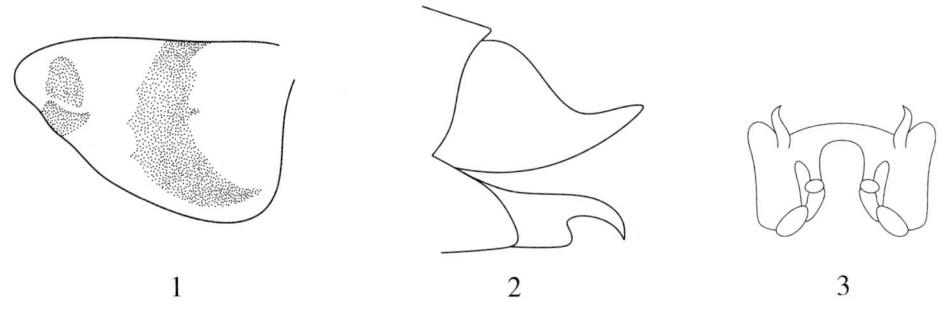

图 79　瘤背束颈蝗 *Sphingonotus salinus* (Pallas)(1~3)

1.后翅;2.腹部末端侧面观(雌性);3.阳茎基背片

(58)蒙古束颈蝗 *Sphingonotus mongolicus* Saussure,1888（彩图58）

Sphingonotus mongolicus Saussure,1888. Mem. Soc. Phys. His. Nat. Gen.,30(1):77.82.

雄性体长 13.0～21.5mm,雌性体长 22.0～27.5mm。体黄褐色、灰褐色或暗褐色。颜面隆起明显,具纵沟。前胸背板中隆线低而细,被 3 条横沟切割(图 80,①),后横沟位于中部之前;沟后区长为沟前区长的 2 倍。前胸侧片后小角渐尖或圆形。中胸腹板侧叶间中隔宽为长的 2 倍。前翅狭长,长为宽的 6 倍。后足股节长为宽的 4 倍。前翅具 2 个暗色横纹。后翅基部淡蓝色;中部暗色带纹宽,但不达到后翅的外缘和内缘(图 80,②)。后足股节内侧蓝黑色,端部淡色。后足胫节污黄白色,近基部有 1 条淡蓝色斑纹。雌性下生殖板后缘无凹口,有时具短纵沟。

栖息在砾石多的山地环境。

分布:内蒙古赤峰市、呼和浩特市、呼伦贝尔市、兴安盟、巴彦淖尔市、阿拉善盟,黑龙江,吉林,辽宁,河北,陕西,山西,甘肃,山东。

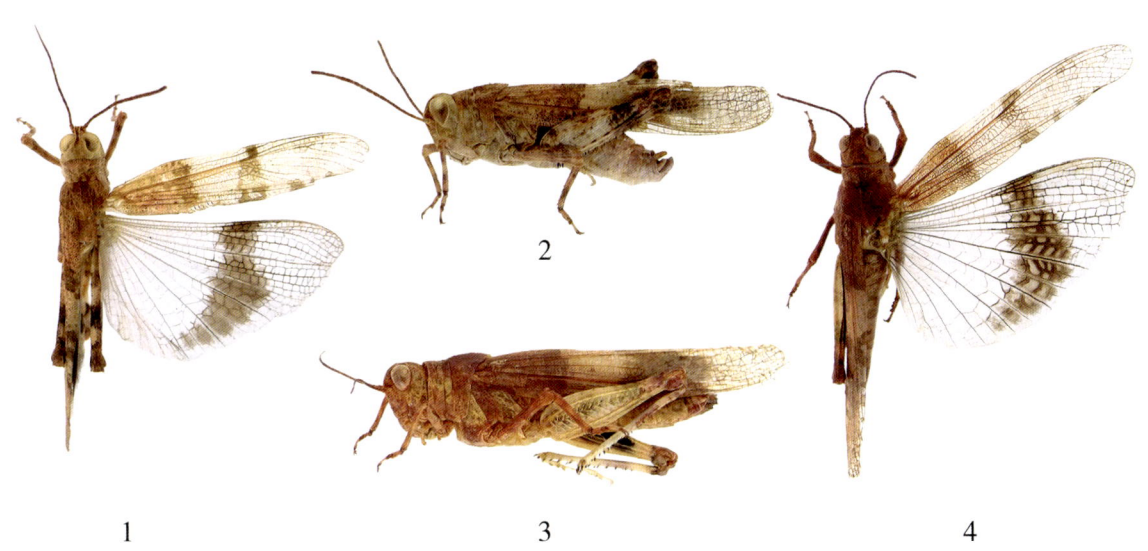

彩图 58　蒙古束颈蝗 *Sphingonotus mongolicus* Saussure
1.背面观(雄性);2.侧面观(雄性);3.侧面观(雌性);4.背面观(雌性)

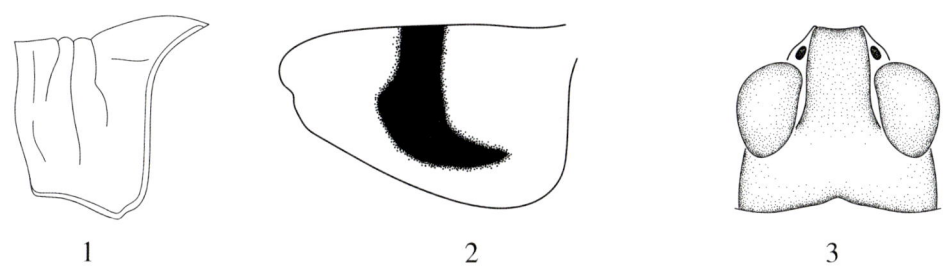

图 80　蒙古束颈蝗 *Sphingonotus mongolicus* Saussure (1～3)
1.前胸背板侧面观(雌性);2.后翅;3.头部背面观(雌性)

(59) 黑翅束颈蝗 *Sphingonotus obscuratus latissimus* Uvarov, 1925（彩图 59）

Sphingonolus obscuratus latissimus Uvarov, 1925. Journ. Bomb. Nat. Hist. Soc. XXX:286.

雄性体长 30.5～32.0mm，雌性体长 35.0～35.4mm。体灰褐色。前翅基部 1/3 处和中部具暗褐色带纹。头侧窝不明显。颜面几乎垂直，颜面隆起仅在中单眼处略凹陷。复眼纵径与眼下沟几乎等长。前胸背板中隆线低细，被 3 条横沟切割；后横沟位于中部之前；前胸侧片前下角近直角形，后下角呈宽圆形。中胸腹板侧叶间中隔宽为长的 1.7 倍。前、后翅发达；前翅径分脉 3～4 分枝，中脉域之中闰脉近直，顶端略靠近中脉；后翅基部淡蓝色，有较宽的暗色横带纹，顶端有 2 个不相连的暗色斑块（图 81，①）。后足股节内侧蓝黑色，顶端淡色。后足胫节污蓝色或蓝色。雄性下生殖板呈短锥状。雌性产卵瓣短粗，顶端钩状；上产卵瓣上外缘无细齿；下产卵瓣基部平滑。雄性阳茎基背片如图 81，②。

分布：内蒙古阿拉善盟贺兰山，甘肃，新疆。

彩图 59　黑翅束颈蝗 *Sphingonotus obscuratus latissimus* Uvarov
1.背面观(雄性)；2.侧面观(雄性)；3.侧面观(雌性)；4.背面观(雌性)

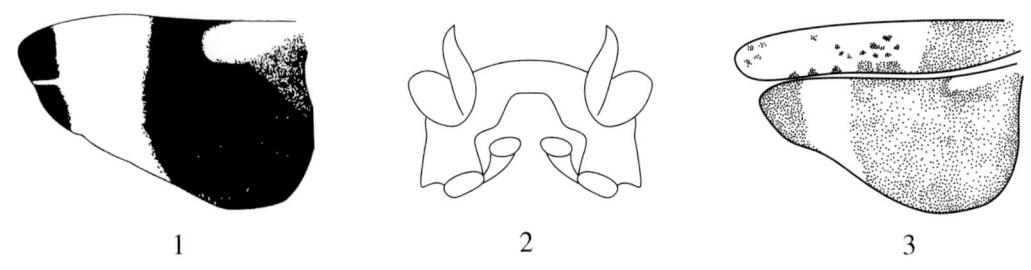

图 81　黑翅束颈蝗 *Sphingonotus obscuratus latissimus* Uvarov（1～3）
1.后翅；2.阳茎基背片；3.前、后翅

(60) 八纹束颈蝗 *Sphingonotus octofasciatus* (Serville 1839) (彩图 60)

Oedipoda octofasciatus Serville,1838. Hist. Nat. Ins. Orth. 728.

Sphingonotus kittaryi Saussure,1884. Mem. Soc. Phys. Hist. Nat. Geneve,28(9):197, 207.

Sphingonotus octofasciatus (Serville),Saussure,1888,Mem. Soc. Phys. Hist. Nat. Geneve, 30(l):76,79.

雄性体长 16.5～24.5mm,雌性体长 25～34.5mm。体黄褐色或灰褐色,前翅基部略暗,具 3 条明显的黑色横斑(图82,①)。头顶侧缘隆线和中隆线明显。头侧窝不明显。复眼纵径与眼下沟约等长。前胸背板中隆线低细,被 3 条横沟切割;后横沟位于中部之前,沟后区长为沟前区长的 2 倍;前胸侧片前下角钝圆,后下角呈宽圆形。中胸腹板侧叶间中隔宽为长的 1.6 倍。前、后翅发达;中脉域之中闰脉弯曲,顶端靠近中脉,径分脉 2～3 分枝;后翅基部杏红色,中部具轮状暗色带,顶端具暗色斑块(图82,①)。后足股节较短粗,内侧淡黄色,具 1 条暗色斑纹或污黄色 2 条淡色横纹带(图82,②)。后足胫节略短于后足股节。鼓膜片较大(图82,③)。雄性下生殖板呈短锥形,顶端钝圆。雌性产卵瓣短粗,顶端钩状,下产卵瓣基部光滑。雄性阳茎基背片如图 82,④。

分布:内蒙古阿拉善盟贺兰山,陕西,新疆。

彩图 60 八纹束颈蝗 *Sphingonotus octofasciatus* (Serville)
1.背面观(雄性);2.侧面观(雄性);3.侧面观(雌性);4.背面观(雌性)

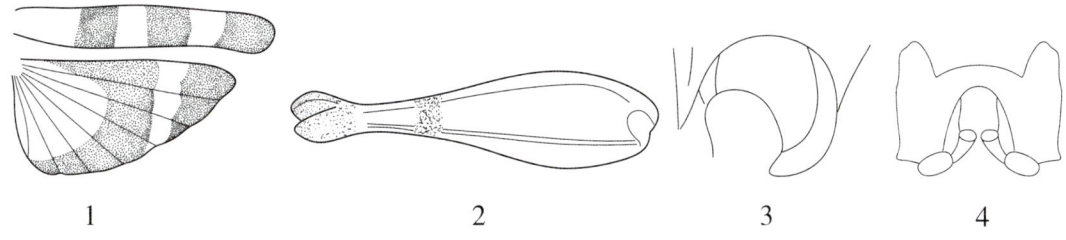

图 82 八纹束颈蝗 *Sphingonotus octofasciatus* (Serville) (1～4)
1.前、后翅;2.后足股节内侧;3.鼓膜器;4.阳茎基背片

33. 细距蝗属 *Leptopternis* Saussure, 1884

Leptopternis Saussure, 1884. Mem. Soc. Phys. Hist. Nat. Geneve, 28(9):193,198,209.

模式种: *Oedipoda gracilis* Eversmann, 1848

与束颈蝗属 *Sphingonotus* 相似。体较细，有不明显的刻点和条纹。颜面隆起有较明显的边缘。头侧窝呈三角形或缺。触角呈丝状，有时顶端略粗，常到达后足股节基节或达前胸背板侧叶后缘。前胸背板呈马鞍形，具中隆线，中隆线细平；缺侧隆线；沟前区颇缩缢。中胸腹板侧叶间中隔宽约为长的2倍。后胸腹板侧叶不毗连，呈横的新月形。前翅较狭长，其长到达后足胫节的中部或顶端。后翅透明，缺暗色横纹，有时呈淡蓝色或基部无色。后足股节狭长。后足胫节外缘具刺8～9个，内缘具刺9～10个；缺外端刺；后足胫节内侧距较长，几乎与后足跗节第1节等长或至少长于其一半（图83，④）。

本属内蒙古有1个种：细距蝗 *Leptopternis gracilis* (Eversmann)。

内蒙古草地常见细距蝗属 *Leptopternis* Saussure 分种检索表

1(1) 体淡色，具褐色纵条纹。前胸背板较长，具暗色和淡色纵条纹（图83，②③），雄性沟后区宽为长的1.5倍，雌性不到1.5倍。前翅无宽的暗色斑纹。后足股节内侧淡色。后足胫节淡黄色或淡蓝色 ·· 细距蝗 *Leptopternis gracilis* (Eversmann)

(61) 细距蝗 *Leptopternis gracilis* (Eversmann, 1848)（彩图61）

Oedipoda gracilis Eversmann, 1848. Addit. Fisch.-Waldh, Orth. Ross.:10.

Sphingonotus angustipennis Saussure, 1884, Mem. Soc. Phys. Hist. Nat. Geneve, 28(9):201.

Leptopternis gracilis (Ev.); Saussure, 1884, Mem. Soc. Geneve, 30(1):88.

雄性体长14.0～20.0mm，雌性体长24.0～32.3mm。体形较细长，淡黄色，体表具布褐色或黑色斑点和条纹。头略高于前胸背板水平线（图83，①）。头侧窝呈三角形。颜面隆起明显，触角有时顶端略粗而扁。前胸背板具暗色和淡色纵条纹（图83，②③），呈马鞍形，具中隆线，在沟后区较明显，缺侧隆线。中胸腹板侧叶间中隔宽为长的2倍。后胸腹板侧叶呈横的长方形。前、后翅较发达；前翅到达后足胫节顶端，中脉域之中闰脉具音齿；后翅透明。后足胫节缺外端刺，其下方内侧距较长，几乎与跗节第1节等长（图83，④）。鼓膜器发达。肛上板长呈三角形，具"八"字形隆起；雌性肛上板菱形。雌性腹部末端如图83，⑤。雄性下生殖板呈短锥形，顶端较钝；尾须呈扁锥形（图83，⑥）。雌性产卵瓣顶端较细，下产卵瓣外侧具基齿（图83，⑦）。雄性阳茎基背片如图83，⑧，阳茎复合体如图83，⑨。

栖息于荒漠草原。

分布：内蒙古阿拉善盟贺兰山，宁夏，甘肃，新疆。

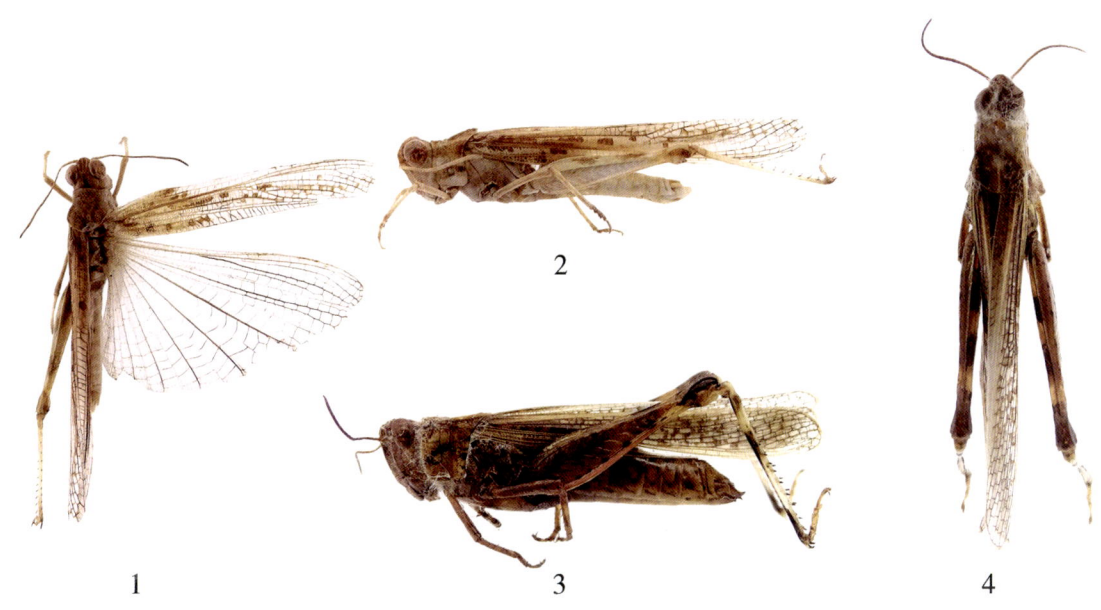

彩图 61　细距蝗 *Leptopternis gracilis*（Eversmann）
1.背面观（雄性）；2.侧面观（雄性）；3.侧面观（雌性）；4.背面观（雌性）

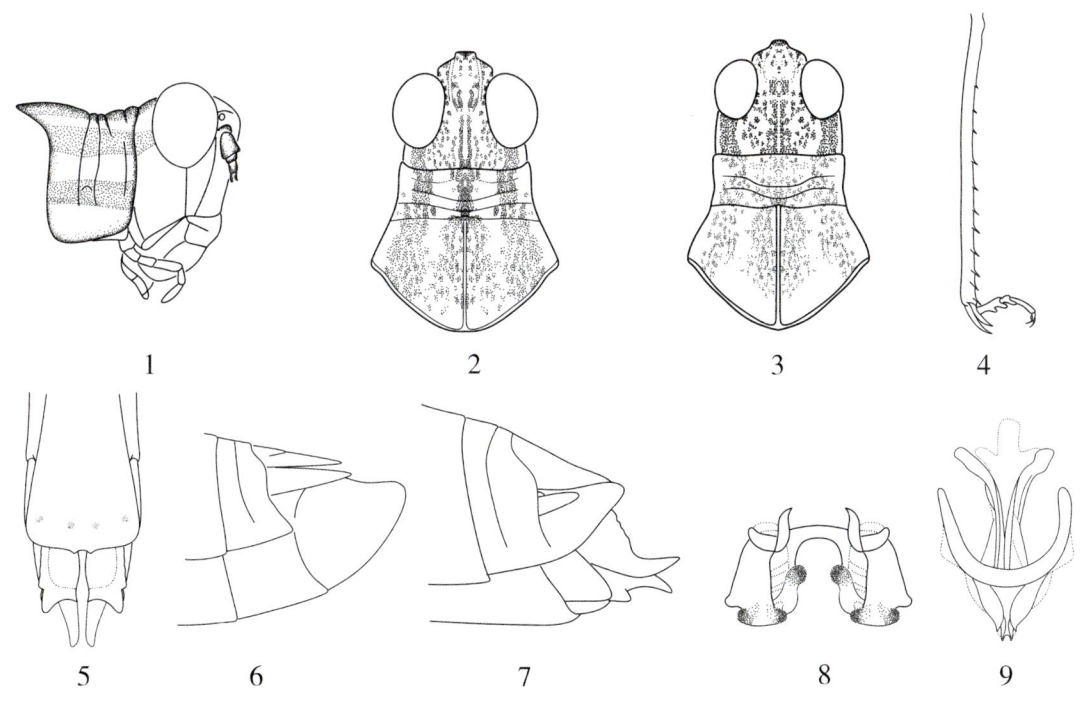

图 83　细距蝗 *Leptopternis gracilis*（Eversmann）（1~9）
1.头、前胸背板侧面观（雄性）；2.头、前胸背板背面观（雄性）；3.头、前胸背板背面观（雌性）；4.后足胫节内侧（雄性）；5.腹部末端腹面观（雌性）；6.腹部末端侧面观（雄性）；7.腹部末端侧面观（雌性）；8.阳茎基背片；9.阳茎复合体

五、网翅蝗科 Arcypteridae Bolivar，1914

体小型至中型。头多呈圆锥形，头顶前端中央缺细纵沟。头侧窝呈四角形，但有时缺。颜面颇向后倾斜，与头顶形成锐角。触角呈丝状。前胸背板中隆线低，侧隆线发达或不发达。前胸腹板平坦，有时呈较小的突起。前、后翅发达、缩短或消失。前翅如发达，则中脉域常缺中闰脉，如具中闰脉，也不具音齿。后翅通常本色透明，有时也呈暗褐色，但绝不具彩色斑纹。后足股节上基片长于下基片，外侧具羽状纹，股节内侧下隆线常具发音齿或不具音齿。后足胫节缺外端刺。腹部通常具发达的鼓膜器，但有时也不明显，甚至消失。腹部第 2 节背板两侧无摩擦板。

内蒙古有 1 个亚科：网翅蝗亚科 Arcypterinae Bolivar。

（十六）网翅蝗亚科 Arcypterinae Bolivar，1914

体小型或中型。头顶前端中央无细纵沟。颜面倾斜，与头顶成锐角。头侧窝明显或缺。触角呈丝状，着生于侧单眼的前方。前胸腹板在两前足基节之间平坦或略隆起。前、后翅发达或短缩。后足股节略粗壮，外侧中部具羽状隆线，上基片长于下基片。股节内侧下隆线具发音齿，同前翅纵脉摩擦发音。发音齿有时在短翅种类的雌性中不发达。后足胫节缺外端刺。鼓膜器发达。缺摩擦板。

内蒙古有 12 个属：跃度蝗属 *Podismopsis* Zubovsky，网翅蝗属 *Arcyptera* Serville，曲背蝗属 *Pararcyptera* Tarbinsky，蚍蝗属 *Eremippus* Uvarov，米纹蝗属 *Notostaurus* Bey-Bienko，草地蝗属 *Stenobothrus* Fischer，牧草蝗属 *Omocestus* Bolivar，肿脉蝗属 *Stauroderus* Bolivar，雏蝗属 *Chorthippus* Fieber，异爪蝗属 *Euchorthippus* Tarbinsky，褐背蝗属 *Schmidtiacris* Storozhenko，平器蝗属 *Pezohippus* Bey-Bienko。

内蒙古草地常见网翅蝗亚科 Arcypterinae Bolivar 分属检索表

1(2) 缺头侧窝。前胸背板具有明显的后横沟，切断中隆线和侧隆线。前胸背板侧缘圆弧形(图 84，①) ································· 跃度蝗属 *Podismopsis* Zubovsky

2(1) 具头侧窝，呈三角形或四角形。

3(6) 前翅的肘脉域较宽，最宽处为中脉域宽的 1.5～4 倍(雄性)或 1.25～2 倍(雌性)。雌、雄两性后胸腹板侧叶的后端较宽地分开。

4(5) 头侧窝浅平，具有粗大刻点(图 89，①)。前胸背板侧隆线略呈弧形弯曲或几乎呈直线状(图 90，②)。后翅几乎全部呈暗褐色································· 网翅蝗属 *Arcyptera* Serville

5(4) 头侧窝明显，四方形，无刻点。前胸背板侧隆线全长明显，前端颇弯曲(图 84，②)。后翅无色。前翅肘脉域宽为中脉域顶端狭处的 1.25 倍································· 曲背蝗属 *Pararcyptera* Tarbinsky

6(3) 前翅肘脉域较狭，其最宽处等于或明显小于中脉域宽，有时略大，在此情况下，其后胸腹板侧叶后端彼此相连。

7(10) 头侧窝宽宽短,长为宽的 1.25~1.5 倍,有时头侧窝较狭,呈梯形,则其前翅的中脉域具有中闰脉。雌性上产卵瓣的上缘具明显的凹口。

8(9) 颜面隆起较狭,纵沟较深,侧缘明显。前胸背板仅后横沟较发达,切断中隆线和侧隆线;前、中横沟不明显,仅有少数种类前、中横沟明显;侧隆线明显(图 94,①)。雌性上产卵瓣的上外缘具明显的凹口(图 93,⑥)。体形颇小 ·········· **蚱蝗属 *Eremippus* Uvarov**

9(8) 颜面隆起较宽平,仅在中单眼处略低凹,侧缘不明显。前胸背板 3 条横沟明显,均切断侧隆线(图 84,③④)。后头多皱纹,具明显的中隆线(图 84,③④)。前胸背板具明显的"X"形淡色纹(图 84,④)。侧隆线的后端明显向中央收缩。雄性前翅缘前脉域具明显的闰脉 ·········· **米纹蝗属 *Notostaurus* Bey-Bienko(本属内蒙古暂无记录)**

10(7) 头侧窝狭长,长约为最宽处的 2.4 倍。前翅中脉域通常无中闰脉,在雌性中有时具中闰脉,则其上产卵瓣小,外缘无凹口。

11(14) 前翅前缘平直,缘前脉域在基部不扩大(图 98,④),逐渐地向顶端狭,常超过前翅的中部,前翅常较发达。腹部第 1 节的鼓膜器呈狭缝状。

12(13) 雄性前胸背板宽,具有微微弯曲的侧隆线(图 96,②),最宽处为最狭处的 1.5~2.5 倍。雌性产卵瓣上外缘中部具明显的齿(图 96,⑤) ·········· **草地蝗属 *Stenobothrus* Fischer**

13(12) 雄性前胸背板较狭,具明显弯曲的侧隆线,其最宽处约为最狭处的 2.3 倍(图 98,②)(图 99,①)。雌性产卵瓣上外缘中部无齿状突起,仅在前端有凹口(图 84,⑤)(图 98,⑦) ·········· **牧草蝗属 *Omocestus* Bolivar**

14(11) 前翅基部前缘具有明显的凹陷(图 84,⑥);缘前脉域在基部明显扩大,自此向顶端逐渐趋狭,通常不到达前翅的中部;有时在短翅种类中,可到达前翅的顶端,则其腹部第 1 节的鼓膜器具有较宽的鼓膜孔。

15(16) 后翅发达,前缘脉和亚前缘脉在近顶端处明显弯曲,亚前缘脉域的中部较宽,径脉近顶端处明显地增粗(图 84,⑦) ·········· **肿脉蝗属 *Stauroderus* Bolivar(本属内蒙古暂无记录)**

16(15) 后翅短缩或发达,但前缘脉和亚前缘脉直,不弯曲,亚前缘脉域中部不扩大,径脉在近端部处正常,不加粗。

17(20) 足跗节顶端的爪正常,两爪长对称(图 84,⑧)。

18(19) 前、后翅发达,顶端超过后足股节顶端,雄性前翅长为宽的 4.75~5 倍,雌性前翅长为宽的 5~5.9 倍(图 118,①)。雄性染色体核型 2n=23,NF=23 ·········· **褐背蝗属 *Schmidtiacris* Storozhenko**

19(18) 前、后翅较发达,顶端到达或超过腹部末端,雄性前翅长不大于其宽的 4 倍,短翅型种类不达腹部末端。雄性染色体核型 2n=17,NF=23 ·········· **雏蝗属 *Chorthippus* Fieber**

20(17) 跗节顶端的爪左右不对称(图 122,⑤) ·········· **异爪蝗属 *Euchorthippus* Tarbinsky**

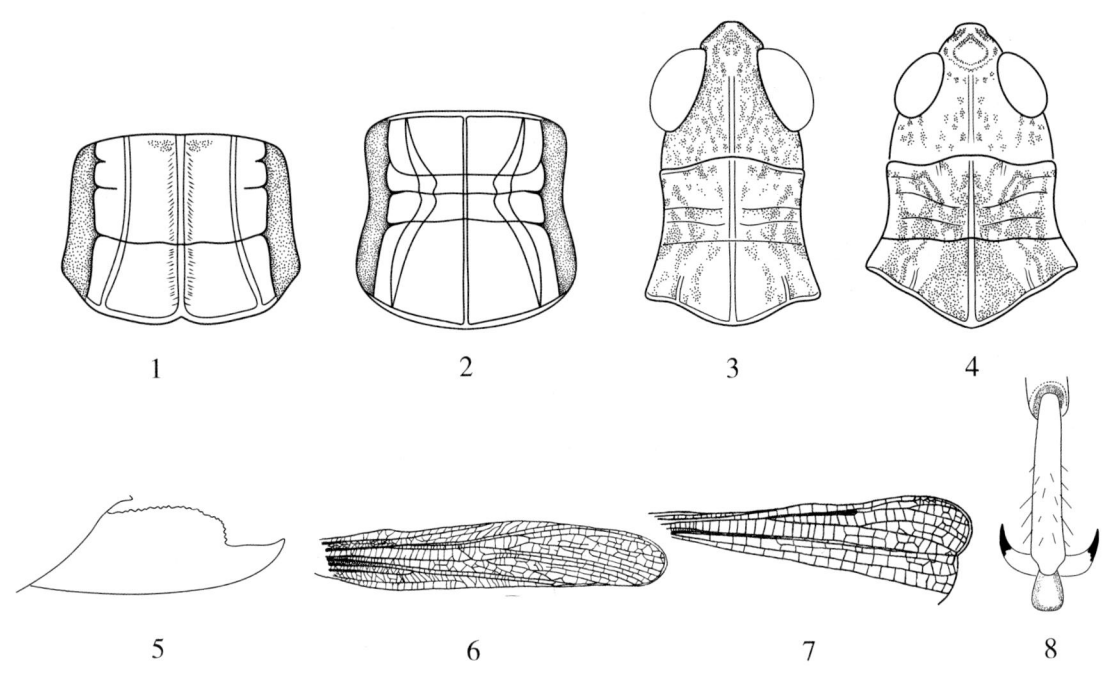

图 84 网翅蝗亚科 Arcypterinae Bolivar（1~8）

1. *Podismopsis genicularibus*，1. 前胸背板背面观（雌性）；2. 宽翅曲背蝗 *Paracyptera microptera meridionalis*，前胸背板背面观（雌性）；3 和 4. 小米纹蝗 *Notostaurus albicornis albicornis*，3. 头、前胸背板背面观（雄性），4. 头、前胸背板背面观（雌性）；5. 绿牧草蝗 *Omocestus viridulus*，产卵瓣（雌性）；6. 戈壁异色雏蝗 *Chorthippus biguttulus maritimus*，前翅（雌性）；7. 肿脉蝗 *Stauroderus scalaris*，前翅（雌性）；8. 东方雏蝗 *Chorthippus intermedius*，爪及中垫

34. 跃度蝗属 *Podismopsis* Zubovsky, 1900

Chrysochraon（*Podismpsis*）Zubovsky，1899~1900. Russian Entomology Report，34:2.

模式种：*Podismopsis altaica*（Zubovsky，1899）

体中型。缺头侧窝。触角呈丝状。前胸背板后缘平直，圆形或稍凹；侧隆线弧形弯曲。雄性前翅顶端斜切或凹陷，缺中闰脉；后翅退化，极小。雌性前翅呈鳞片状，侧置。后足股节下膝侧片顶端圆。雌性产卵瓣上外缘光滑，近顶端无凹口或具凹口。

本属内蒙古有 8 个种：二声跃度蝗 *Podismopsis bisonita* Zheng et C.，L.，呼盟跃度蝗 *Podismopsis humengensis* Zheng et Lian，短尾跃度蝗 *Podismopsis brachycaudata* Zhang et Jin，亚翅跃度蝗 *Podismopsis juxtapennis* Zheng et Lian，平尾跃度蝗 *Podismopsis planicaudata* Liang et Jia，四声跃度蝗 *Podismopsis quadrasonita* Zhang et Jin，狭翅跃度蝗 *Podismopsis angustipennis* Zheng et Lian，曲线跃度蝗 *Podismopsis sinucarinata* Zheng et Lian。

内蒙古草地常见跃度蝗属 *Podismopsis* Zubovsky 分种检索表

1(4)雄性前翅前缘脉域宽,最宽处为亚前缘脉域最宽处的2.3~3.3倍(图85,①)。雌性产卵瓣短粗,上产卵瓣上外缘具凹口,下产卵瓣外缘基部有1明显大齿(图85,③)。

2(3)雄性复眼间距的宽为触角基间宽的1.8~2倍。雄性鸣声每个脉冲组中有3个脉冲。雄性前翅长为宽的3.1倍 ·················· **呼盟跃度蝗** *Podismopsis humengensis* Zheng et Lian

3(2)雄性复眼间距的宽为触角基间宽的2.1~3倍。雄性鸣声每个脉冲组中有4个脉冲。雄性前翅长为宽的2倍以上 ·················· **四声跃度蝗** *Podismopsis quadrasonita* Zhang et Jin

4(1)雄性前翅具狭的前缘脉域,最宽处为亚前缘脉域宽的1.5~2倍(图87,①)。雌性产卵瓣狭长,上产卵瓣之上外缘具细齿,而缺凹口,下产卵瓣之下外缘直,具细齿,基部缺1大齿(图87,③)(图88,④)。

5(6)雄性前翅狭长,长为宽的3.5倍(图87,①);雌性前翅顶端圆,不延长(图87,②)··················· **狭翅跃度蝗** *Podismopsis angustipennis* Zheng et Lian

6(5)雄性前翅宽短,长为宽的3倍(图88,①);雌性前翅顶端尖,延长(图88,②)··················· **短尾跃度蝗** *Podismopsis brachycaudata* Zhang et Jin, 1985

(62)呼盟跃度蝗 *Podismopsis humengensis* Zheng et Lian, 1988(彩图62)

Podismopsis humengensis Zheng et Lian, 1988, Entomotaxonomia, 10(1~2):92.

雄性体长17.0~19.0mm,雌性体长23.0~30.0mm。体黄绿色或黑褐色。头顶具明显的中隆线。缺头侧窝。雄性眼后带黑褐色。触角中段一节长为宽的2倍。前胸背板后缘近平直或略突出(雄性)或中央明显呈钝角形凹入(雌性);侧隆线在沟前区近平行(雄性)或略呈弧形(雌性),沟前区长为沟后区长的1.2~1.3倍(雄性)或1.5倍(雌性)。雄性前翅狭长,到达下生殖板的中部或后足股节的3/4处,翅顶端斜截,缘前脉域具闰脉;前缘脉域的宽为亚前缘脉域宽的2.5倍;径脉域宽为亚前缘脉域宽的1.8~2倍(图85,①)。后翅极退化,很小。雌性前翅呈鳞片状,在背部毗连或稍分开,翅顶钝圆(图85,②),到达或略超过第2腹节背板后缘。鼓膜器呈卵圆形。雄性后足股节膝部黑色,基部黑色;后足胫节黄绿色。雌性后足股节内侧暗黑色,下侧红色,膝黑色;后足胫节暗黑色,近基部具1条淡色环。雌性上产卵瓣上外缘有一凹口,下产卵瓣之下外缘基部有1齿突(图85,③)。雄性阳茎基背片如图85,④。

分布:内蒙古呼伦贝尔市。

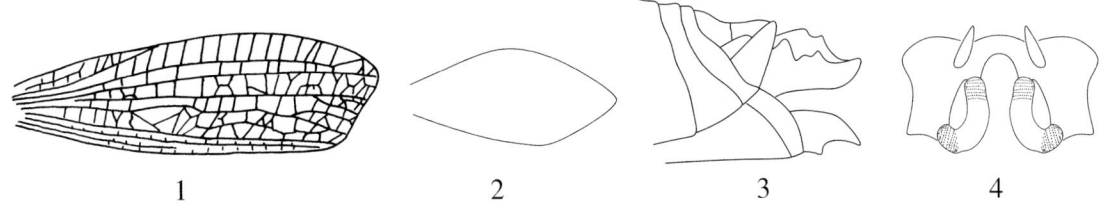

图85 呼盟跃度蝗 *Podismopsis humengensis* Zheng et Lian (1~4)
1.前翅(雄性);2.前翅(雌性);3.腹部末端侧面观(雌性);4.阳茎基背片

彩图 62　呼盟跃度蝗 *Podismopsis humengensis* Zheng et Lian
1.背面观(雄性);2.侧面观(雄性);3.侧面观(雌性);4.背面观(雌性)

(63)四声跃度蝗 *Podismopsis quadrasonita* Zhang et Jin,1985（彩图 63）

Podismopsis quadrasonita Zhang et Jin,1985,Contr. Shanghai Inst. Entomol.,Vol. 5:211~213.

雄性体长 18.0~19.8mm,雌性体长 25.0~29.8mm。体黄褐色。颜面隆起狭,在中单眼之下具纵沟。前胸背板侧隆线在沟前区平行,在沟后区略扩大;前、中横沟不明显,后横沟切断中和侧隆线;沟前区长约为沟后区长的 1.5 倍;雌性前、中横沟不明显,后横沟切断中、侧隆线。前翅发达,顶端斜切,中部略凹(图 86,①),翅不到达或刚超过腹部末端;前缘脉域约为亚前缘脉域的 2.3~3 倍;径脉域为亚前缘脉域的 1.5 倍;缘前脉域宽短,不达前翅中部,具闰脉。雌性前翅如图 86,②。后翅甚小,呈芽状。后足股节匀称。鼓膜孔宽卵形。中胸腹板侧叶间中隔宽为长的 1.3~1.5 倍。肛上板呈三角形,基部中央具宽纵沟。尾须呈长锥形,超过肛上板顶端。雄性下生殖板呈锥形,端部明显延长。雌性产卵瓣粗短,上产卵瓣外缘具 1 大缺刻,内缘具细齿,下产卵瓣外缘基部具 1 大齿突(图 86,③)。雄性下生殖板后缘呈角形突出。雄性阳茎基背片如图 86,④。鸣声清晰有节奏,每个音组中有 3 个或 4 个"za"音。

分布:内蒙古呼伦贝尔市满归镇,黑龙江。

彩图 63　四声跃度蝗 Podismopsis quadrasonita Zhang et Jin
1. 背面观(雄性)；2. 侧面观(雄性)

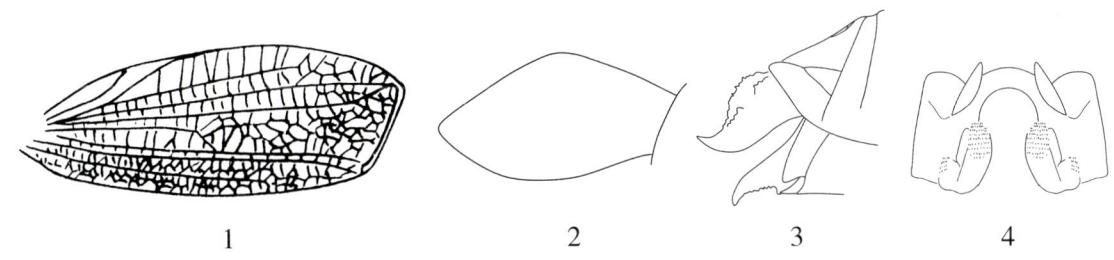

图 86　四声跃度蝗 Podismopsis quadrasonita Zhang et Jin（1～4）
1. 前翅(雄性)；2. 前翅(雌性)；3. 腹部末端侧面观(雌性)；4. 阳茎基背片

(64)狭翅跃度蝗 Podismopsis angustipennis Zheng et Lian, 1988（彩图 64）

Podismopsis angustipennis Zheng et Lian,1988,Entomotaxonomia,10(1～2):94。

雄性体长 16.0～17.0mm，雌性体长 23.0～26.0mm。体暗黄绿色、暗褐色或暗红褐色。颜面倾斜，仅中单眼处略凹，头顶具中隆线。触角中段一节长为宽的 2.3 倍(雄性)或 3.7 倍(雌性)，雄性具黑色眼后带。前胸背板后缘中央具弱的宽浅凹或明显凹陷，侧隆线略弯曲，沟前区长为沟后区长的 1.5 倍(雄性)或 1.8 倍(雌性)。雄性前翅发达，到达肛上板中部或顶端，翅顶端斜截(图 87,①)；缘前脉域不具闰脉，其宽为亚缘前脉域宽的 1.6～2 倍；径脉域宽为亚前缘脉域宽的 1.5 倍。雌性前翅宽短，呈鳞片状，侧置，刚到达第 2 腹节中部，翅顶钝圆而不延长(图 87,②)。雄性后翅极小。雄性后足股节黄绿色，膝部黑色；后足胫节黄褐色，基部黑色。雌性后足股节内侧具 2 个黑色大斑，下侧橙红色，膝部黑色；后足胫节橙红色，基部黑色，下膝侧片顶钝圆。雄性肛上板中部具宽纵沟；尾须呈长锥形，顶端尖。雌性产卵瓣狭长，上产卵瓣的上外缘具细齿，无凹口，下产卵瓣下缘直，具细齿(图 87,③)。雄性阳茎基背片如图 87,④。

分布：内蒙古呼伦贝尔市根河,黑龙江。

彩图 64　狭翅跃度蝗 *Podismopsis angustipennis* Zheng et Lian
1.背面观（雌性）；2.侧面观（雌性）

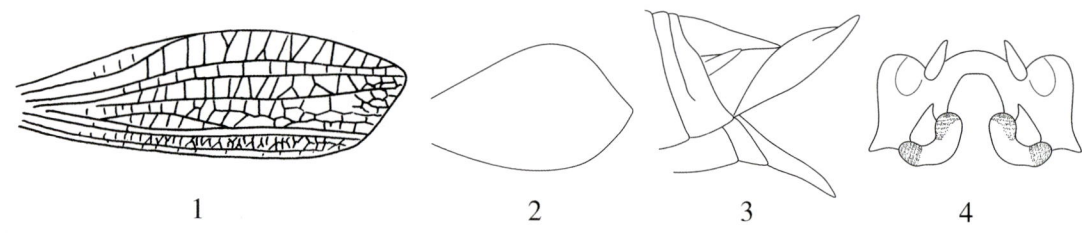

图 87　狭翅跃度蝗 *Podismopsis angustipennis* Zheng et Lian（1～4）
1.前翅（雄性）；2.前翅（雌性）；3.腹端侧面观（雌性）；4.阳茎基背片

(65) 短尾跃度蝗 *Podismopsis brachycaudata* Zhang et Jin,1985（彩图 65）

Podismopsis brachycaudata Zhang et Jin,1985. Contr. Shanghai Inst. Entomol., Vol. 5: 213～214.

雄性体长 17.3～17.5mm,雌性体长 22.7～23.5mm。体黄褐色。颜面中央具纵沟。头顶具中隆线。复眼之后及颊黑色。触角中段一节长为宽的 2.5 倍（雄性）或 2 倍（雌性）。前胸背板侧隆线呈弧形弯曲,沟前区长为沟后区长的 1.4～1.5 倍（雄性）或 1.5～1.7 倍（雌性）。雄性前翅发达,翅端斜切,不到达或刚到达腹部末端,前翅缘前脉域及前、后肘脉均为黑褐色；缘前脉域较狭长,超过前翅中部；前缘脉域宽为亚前缘脉域宽的 1.6～2 倍（图 88,①）。雌性前翅呈鳞片状（图 88,②）,侧置,不到达第 2 腹节。后翅极小。鼓膜孔呈宽卵形。雄性尾须呈长锥形,超过肛上板端部；下生殖板呈长锥形,顶端尖（图 88,③）。雌性产卵瓣较狭长,上产卵瓣的上外缘和下产卵瓣的下外缘具细齿,基部无大齿突(图 88,④)。雄性阳茎基背片如图 88,⑤。

分布:内蒙古呼伦贝尔市满归镇,黑龙江漠河市、西林吉镇。

彩图 65　短尾跃度蝗 *Podismopsis brachycaudata* Zhang et Jin
1.背面观(雌性);2.侧面观(雌性)

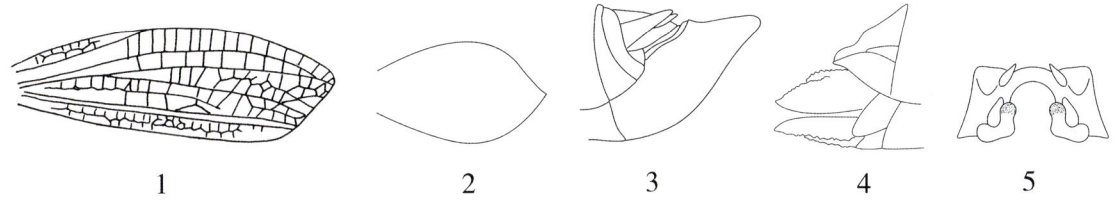

图 88　短尾跃度蝗 *Podismopsis brachycaudata* Zhang et Jin (1～5)
1.前翅(雄性);2.前翅(雌性);3.腹部末端侧面观(雄性);4.腹部末端侧面观(雌性);5.阳茎基背片

35. 网翅蝗属 *Arcyptera* Serville, 1839

Oedipoda（*Arcyptera*）Serville,1839. Hist. Nat. Insectes. Orth. :173.

Stethophyma Fischer,1853. Orth. Eur. ;297.

模式种: *Gryllus Locusta fusca* Pallas,1773

体中型。头顶宽短,顶端钝。头侧窝明显,呈四角形,浅而平,有粗大刻点。前胸背板侧隆线近平行或略呈弧形弯曲,后缘呈钝角形或圆钝角形。前翅发达,雄性超过后足股节顶端,雌性则不到达顶端;肘脉域较宽,最宽处约为中脉域宽的 2 倍(雌性)或 4 倍(雄性)(图 91,②)。后翅暗褐色。雄性下生殖板呈短锥形,顶钝圆。雌性产卵瓣粗短。

本属内蒙古有 3 个种:隆额网翅蝗 *Arcyptera coreana* Shiraki,网翅蝗(暗褐网翅蝗)

Arcyptera fusca fusca（Pallas），白膝网翅蝗 *Arcyptera fusca albogeniculata* Ikonnikov。

内蒙古草地常见网翅蝗属 *Arcyptera* Serville 分种检索表

1(2) 雄性头顶侧缘圆弧形（图89，⑦），头侧窝在顶端相接触。雌性前胸背板侧隆线几乎直（图89，⑧）。体匀称 ·· **隆额网翅蝗 *Arcyptera coreana* Shiraki**

2(1) 雄性头顶侧缘直（图90，①）。雄性头侧窝顶端相距较远。雌性前胸背板侧隆线向后缘分离（图90，②）。体较粗壮。

3(4) 雌、雄两性前胸背板沿侧隆线有浅色纵条纹。雌性后足胫节基部上方黑色 ·················
·· **网翅蝗（暗褐网翅蝗）*Arcyptera fusca fusca*（Pallas）**

4(3) 雌、雄两性前胸背板单色，无浅色纵纹。雌性后足胫节基部上方浅色 ··············
·· **白膝网翅蝗 *Arcyptera fusca albogeniculata* Ikonnikov**

(66) 隆额网翅蝗 *Arcyptera coreana* Shiraki，1930（彩图66）

Arcyptera coreana Shiraki,1930,Trans. Nat. Hist. Soc. Taiwan,20(3):328.

Arcyptera carinata Sjöstedt,1933,Arkiv Zool. ,25A,No. 3:19.

雄性体长 27.0～30.0mm,雌性体长 33.0～40.0mm。体褐色或暗褐色。头侧窝近四边形。颜面隆起在近上唇基消失。复眼呈卵圆形。前胸背板具黑色斑,中隆线明显,两侧隆线近平行（图89，①），前、中、后横沟明显,前、中横沟切断或不切断侧隆线,后横沟切断中、侧隆线,沟后区长略大于沟前区。后胸腹板侧叶间中隔全长彼此分开。前翅长,肘脉域约为中脉域宽的 2 倍（雌性）或 4 倍（雄性）。后翅褐色或暗黑色。后足股节匀称,内侧下隆线和底侧中隆线间常淡红色；基部黑色,近基部具黄色环纹,其余部分淡红色或红色。鼓膜器近圆形。雄性肛上板呈三角形,

彩图66 隆额网翅蝗 *Arcyptera coreana* Shiraki
1.背面观(雄性);2.侧面观(雄性);3.侧面观(雌性);4.背面观(雌性)

侧缘中部褶状隆起(图89,②)。尾须呈长圆锥形。雄性下生殖板呈短锥形,顶钝圆(图89,③)。雌性上、下产卵瓣粗短,边缘光滑无齿(图89,④)。雄性阳茎基背片如图89,⑤,阳茎复合体如图89,⑥。

分布:内蒙古兴安盟科尔沁右翼前旗,东北各省,甘肃,新疆,河北,北京,陕西,山东,江苏,江西,四川。

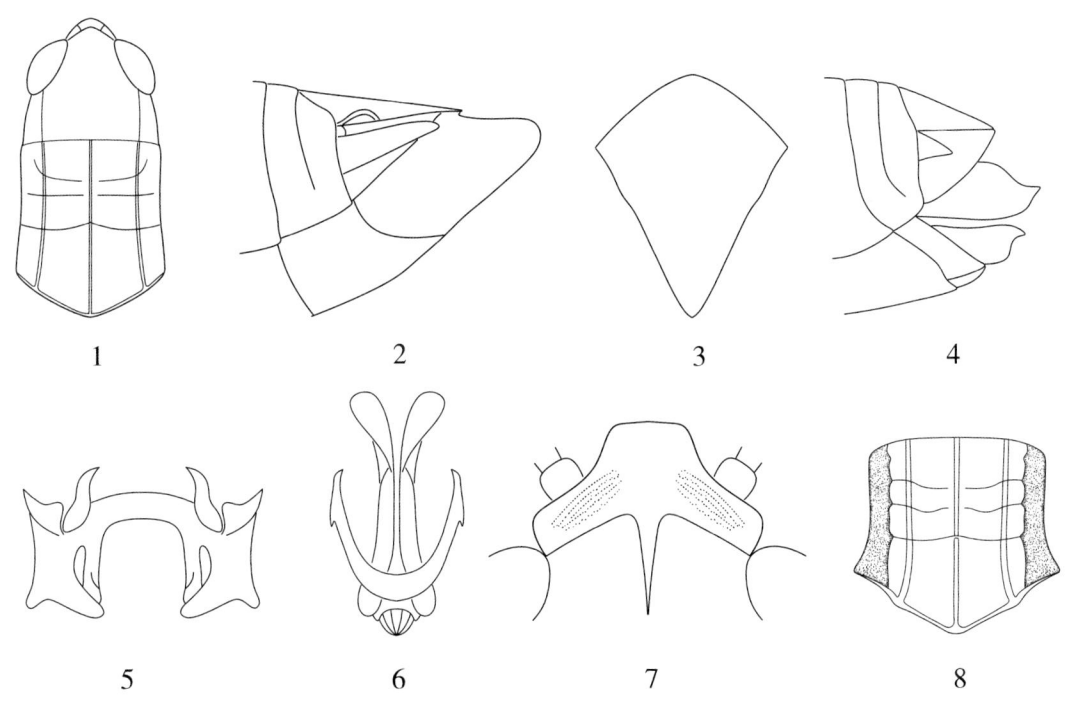

图89 隆额网翅蝗 *Arcyptera coreana* Shiraki (1～8)

1.头、前胸背板背面观(雌性);2.腹部末端侧面观(雄性);3.肛上板(雄性);4.腹部末端侧面观(雌性);5.阳茎基背片;6.阳茎复合体;7.头背面观;8.前胸背板背面观

(67)网翅蝗(暗褐网翅蝗)*Arcyptera fusca fusca* (Pallas,1773) (彩图67)

Gryllus(*locusta*)*fuscus* Pallas,1773. Reisen Durch Verschiedene. Provingen des Russischen Reiches,Ⅱ:724.

Gryllus(*locusta*)*variegatus* Sulzer,1776. Abgekurzte Geschichte der Insecten. etc. 84.

Gryllus(*locusta*)*varsicolor* Ginelin,1788. Syst. Nat.,Ⅰ(4):2082.

Gryllus cothurnatus Creutger,1799. Ent. Versuch:129.

Gryllus nympha Stål.,1813. Repre's Spectres ou Phasmes, etc. :23.

雄性体长 24.0～28.0mm,雌性体长 30.0～39.0mm。体暗黄褐色。头顶较宽短。眼间距为触角间宽的 1.5～2 倍。头侧窝明显,具粗大刻点(图90,①)。颜面隆起宽平,雌性颜面隆起在中单眼之下消失。复眼纵径与眼下沟等长或略长。前胸背板宽平,侧隆线处具淡色纵纹(图90,②),侧隆线间最宽处颇大于最狭处,沟前区长大于沟后区之长。前翅发达,翅顶宽圆。雄性前翅肘脉域宽,最宽处为中脉域最狭处的5倍(图90,③);雌性亚前缘脉域中部较宽,肘脉域约为中脉域宽的2倍。后翅几乎黑褐色。后足股节内下侧红色,内侧具3个黑色横斑,外侧具明显淡色膝前环。后足胫节红色,基部黑色。雄性肛上板呈长三角形,侧缘中部向上卷起;下生殖板呈锥形(图90,④)。雌性产卵瓣粗短。雄性阳茎基背片如图90,⑤。

栖息于山地草原,数量多时引起草原蝗灾。

分布:内蒙古赤峰市、呼和浩特市、呼伦贝尔市、兴安盟,吉林,新疆。

彩图67 网翅蝗(暗褐网翅蝗)*Arcyptera fusca fusca*（Pallas）
1.背面观(雄性);2.侧面观(雄性);3.侧面观(雌性);4.背面观(雌性)

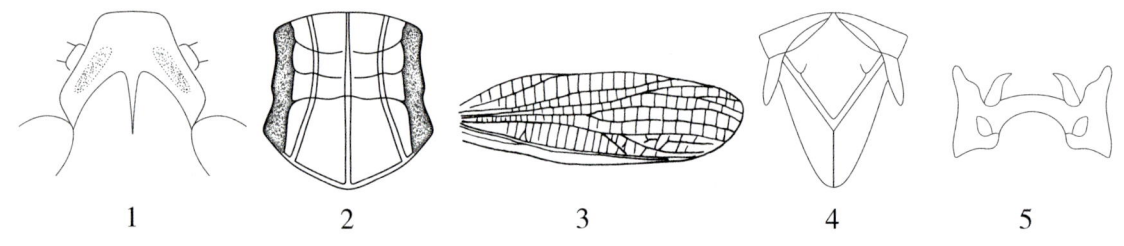

图90 网翅蝗(暗褐网翅蝗)*Arcyptera fusca fusca*（Pallas）(1～5)
1.头顶背面观(雄性);2.前胸背板背面观(雌性);3.前翅(雄性);4.腹部末端背面观(雄性);5.阳茎基背片

(68)白膝网翅蝗 *Arcyptera fusca albogeniculata* Ikonnikov,1911 （彩图68）

Arcyptera fusca var. *albogeniculuta* Ikonnikov,1911. Yearbook of Zoological Museum of Academy of Science,16:250.

雄性体长24.8～26.9mm,雌性体长30.6～34.8mm。体黄褐色,颜面和颊部黄白色。头侧窝呈长方形。颜面隆起在中单眼之下渐消失。前胸背板侧面红黄色,近中部具斜行黑色斑纹,雌性多黄褐色；中隆线明显；侧隆线在沟前区略向内弯曲；沟后区宽大于沟前区之宽；前横沟和中横沟均切割侧隆线，后横沟切割侧、中隆线（图91，①）。后胸腹板侧叶间全长明显分开。前、后翅均发达。前翅翅顶圆；前翅肘脉域最宽处为中脉域最狭处的4.6倍（图91，②）。后翅黑色。后足股节匀称，外侧上基片略长于下基片，内侧上隆线、上侧中隆线、外侧上隆线间具3个黑斑。后足胫节基部具黄色环纹，其余橘红色。后足爪中垫较大。肛上板呈长三角形。尾须呈细锥形。雄性下生殖板呈长圆锥形（图91，③）。雌性上、下产卵瓣粗短。雄性阳茎基背片如图91，④。

分布：内蒙古赤峰市、呼伦贝尔市，东北，甘肃，新疆，河北，北京，陕西，山东，江苏，江西，四川。

彩图68　白膝网翅蝗 *Arcyptera fusca albogeniculata* Ikonnikov
1.背面观（雄性）；2.侧面观（雄性）；3.侧面观（雌性）；4.背面观（雌性）

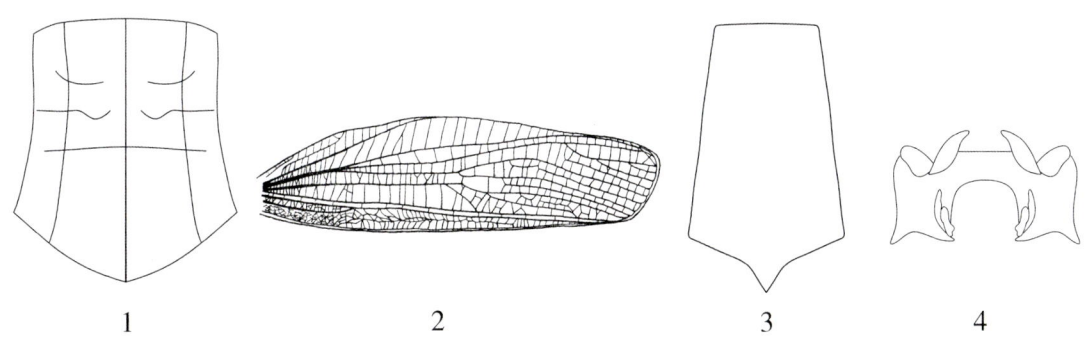

图91　白膝网翅蝗 *Arcyptera fusca albogeniculata* Ikonnikov（1～4）
1.前胸背板背面观（雄性）；2.前翅（雄性）；3.下生殖板（雄性）；4.阳茎基背片

36. 曲背蝗属 *Pararcyptera* Tarbinsky, 1930

Arcyptera subgen. *Pararcyptera* Tarbinsky, 1930. Zool. Anz., 91:334.

模式种: *Oedipoda microptera* Fischer-Waldheim, 1833

体中型。颜面隆起宽平。头短于前胸背板。头顶呈三角形。头侧窝四角形,无刻点。触角呈丝状。前胸背板中隆线较低;侧隆线明显,中部向内角形弯曲(图92,①),有时不弯曲;后横沟在背板中部或后部穿过;前缘平直,后缘具钝角形突出。中、后胸腹板侧叶均明显分开。前、后翅发达,不到达、到达或略超过后足股节的顶端。前翅肘脉域较宽,最宽处为中脉域宽的1.5~3倍。后翅透明,本色。后足股节较粗短,内侧下隆线具发达的音齿,外侧上膝侧片的顶端呈圆形。雄性下生殖板呈锥形。雌性产卵瓣粗短,顶端较钝,上产卵瓣上外缘缺细齿。

本属内蒙古有1个种:宽翅曲背蝗 *Pararcyptera microptera meridionalis* (Ikonnikov)。

内蒙古草地常见曲背蝗属 *Pararcyptera* Tarbinsky 分种检索表

1(1)雌、雄两性前胸背板侧隆线在沟前区明显向内弯曲,侧隆线间最宽处等于最狭处的1.5~2倍(图92,①)。雄性前翅肘脉域很宽,最宽处等于中脉域顶端最宽处的1.52倍;前翅前缘脉域很宽,最宽处等于亚前缘脉域最宽处的2.5~3倍;雌性前缘脉域较狭,最宽处几乎等于中脉域的最宽处,中脉域无中闰脉(图92,②)。雌性前翅常超过或尽到达后足股节中部 ·· 宽翅曲背蝗 *Pararcyptera microptera meridionalis* (Ikonnikov)

(69)宽翅曲背蝗 *Pararcyptera microptera meridionalis* (Ikonnikov, 1911)(彩图69)

Arcyptera flavicosta var. *mertdionalis* Ikonnikov, 1911. Yearbook of Zoological Museum of Academy of Science. 16:251.

Arcyptera flavicosta sibirica Uvarov, 1941. Yearbook of Zoological Museum of Academy of Science, 19:170.

雄性体长23.3~28.0mm,雌性体长35.0~39.0mm。体褐色或黄褐色。头背面有黑色"U"形纹。颜面隆起宽平,无纵沟。头侧窝四角形。触角超过前胸背板的后缘。复眼呈卵圆形。前胸背板中隆线明显隆起,侧隆线呈"X"形弯曲(图92,①)。前翅发达,雄性几乎不到达或刚到达后足股节顶端,雌性到达后足股节2/3处。前翅具细碎的黑色斑点,前缘脉域具宽的黄色纵纹;雄性前缘脉域较宽,最宽处为亚前缘脉域最宽处的2.5~3倍(图92,②);雌性前翅肘脉域较狭,最宽处与中脉域几乎等宽,无中闰脉。后足股节黄褐色,具3个暗色横斑。雄性后足股节底侧淡橙红色,内外膝侧片黑色(图92,③);后足胫节基部黑色,近基部具淡色环,其余部分鲜红色。尾须呈圆锥形。雄性下生殖板呈短锥形,顶端略尖。雌性产卵瓣短粗,上产卵瓣外缘无齿(图92,④)。雄性阳茎基背片如图92,⑤,阳茎复合体如图92,⑥。

一年发生一代,以卵在土中越冬。卵5月上旬开始孵化,6月下旬成虫大量羽化,7月上旬大

彩图69　宽翅曲背蝗 *Pararcyptera microptera meridionalis*（Ikonnikov）

1.背面观（雄性）；2.侧面观（雄性）；3.侧面观（雌性）；4.背面观（雌性）

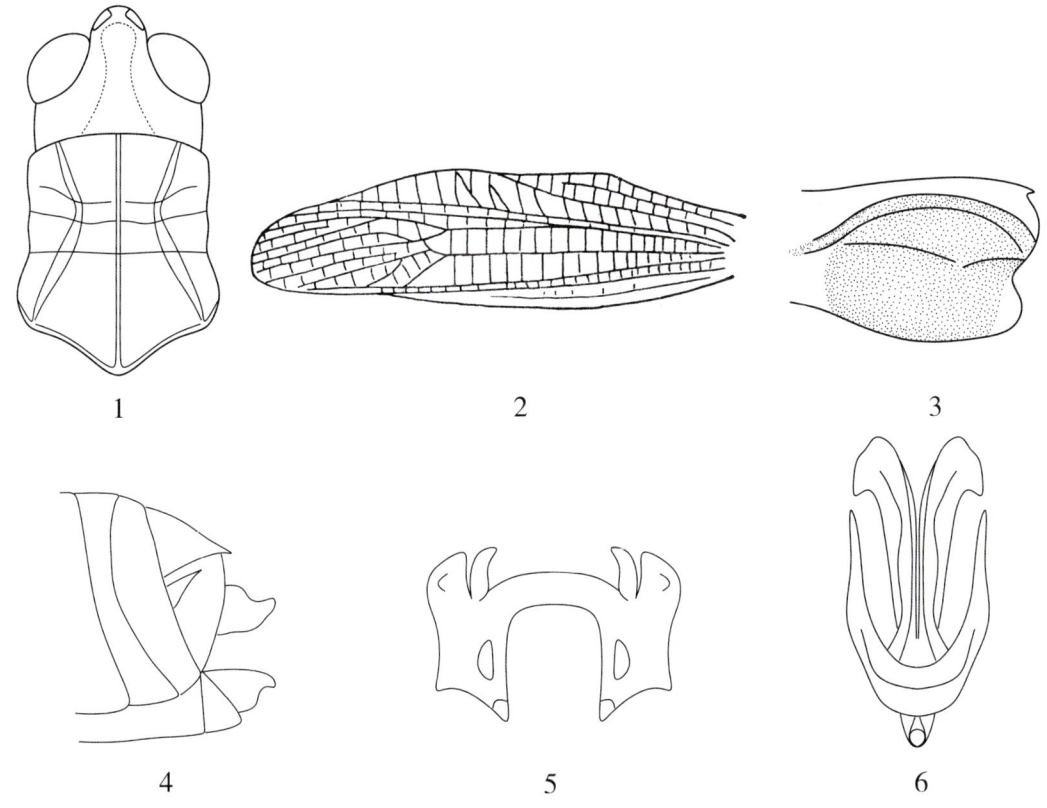

图92　宽翅曲背蝗 *Paracyptera microptera meridionalis*（Ikonnikov）（1～6）

1.头、前胸背板背面观（雌性）；2.前翅（雄性，左侧）；3.后足股节膝部（雄性，左外侧）；4.腹部末端侧面观（雌性）；5.阳茎基背片；6.阳茎复合体

部分成虫交尾产卵。栖息在典型草原,适于丘陵坡地和高且干燥的环境。为害禾本科牧草,有时也侵入农田。

分布:内蒙古赤峰市、呼和浩特市、包头市、呼伦贝尔市、兴安盟、锡林郭勒盟,黑龙江,吉林,辽宁,河北,山东,山西,陕西,甘肃,青海。

37. 蚍蝗属 *Eremippus* Uvarov,1926

Eremippus Uvarov,1926. Eos,Ⅰ:243~245.

模式种: *Stenobothrus simplex* Eversmann,1859.

体细小。头侧面观高于前胸背板水平线。头顶呈锐角形。颜面侧面观颇倾斜。颜面隆起较狭,全长具纵沟,侧缘明显。复眼位于头的中部。前胸背板中隆线较低,侧隆线在中部弯曲,有时侧隆线几乎消失;后横沟发达,切断中隆线和侧隆线;前横沟和中横沟不明显,常不切断侧隆线。后胸腹板侧叶后端明显分开。前、后翅发达,到达或超过后足股节顶端,有时缩短;前翅中脉域具中闰脉。后足股节匀称,内侧下隆线具发音齿,外侧上膝侧片顶端呈圆形。爪中垫很小,仅到达或不到达爪的中部。雄性下生殖板呈短锥形,顶端较钝。雌性上产卵瓣之上外缘的凹口较深。

本属内蒙古有4个种:蒙古蚍蝗 *Eremippus mongolicus* Ramme,斑简蚍蝗 *Eremippus simplex maculatus* Mistshenko,简蚍蝗 *Eremippus simplex simplex* Eversmann,毛足蚍蝗 *Eremippus comatus* Mistshenko。

内蒙古草地常见蚍蝗属 *Eremippus* Uvarov 分种检索表

1(2)雌、雄两性后足股节匀称,长为宽的5.5~5.6倍(图93,⑦)。前胸背板沟后区侧隆线间部分狭,最宽处与沟后区中隆线长之比为1(雄性)或1.3(雌性)(图93,①②) ·· 蒙古蚍蝗 *Eremippus mongolicus* Ramme

2(1)雌、雄两性后足股节短,长为宽的4~4.6倍(图94,③)。

3(4)雌、雄两性触角短,雄性中段一节长为该节最宽处的1.5倍,雌性则等于或略长于该节之宽 ············
·· 简蚍蝗 *Eremippus simplex simplex* Eversmann

4(3)雌、雄两性触角长,雄性中段一节长为宽的2倍,而雌性为1.5倍。雄性后横沟切割前胸背板中部(图95,④)。前胸背板侧隆线有时消失。雌性上产卵瓣上外缘凹,其顶端尖(图95,③) ············
·· 斑简蚍蝗 *Eremippus simplex maculatus* Mistshenko

(70)蒙古蚍蝗 *Eremippus mongolicus* Ramme,1951(彩图70)

Eremippus mongolicus Ramme,1951. Arkiv f. Zool. ser. 2,Ⅱ.2:21.

Eremippus kozlovi Bey-Bienko et Mistshenko,1951. Acridoidea of the USSR and adjacent countries:452.

彩图 70　蒙古蚍蝗 *Eremippus mongolicus* Ramme
1. 背面观(雌性);2. 侧面观(雌性)

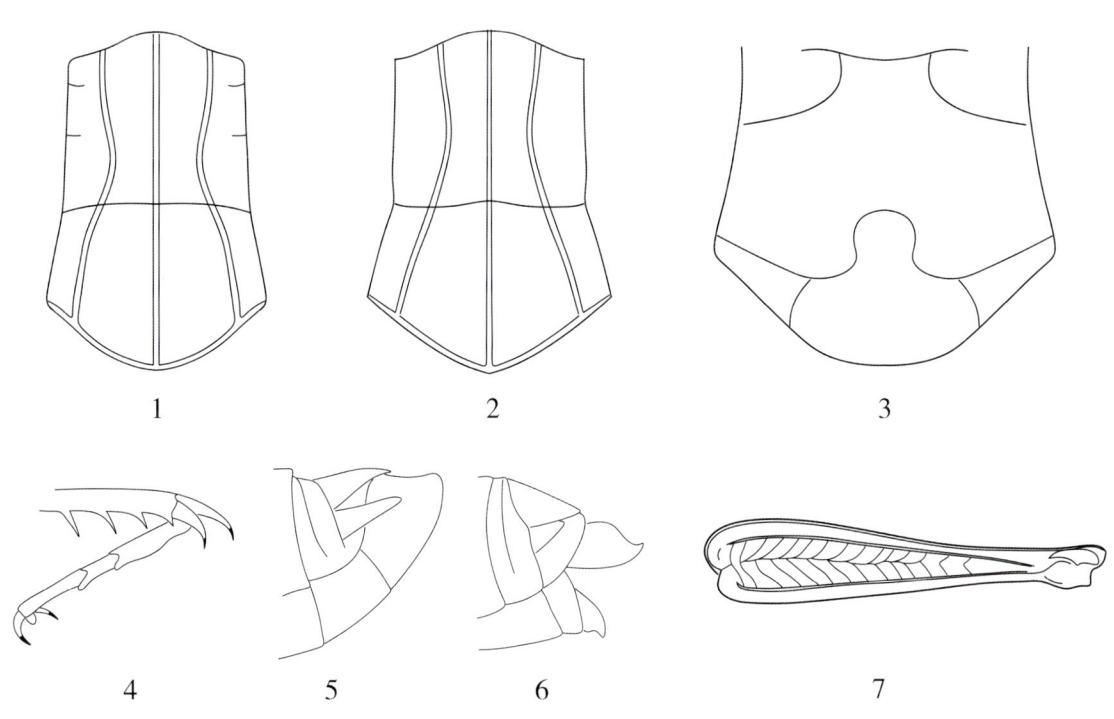

图 93　蒙古蚍蝗 *Eremippus mongolicus* Ramme (1~7)

1. 前胸背板背面观(雄性);2. 前胸背板背面观(雌性);3. 中、后胸腹板腹面观(雄性);4. 后足胫节端内侧(雄性);5. 腹部末端侧面观(雄性);6. 腹部末端侧面观(雌性);7. 后足股节外侧(雌性)

雄性体长13.0~15.0mm,雌性体长17.1~23.0mm。体黄褐色或暗褐色,前胸背板侧隆线有1处不很明显的暗色条纹。头短而高。头侧窝狭长。颜面隆起狭长,全长具纵沟。前胸背板前缘较平直,后缘呈圆弧形或角形;中隆线明显,侧隆线呈弧形弯曲;后横沟几乎位于背胸背板中部,沟前区长几乎等于沟后区之长,沟后区较狭;雄性侧隆线间最宽处与长几乎相等,雌性宽为长的 1.3 倍(图 93,①②)。雌性中胸腹板侧叶间最狭处明显大于其长(图 93,③)。前翅发达;翅顶呈圆形,中脉域具闰脉;前翅前缘脉域具黄白色纵纹,并具 3 个大黑斑。后翅本色透明,在翅顶角处有 1 处烟色条纹及数个斑点。后足股节较匀称,黄褐色。后足胫节黄色,基半部具不明显而甚多的暗斑,内侧端部下距略长于上距(图 93,④)。爪中垫很小。雄性尾须呈长锥形,到达肛上板顶端;下生殖板呈短锥形,顶端钝圆(图 93,⑤)。雌性下生殖板后缘呈中央三角形突出;产卵瓣粗短,上产卵瓣之上外缘具浅凹口(图 93,⑥)。

分布:内蒙古鄂尔多斯市乌审旗、伊金霍洛旗、鄂托克前旗,宁夏,陕西,甘肃。

(71)简蚰蝗 Eremippus simplex simplex (Eversmann,1859)(彩图 71)

Stenobothrus simplex Eversmann,1859. Bull. Soc. Nat. Mosc.,32(Ⅰ):133.

雄性体长 12.0~12.9mm,雌性 17.6~20.1mm。体暗褐色。头侧窝梯形。颜面隆起全长具纵沟。雌、雄两性触角短,雄性中段一节长为最宽处的 1.5 倍,雌性则等于或略长于该节宽。复眼纵径为眼下沟长的 1.5 倍。前胸背板中隆线较低;侧隆线中部弯曲;后横沟位于中部,切断中隆线和侧隆线;沟前区长约等于沟后区长(图 94,①)。前、后翅发达。前翅暗褐色,超过后足股节的顶端;中脉域具闰脉;前缘脉域常具黑白相间的斑块 4 个;臀脉域端部具不明显的暗色斑。前足股节及胫节具稀疏长毛。后足股节暗褐色,内侧基部具黑色斜纹,上侧具 2 个不明显的暗斑;上侧中隆线及外侧上、下隆线常具 6~9 个黑点。后足胫节顶端内侧下距略长于上距。后足跗节第 1 节明显长于第 3 节。爪中垫很小。雄性下生殖板呈短锥形,顶端较钝。雌性上产卵瓣外缘具明显凹口(图 94,②)。

彩图 71 简蚰蝗 *Eremippus simplex simplex* (Eversmann)
1.背面观(雄性);2.侧面观(雄性);3.侧面观(雌性);4.背面观(雌性)

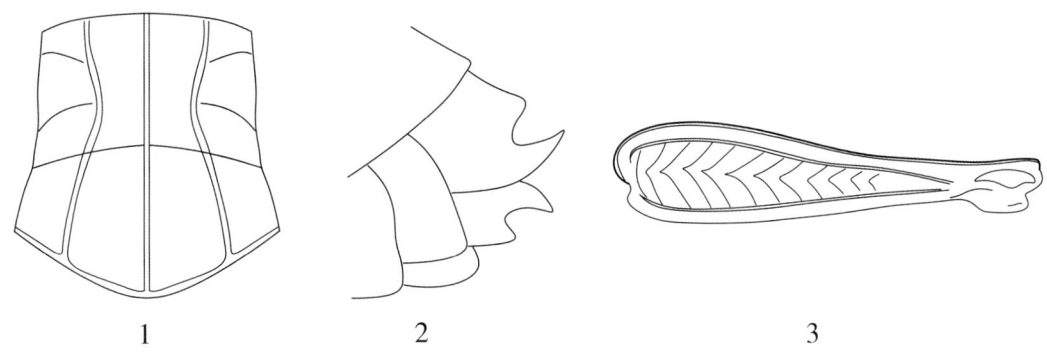

图 94 简蚰蝗 *Eremippus simplex simplex* Eversmann（1～3）
1.前胸背板背面观；2.腹部末端侧面观（雌性）；3.后足股节

分布：内蒙古巴彦淖尔市乌拉特中旗，锡林郭勒盟巴彦希勒牧场。

(72)斑简蚰蝗（玛蚰蝗）*Eremippus simplex maculatus* Mistshenko,1951（彩图 72）

Eremippus simplex maculatus Mistshenko,1951. in Bey-Bienko et Mistshenko, Opred. Fauna SSSR 2:454.

本种为 *Eremippus simplex*（Eversmann）的一个亚种，其特征与简蚰蝗 *Eremippus simplex simplex* Eversmann 很相似，区别特征为：

雄性体长 11.3～13.6mm，雌性体长 16.6～20.8mm。雄性前翅长 9.6～11.7mm，雌性前翅长 13.4～16.6mm。头顶最宽处为触角间最宽处的 2 倍。触角呈丝状，中段一节长为宽的 2 倍

彩图 72 斑简蚰蝗 *Eremippus simplex maculatus* Mistshenko
1.背面观（雄性）；2.侧面观（雄性）；3.侧面观（雌性）；4.背面观（雌性）

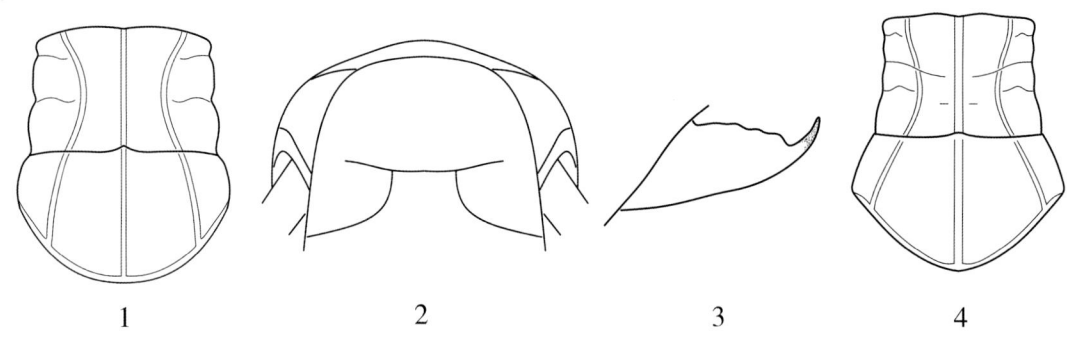

图 95　斑简蚱蝗 *Eremippus simplex maculatus* Mistshenko（1～4）

1.前胸背板背面观(雌性)；2.中、后胸腹板腹面观；3.上产卵瓣；4.前胸背板背面观(雄性)

(雄性)或 1.5 倍(雌性)。前胸背板沟前区侧隆线显著弯曲(图 95,①)，侧隆线不完整。雄性前胸背板后横沟位于前胸背板中部。中胸腹板侧叶间中隔较狭，尤其雌性，宽等于或略大于长(图 95,②)。前足股节下侧和雄性胫节具长而密的绒毛。雌性上产卵瓣上缘凹陷，顶端尖(图 95,③)。

分布：内蒙古锡林郭勒盟二连浩特市，新疆。

38. 草地蝗属 *Stenobothrus* Fischer,1853

Stenobothrus Fischer,1853. Orth. Eur. :296,313.

模式种: *Gryllus lineatus* Panger,1796

体小型。头侧窝狭长。雄性前胸背板较宽，侧隆线间最宽处超过最狭处 1.25～1.5 倍，后缘突出(图 96,②)。前、后翅发达，少数较短。前翅前缘平直，缘前脉域在基部不扩大，逐渐向顶端变狭，超过前翅中部；肘脉域稍宽，有时消失。后足股节上膝侧片顶端呈圆形。后足胫节内侧之下距小，不明显大于上距。雌、雄两性后胸腹板侧叶明显分开。鼓膜器发达，鼓膜孔狭缝状。雌性上产卵瓣上外缘中部具明显的锯齿(图 96,⑤)。

内蒙古有 2 个种：条纹草地蝗 *Stenobothrus lineatus* Panzer、阿勒泰草地蝗 *Stenobothrus newskii* Zubovsky。

内蒙古草地常见草地蝗属 *Stenobothrus* Fischer 分种检索表

1(1)雌、雄两性前翅肘脉全长合并(图 96,③)。雄性前翅前缘脉域黄白色，后翅端部烟色。雄性复眼纵径为眼下沟长的 1.5～1.65 倍，雌性为 1.3～1.4 倍。雌性前胸背板后横沟明显位于中部之前。后足胫节黄色 ·· **条纹草地蝗** *Stenobothrus lineatus* **Panzer**

(73)条纹草地蝗 *Stenobothrus lineatus* Panzer,1796 （彩图 73）

Gryllus lineatus Panzer,1796. Fauna insec. Germ. ,Fasc. :33.

Gryllus Locusta tenellus Stål,1813. Repres. Spectres ou phasm. ,etc. :27.

Acridium megacephalus Seidl,1837. Weitnweber's Beitr. gesammt. Naturk,u. Heilwiss.,1: 219.

Acridium lineatus var. *giolacea* Sugurov,1907. Rus. Ent.,38:117.

Acridium lineatus f. imterposita u myrina Fruhstorfer,1921. Arch. Natury.,87, Abt. A, 5:108.

Stenobothrus lineatus(Panzer);Bey-Bienko and Mistshenko,1951. Acrdoidea of the USSR and adjacent countries:469.

雄性体长 15.7~19.3mm,雌性体长 20.8~25.3mm。体黄褐色。头侧窝的后缘、两复眼间具黑色条纹。头侧窝不明显。颜面隆起仅在中单眼处略凹(图 96,①)。复眼纵径为横径的 1.5 倍。前胸背板中隆线较高,侧隆线在沟前区略弧形弯曲,沟后区最宽处为沟前区最狭处的 1.4 倍,后横沟切断中隆线和侧隆线;雄性沟后区与沟前区几乎等长(图 96,②)。中胸腹板两侧叶间中隔最狭处为长的 2 倍。后胸腹板两侧叶分开。前翅前缘脉域黄白色,缘前脉域超过翅的中部;亚前缘脉域弯曲,径脉呈"S"形弯曲,径脉域最宽处为亚前缘脉域最宽处的 3 倍;肘脉全长合并(图 96,③)。后翅中脉分枝。后足股节外侧上基片长于下基片。后足胫节缺外端刺,第 1 跗节长等于第 2、3 节长之和。鼓膜器呈长狭缝状。雄性肛上板呈三角形,中央具纵沟。雌性上、下产卵瓣两侧缘各具 1 齿,下生殖板具纵沟,后缘中央具三角形突出。雄性阳茎基背片如图 96,④。

分布:内蒙古呼伦贝尔市海拉尔。

彩图 73 条纹草地蝗 *Stenobothrus lineatus* Panzer
1.背面观(雄性);2.侧面观(雄性);3.侧面观(雌性);4.背面观(雌性)

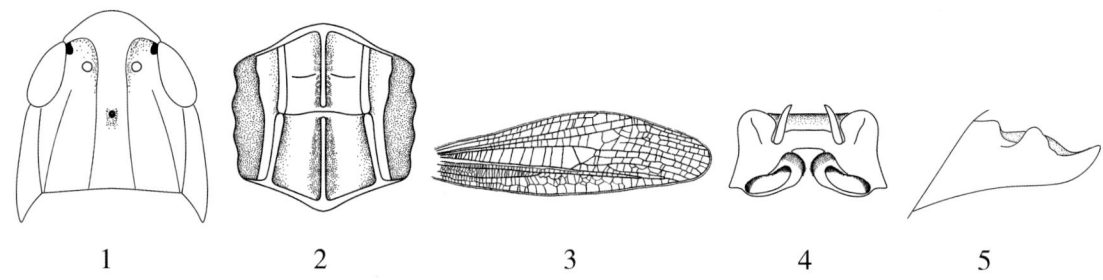

图 96　条纹草地蝗 Stenobothrus lineatus Panzer (1~5)

1. 头部正面观(雌性);2. 前胸背板背面观(雄性);3. 前翅(雄性);4. 阳茎基背片;5. 上产卵瓣(雌性)

39. 牧草蝗属 Omocestus Bolivar, 1879

Omocestus Bolivar,1878~1879. Anal. Soc. Esp., Ⅶ:427.

模式种: ***Gryllus Locusta viridulus* Linnaeus, 1758**

体中小型。头侧窝呈狭长四方形。颜面隆起宽平,中部略凹。触角呈丝状,顶端不膨大。前胸背板中隆线较低;侧隆线在沟前区颇弯曲,侧隆线间最宽处为最狭处的 2~3 倍;前胸背板后缘圆弧形(图 98,②)(图 99,①),后胸腹板侧叶分开较宽。前、后翅发达,略缩短,前翅前缘较直,缘前脉域在基部不扩大,逐渐向顶端趋狭,并超过前翅中部;肘脉域较狭,有时消失。后足股节外膝侧片顶端呈圆形,内侧下隆线具发音齿。鼓膜器呈狭缝状。雌性上产卵瓣上外缘呈圆弧形,基部无齿(图 98,⑦)。

本属内蒙古有 5 个种:红腹牧草蝗 *Omocestus haemorrhoidalis haemorrhoidalis* (Charpentier),曲线牧草蝗 *Omocestus petraeus* (Brisout de Barneville),红胫牧草蝗 *Omocestus ventralis* Zetterstedt,绿牧草蝗 *Omocestus viridulus* (Linnaeus),正兰牧草蝗 *Omocestus zhenglanensis* Zheng et Han。

内蒙古草地常见牧草蝗属 Omocestus Bolivar 分种检索表

1(2)复眼较小,纵径略长于眼下沟(雄性)或与眼下沟等长(雌性)(图 97,①)。头顶前端隆线明显。雄性前翅径脉域较宽,近顶端部分的宽度大于亚前缘脉域的最宽处。雌性产卵瓣较长(图 97,⑤) ……………………………………………………………………………… **绿牧草蝗 *Omocestus viridulus* (Linnaeus)**

2(1)复眼较大,纵径为眼下沟长的 1.75~2 倍(雄性)或 1.25~1.5 倍(雌性)(图 98,③)。雄性前翅径脉域较狭,近顶端宽度等于或略小于亚前缘脉域的最宽处。雌性产卵瓣较短(图 98,⑦)。

3(6)雄性头侧窝较长,长为宽的 2.5~3 倍。雌、雄两性前胸背板侧隆线在沟前区呈弧形弯曲。雄性前翅中脉域较狭,最宽处为肘脉域宽的 1.25~1.5 倍,有时达 2 倍。

4(5)前胸背板后缘中央向外突出(图 99,①)。雄性颊黑色,后翅烟色,顶端暗色。后足胫节红色 ………… **红胫牧草蝗 *Omocestus ventralis* Zetterstedt**

5(4)前胸背板后缘中央不突出(图 98,②)。雄性颊浅色,后翅无色,后顶端略烟色。前翅中脉域较宽,宽为肘脉域宽的2倍。后足胫节黑褐色 ···
····················· **红腹牧草蝗 Omocestus haemorrhoidalis haemorrhoidalis (Charpentier)**

6(3)雄性头侧窝短,长为最宽处的2倍。雌、雄两性前胸背板侧隆线在沟前区很弯曲(图99,③)。雄性前翅中脉域很宽,最宽处为肘脉域宽的2~2.5倍,横脉较少 ···
························ **曲线牧草蝗 Omocestus petraeus (Brisout de Barneville)**

(74)绿牧草蝗 *Omocestus viridulus* (Linnaeus, 1758) （彩图74）

Gryllus Locusta viridulus Linnaeus, 1758. Syst. Nat., Ed., X, I:433

Stenobothrus viridulus (Linnaeus); Brunner-Wattenwyl, 1882. Prodr. Eur. Orth.:102, 111.

Omocestus viridulus rufoviolaceus Schirmer, 1913. Ent. Rdsch. 30:87.

Omocestus viridulus unicolor Schirmer, 1913. Ent. Rdsch. 30:88.

Acrydium nigroterminatum De Geer, 1773. Mem. Ins. III. p. 481. n. 9.

Acrydium rufomarginatum De Geer, 1773. Mem. Ins. III. p. 481. n. 8.

Chorthippus viridulus Fieber, 1853. Lotos, III. p. 116. n. 28.

Gomphocerus viridulus Burmeister, 1838. Handb. Ent. II. p. 648. n. 5.

Gryllus dimidiatus Thunberg, 1815. Mem. Acad. Petersb. V. p. 250.

Gryllus marginalis Thunberg, 1815. Mem. Acad. Petersb. V. p. 252.

Gryllus rubicundus Gmel., 1788. Syst. Nat. I. (4)p. 2070. n. 125.

Locusta aprica Steph., 1835. III Ent. Mand. VI. p. 24 n. 13.

Locusta rubicunda Steph, 1835. III Ent. Mand. VI. p. 24 n. 12.

Locusta viridula Steph., 1835. III Ent. Mand. VI. p. 24 n. 11.

Oedipoda viridula Fisch.-Waldh., 1846. Orth. Ross. p. 322. n. 37.

雄性体长12.6~16.0mm,雌性体长19.7~25.0mm。体黄褐色或绿褐色。头短小,颜面隆起具宽的浅纵沟。头顶端钝圆,前端具明显的中隆线。头侧窝呈长方形。雄性触角超过前胸背板后缘,雌性不到达前胸背板后缘。复眼较小,纵径略长于眼下沟(雄性)或与眼下沟等长(雌性)(图97,①)。前胸背板沿中隆线处具淡色纵纹,侧隆线的内、外侧具黑色纵纹,在沟前区稍弯曲,沟前区长稍短于沟后区之长,后缘钝圆形(图97,②③)。前翅宽长,到达或超过后足股节顶端,翅顶呈圆形;雌性前翅肘脉域、臀脉域绿色。后翅顶端黑褐色。后足股节膝侧片顶端呈圆形,后足股节、胫节黄褐色。雄性肛上板呈三角形(图97,④),下生殖板呈短锥形。雌性产卵瓣较狭长(图97,⑤)。雄性阳茎基背片如图97,⑥,阳茎复合体如图97,⑦。

一年发生一代,以卵在土中越冬。为害禾本科牧草。

分布:内蒙古呼伦贝尔市、兴安盟乌兰浩特市,山西,甘肃,青海,新疆。

彩图 74　绿牧草蝗 *Omocestus viridulus* Linnaeus
1.背面观(雄性);2.侧面观(雄性);3.侧面观(雌性);4.背面观(雌性)

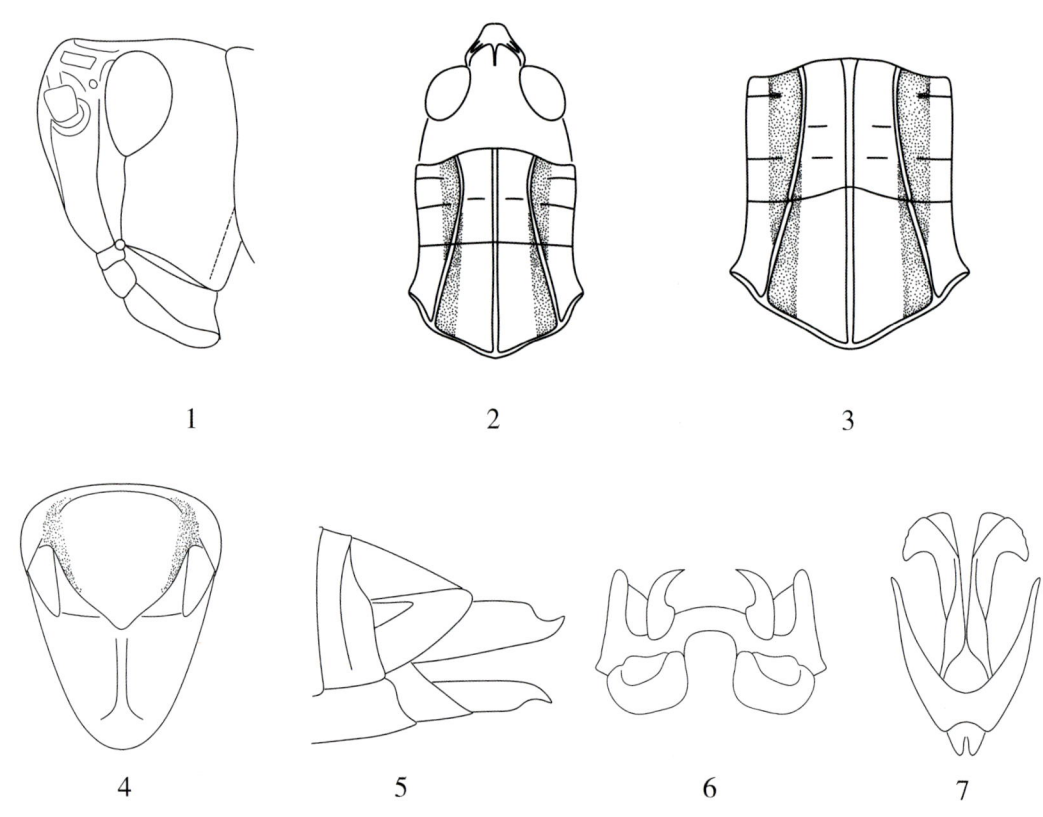

图 97　绿牧草蝗 *Omocestus viridulus* Linnaeus (1～7)
1.头侧面观;2.头、前胸背板背面观(雌性);3.前胸背板背面观(雄性);4.肛上板(雄性);5.腹部末端侧面观(雌性);6.阳茎基背片;7.阳茎复合体

(75) 红腹牧草蝗 *Omocestus haemorrhoidalis haemorrhoidalis* (Charpentier, 1825)（彩图 75）

Gryllus haemorrhoidalis Charpentier, 1825. Hor. Ent. : 165.

Omocestus haemorrhoidalis ciscaucasicus Mistshenko, 1951. in Bey-Bienko et Mishchenko, Opred. Faune SSSR 40:476. N. Caucasus.

Omocestus haemorrhoidalis fantinus Fruhstorfer, 1921. Arch. Natg. 87:110. Abt. A Haft 5. Central Europe.

Omocestus haemorrhoidalis hyalosuperficies Voroncovsky, 1928. Bull. Orenburg Plant Prot. Sta. 1:27～39. pt 1:8. Orenburg.

Omocestus haemorrhoidalis obscurus Schirmer, 1913. Ent. Rundschau 30:88.

Omocestus haemorrhoidalis viridis Schirmer, 1913. Ent. Rudsch. 30:88.

Omocestus haemorrhoidalis haemorrhoidalis Fieber, 1853. Lotos, Ⅲ. p. 103. n. 15.

Omocestus haemorrhoidalis Bolivar, 1876. Orthopt. Espan. p. 111.

Stenobothrus haemorrhoidalis Fischer, 1853. Orth. Eur. p. 334. n. 15, pl. 16.

Stenobothrus haemorrhoidalis nebulosa Brunner, 1882, Prodr. Eur. Orth. France, p. 115.

Stenobothrus montivagus Azam, 1908. Bull. Soc. Ent. France p. 9.

彩图 75 红腹牧草蝗 *Omocestus haemorrhoidalis haemorrhoidalis* (Charpentier)
1. 背面观（雄性）；2. 侧面观（雄性）；3. 侧面观（雌性）；4. 背面观（雌性）

雄性体长 11.7～14.1mm，雌性体长 18.0～18.7mm。体绿色或黑褐色。前胸背板侧隆线前半段外侧及后半段内侧具黑色带纹（图 98，①②）。颜面隆起全长略凹陷，雌性颜面隆起在中单眼之下低凹。复眼纵径为眼下沟长的 1.7 倍（雄性）或 1.2 倍（雌性）。头侧窝呈长方形。前胸背板后横沟位于中部，侧隆线在沟前区弧形弯曲，后缘中央不突出（图 98，②）。前翅较长，到达或超过后足股节的端部。雄性径脉域有密的横脉,径脉域与亚前缘脉域宽约相等;中脉域较宽,约为肘脉域宽的2倍。雌性径脉域甚宽于亚前缘脉域之宽,中脉域宽为肘脉域宽的1.5～2倍(图98,④⑤)。后翅顶端暗色。鼓膜器呈宽缝状。后足股节内侧、底侧黄褐色,末端褐色。后足胫节黑褐色。腹部背面和下面红色。雄性下生殖板呈短锥形(图98,⑥)。雄性阳茎基背片呈桥状,具锚状突出,冠突大,如图98,⑧;阳茎复合体色带连片的基部有线弧形凹口如图98,⑨。

一年发生一代,以卵在土中越冬。卵6月初开始孵化,6月中旬进入孵化盛期,6月下旬至7月初大部分蝗蝻进入四龄和五龄期,7月上旬有少量成虫羽化,7月中、下旬成虫大量羽化并进入活动盛期。主要以禾本科牧草为食,为害多种牧草。

分布:内蒙古赤峰市、呼伦贝尔市、兴安盟、锡林郭勒盟、鄂尔多斯市、阿拉善盟,山西,甘肃,新疆,青海。

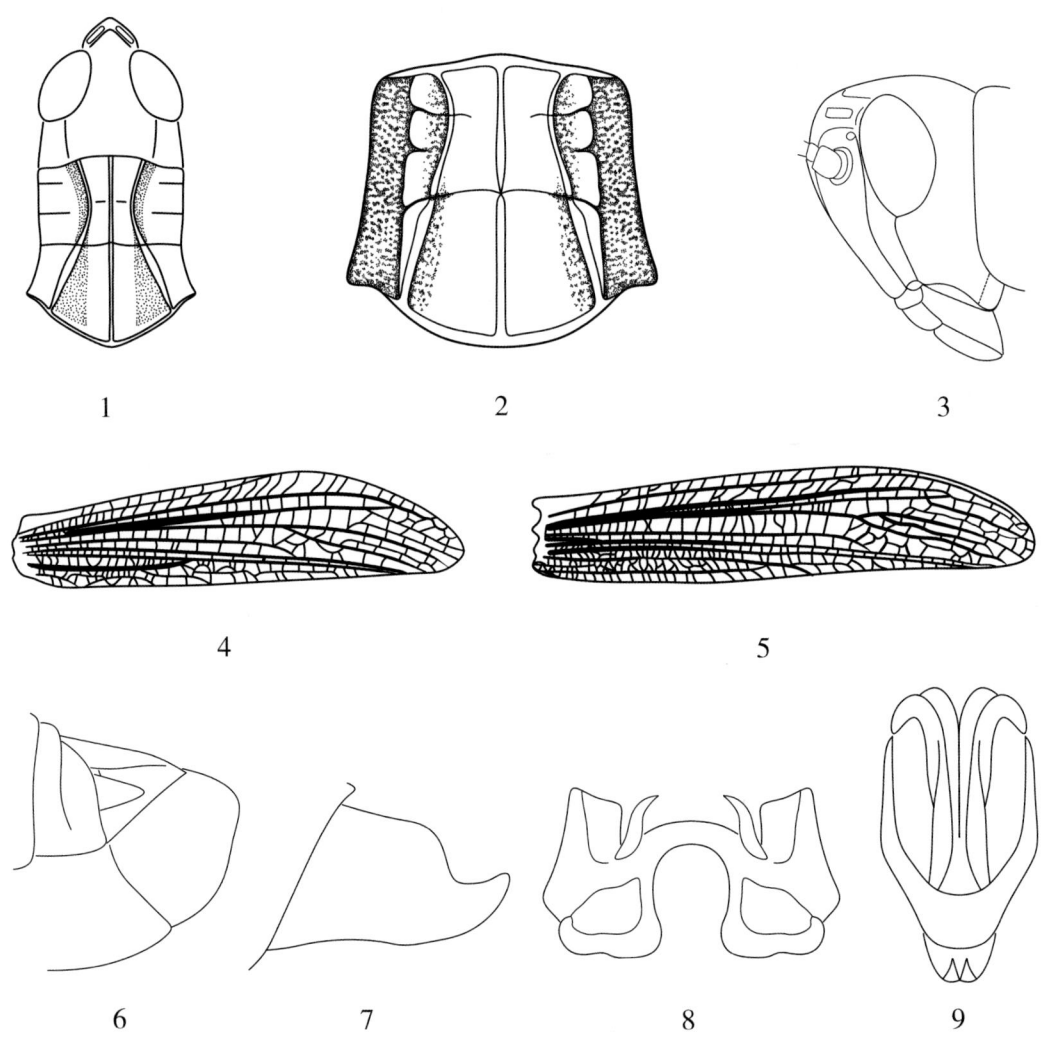

图98 红腹牧草蝗 *Omocestus haemorrhoidalis haemorrhoidalis* (Charpentier)(1～9)

1.头、前胸背板背面观(雌性);2.前胸背板背面观(雄性);3.头侧面观;4.前翅(雄性);5.前翅(雌性);6.腹部末端侧面观(雄性);7.上产卵瓣(雌性);8.阳茎基背片;9.阳茎复合体

(76)红胫牧草蝗 Omocestus ventralis Zetterstedt, 1821 （彩图76）

Gryllus ventralis Zetterstedt, 1821. Orth. Suec. ; 89.

Stenobothrus ventralis (Zetterstedt); Brunner-Wattenwyl, 1882. Prodr. Eur. Orth. : 102, 103.

Omocestus ventralis (Zetterstedt); Chopard, 1922. Faune de France. Orthopteres et Dermapteres: 126, 147.

雄性体长11.7～17.2mm,雌性体长12.7～20.0mm。雄性前翅长10.8～15.0mm,雌性前翅长16.7～19.2mm。体中小型,雄性颊黑色。颜面倾斜。雄性复眼较大,纵径长为眼下沟长的1.75～2倍,雌性为1.25～1.5倍。触角呈丝状。头侧窝呈长方形,长为宽的2.5～3倍。前胸背板侧隆线在沟前区呈弧形弯曲,后缘中央突出(图99,①)。前翅发达,超过后足股节端部。雄性前翅径脉域较狭,顶端宽略小于亚前缘脉域最宽处;中脉域较狭,最宽处为肘脉域最宽处的1.25～1.5倍。后翅烟色,顶端暗色。后足胫节红色。雌性产卵瓣较短(图99,②)。下颚须和下唇须顶端数节淡色,其余各节黑色,但具淡色的端环。

分布:内蒙古包头市达尔罕茂明安联合旗,河北,新疆。

彩图76 红胫牧草蝗 *Omocestus ventralis* Zetterstedt
1. 背面观(雄性);2. 侧面观(雄性);3. 侧面观(雌性);4. 背面观(雌性)

(77)曲线牧草蝗 Omocestus petraeus (Brisout-Barneville, 1856) （彩图77）

Acridium petraeus Brisout-Barneville, 1855. Bull. Soc. Ent. France, (3)3:114.

Omostethus tesquorum Tarbinsky, 1930. Konowia, 9:184.

Stenobothrus petraeus Friv., 1867. Ertek. Termesz. Kor. I. (12) p. 156. n. 17. pl. 6.

雄性体长10.7～13.2mm,雌性体长13.6～17.3mm。体小型,褐色。前胸背板具"X"形淡色纹。头顶短宽。颜面倾斜,颜面隆起宽平。触角呈丝状,到达前胸背板的后缘。复眼纵径约为复眼间最宽处的2.5倍,雄性纵径为眼下沟长的2～2.3倍;雌性复眼较小,纵径约为眼下沟长的1.7倍。前胸背板侧隆线在沟前区呈角形弯曲(图99,③),后横沟位于中部,后缘呈钝角形突出。雄性前翅狭长,略不到达后足胫节端部;雌性前翅较短,不到达后足股节的端部。前翅径脉域近顶端的宽与亚前缘脉域的宽约相等;中脉域较宽,具4～5个暗色斑点,其宽为肘脉域宽的2～2.5倍。后足股节膝部色较暗。后足胫节黄褐色。雌性产卵瓣较短粗,下产卵瓣端部略弯曲(图99,④)。

一年发生一代,以卵在土中越冬。为害禾本科和菊科牧草。

分布:内蒙古赤峰市、呼伦贝尔市、阿拉善盟,陕西,新疆。

彩图77 曲线牧草蝗 *Omocestus petraeus* (Brisout-Barneville)
1.背面观(雄性);2.侧面观(雄性);3.侧面观(雌性);4.背面观(雌性)

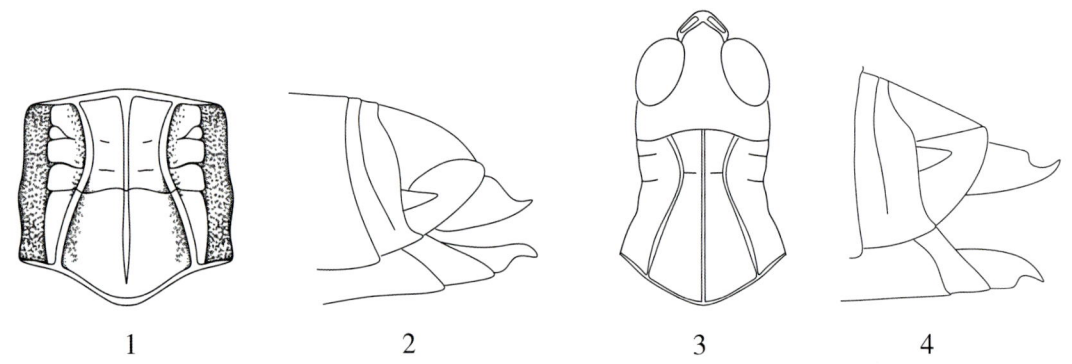

图99 红胫牧草蝗 *Omocestus ventralis* Zetterstedt (1～2),
曲线牧草蝗 *Omocestus petraeus* (Brisout-Barneville) (3～4)

1和2.红胫牧草蝗 *Omocestus ventralis*,1.前胸背板背面观,2.腹部末端侧面观(雌性);3和4.曲线牧草蝗 *Omocestus petraeus*,3.头、前胸背板背面观(雌性),4.腹端侧面观(雌性)

40. 雏蝗属 *Chorthippus* Fieber, 1852

Chorthippus Fieber, 1852. Kelch, Orth. Oberschlesiens, p. 1.

模式种: ***Acrydium albomarginatus* De Geer, 1773**

体中小型。头短于前胸背板。头顶端常呈钝角或直角,雄性有时呈锐角形。头侧窝呈狭长四方形。颜面隆起具纵沟。前胸背板中隆线较低,侧隆线平行或在沟前区略弯曲或明显呈弧形、角形弯曲;后横沟明显,切断中隆线和侧隆线。前胸腹板在两前足基部之间平坦或前缘略隆起。后胸腹板侧叶在后端明显分开。前翅发达或短缩,有时雌性呈鳞片状,侧置,在背部分开,但雄性前翅在背部均毗连;缘前脉域在基部扩大,顶端不到达或到达翅中部。后翅前缘脉和亚前缘脉不弯曲,径脉近顶端部分不增粗。后足股节膝侧片顶端呈圆形,内侧下隆线具发达的音齿。后足胫节顶端缺外端刺。跗节爪对称,其长彼此等长(图113,⑤);爪中垫较大。鼓膜器发达,呈卵圆形或狭缝状。雄性下生殖板呈短锥形。雌性产卵瓣粗短,上产卵瓣上外缘无细齿,下生殖板后缘常呈角状突出。

本属内蒙古有 4 个亚属:黑翅亚属 *Megaulacobothrus* Caudell,直隆亚属 *Chorthippus* Fieber,曲隆亚属 *Glyptobothrus* Chopard,短翅亚属 *Altichorthippus* Jago。

内蒙古草地常见雏蝗属 *Chorthippus* Fieber 分亚属检索表

1(2)雌、雄两性前、后翅均为暗褐色或黑色。雄性前翅宽长,前缘脉和亚前缘脉明显弯曲(图100,②) ……………………………………………………………………………… **黑翅亚属 *Megaulacobothrus* Caudell**

2(1)雌、雄两性前、后翅非黑色或暗褐色,多本色透明。雄性前翅较狭,前缘脉和亚前缘脉不明显弯曲,较直。

3(4)雌、雄两性前胸背板侧隆线平行或几乎平行,侧隆线间最宽处等于或略大于最狭处(不到3.4倍)(图103,④⑤)。雌、雄两性前翅发达,通常超过后足股节 …………… **直隆亚属 *Chorthippus* Fieber**

4(3)雌、雄两性前胸背板侧隆线在沟前区呈角形或弧形弯曲,在沟后区明显扩大;侧隆线间最宽处为最狭处的1.4倍以上(图114,①)(图112,⑦),如不到1.4倍,则雌、雄两性前翅短缩,其顶端不到达腹部末端。

5(6)雌、雄两性前、后翅发达,雄性前翅顶端通常到达或超过后足股节顶端,如到达或略不到达腹部末端,则其后翅宽大,不显著短于前翅,几乎与前翅等长,且后足股节端部为淡色或浅棕色;雌性前翅顶端通常超过第 6 腹节 ………………………………………………… **曲隆亚属 *Glyptobothrus* Chopard**

6(5)雌、雄两性前、后翅通常不发达,其顶端不到达腹部末端,有时雄性前翅到达或略超过腹部末端,则其后翅也比前翅短小,且后足股节端部为褐色或黑色;雌性前翅一般不超过第 6 腹节,如超过则后足股节端部黑色或前翅缘前脉域狭长,超过前翅的中部 ……………………… **短翅亚属 *Altichorthippus* Jago**

A. 黑翅亚属 *Megaulacobothrus* Caudell, 1921

Megaulacobothrus Caudell, 1921. Proc. Ent., Soc. Wash. 23 (2):27.

Storozhenko,S. Yu. ,2002. To the knowledge of the Genus *Chorthippus* Fieber, 1852 and related genera (Orthoptera:Acrididae),Far East Branch of the Russian Entomological Society and Laboratory Entomology,Institute of Biology and Soil Science Vladivostok. 2002,113:1～9.

2002 年 Storozhenko,S. Yu,将此亚属提升为独立的属 *Megaulacobothrus* Caudell, 1921。

触角呈丝状。头侧窝呈四方形,明显。鼓膜孔呈卵圆形。爪对称。雌、雄两性前、后翅均为暗褐色或黑色。雄性前翅宽长,前缘脉和亚前缘脉明显弯曲(图100,②)。

本亚属内蒙古有 4 个种：黑翅雏蝗 *Chorthippus*（*Megaulacobothrus*） *aethalinus* (Zubovsky),中华雏蝗 *Chorthippus*（*Megaulacobothrus*） *chinensis* Tarbinsky,侧翅雏蝗 *Chorthippus*（*Megaulacobothrus*） *latipennis*（Bolivar）,红胫雏蝗 *Chorthippus*（*Megaulacobothrus*） *rufitibis* Zheng。

内蒙古草地常见黑翅亚属 *Megaulacobothrus* Caudell 分种检索表

1(6)雌、雄两性体形较大,雄性体长一般大于18.0mm,雌性体长大于24.0mm。后足股节内侧发音齿若不足 10 粒,则鼓膜孔非狭缝状。

2(3)雄性前翅亚前缘脉域狭,最宽处小于前缘脉域最宽处。雌性亚前缘脉域最宽处为肘脉域宽的 1.5～2 倍(图 101,④) ……………………… 中华雏蝗 *Chorthippus*（*Megaulacobothrus*） *chinensis* **Tarbinsky**

3(2)雄性前翅亚前缘脉宽,最宽处不小于前缘脉域的最宽处。雌性中脉域狭,不宽于肘脉域宽。

4(5)雄性前翅径脉域狭,其 RS 脉基部分支处的宽处狭于亚前缘脉域宽的 1.5 倍。雌性前翅不达后足股节顶端 ……………………… 侧翅雏蝗 *Chorthippus*（*Megaulacobothrus*） *latipennis*（**Bolivar**）

5(4)雄性前翅径脉域宽,RS脉基部宽分支处为亚前缘脉域基部宽的 1.25～1.75 倍(图100,②);雌性前翅到达或超过后足股节顶端 ……… 黑翅雏蝗 *Chorthippus*（*Megaulacobothrus*） *aethalinus*（**Zubovsky**）

6(1)体形较小,雄性体长小于17.0mm,雌性体长小于 24.0mm。若后足股节内侧发音齿超过 150 粒,则鼓膜孔长为宽的 3 倍。前翅前缘脉域宽为亚前缘脉域宽的 1.3 倍 ……………………………………………………………………… 红胫雏蝗 *Chorthippus*（*Megaulacobothrus*） *rufitibis* **Zheng**

(78)黑翅雏蝗 *Chorthippus*（*Megaulacobothrus*） *aethalinus*（Zubovsky, 1899）（彩图 78）

Stenobuthrus aethalinus Zubovsky,1899. Russ. Ent. ,32:600.

雄性体长 17.0～19.0mm,雌性体长 22.0～26.0mm。体暗褐色。前胸背板沿侧隆线有宽的黑色纵带(图100,①)。前翅褐色,后翅黑色。头侧窝呈四角形。颜面隆起较狭,全长具纵沟。复眼纵径为眼下沟长的 1.2(雌性)～1.6 倍(雄性)。前胸背板中隆线明显,侧隆线在沟前区明显呈角形弯曲,在沟后区较宽地分开(图100,①);后横沟位于中部,并切断中、侧隆线。雄性前翅宽而长,翅顶呈圆形;亚前缘脉域等于或略宽于前缘脉域宽,径脉域在径脉分枝处的宽度大于亚前缘脉域的宽,亚前缘脉甚弯曲(图 100,②);中脉域宽于肘脉域。雌性前翅较狭长,到达或超过后足股节顶端,中脉域等于或略宽于肘脉域。后足股节内侧具音齿。后足第 1 跗节长等于或略大于第 2、3 节长之和。爪中垫大。鼓膜孔呈宽缝状(图100,③)。雄性肛上板呈三角形;尾须呈锥形,到达肛上板顶端;下生殖板呈短锥形。雌性肛上板呈三角形,中央具宽纵沟;尾须呈短锥形;产卵瓣短,上产卵瓣之上外缘光滑(图100,④);下生殖板后缘中央呈三角形突出。雄性阳茎基背片如图100,⑤,阳茎复合体如图100,⑥。

分布:内蒙古赤峰市、呼伦贝尔市、兴安盟、锡林郭勒盟、阿拉善盟,黑龙江,吉林,河北,山西,陕西,甘肃,宁夏。

彩图78 黑翅雏蝗 *Chorthippus*（*Megaulacobothrus*）*aethalinus*（Zubovsky）
1.背面观(雄性);2.侧面观(雄性);3.侧面观(雌性);4.背面观(雌性)

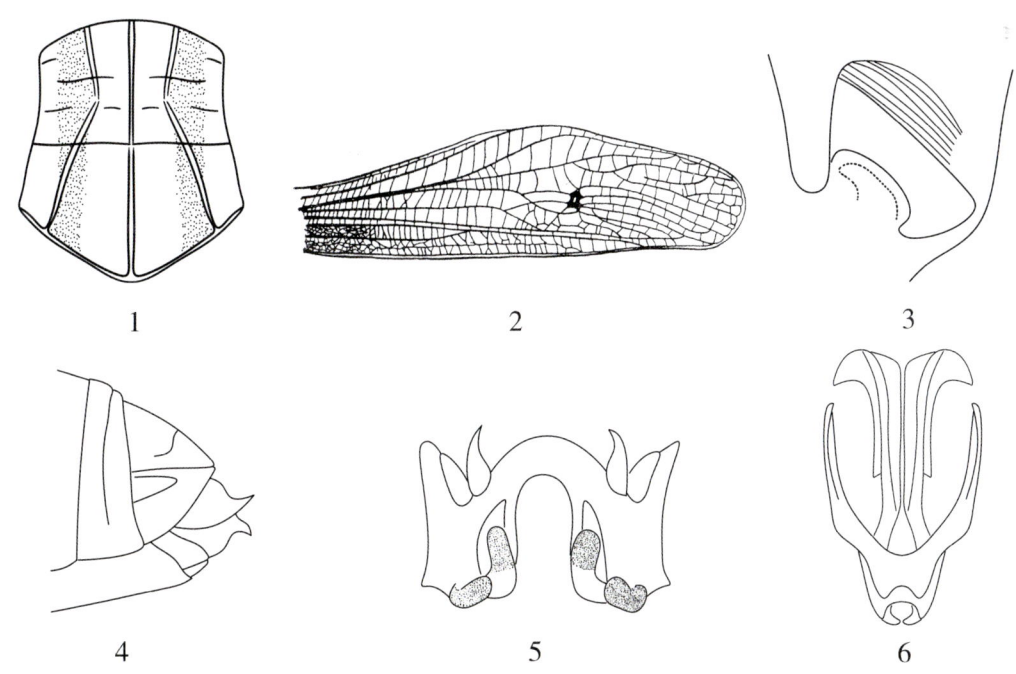

图100 黑翅雏蝗 *Chorthippus*（*Megaulacobothrus*）*aethalinus*（Zubovsky）(1~6)
1.前胸背板背面观(雌性);2.前翅(雄性);3.鼓膜器;4.腹部末端侧面观(雌性);5.阳茎基背片;6.阳茎复合体

(79) 中华雏蝗 *Chorthippus* (*Megaulacobothrus*) *chinensis* Tarbinsky, 1927（彩图 79）

Chorthippus(*Stauriderus*)*chinensis* Tarbinsky,1927. Konowia,6:202.

雄性体长 17.5～23.0mm,雌性体长 21.0～27.0mm。体暗褐色。前胸背板沿侧隆线具明显的黑色纵带（图 101,①～③）。头顶呈锐角形。头侧窝呈四角形。颜面隆起具浅纵沟。复眼呈长卵形。前胸背板中隆线明显,侧隆线呈角形弯曲（图 101,①③）,沟前区长几乎等于沟后区之长。中胸腹板侧叶间中隔近方形。雄性前翅褐色,超过后足股节顶端,前缘脉及亚前缘脉弯曲呈"S"形,亚前缘脉域明显狭于前缘脉域最宽处的 1.3 倍,径脉域较宽,在径脉分枝处之宽明显大于亚前缘脉域最宽处（图 101,④）；后翅黑褐色。雌性前翅较狭,刚到达后足股节顶端,中脉域宽明显大于肘脉域宽的 1.5～2 倍；后翅与前翅等长。后足股节外侧及上侧具 2 个黑色横斑,内侧基部具黑色斜纹,下侧橙黄色,膝部黑色。后足胫节橙黄色。鼓膜孔呈宽狭缝状。雄性肛上板呈三角形,中部具横脊；尾须呈圆锥形；下生殖板呈短锥形,顶较尖。雌性下生殖板后缘中央呈三角形突出,上产卵瓣之上外缘无细齿（图 101,⑦）。雄性阳茎基背片如图 101,⑤,阳茎复合体如图 101,⑥。

分布：内蒙古赤峰市、呼伦贝尔市、阿拉善盟贺兰山,四川,陕西,甘肃,贵州。

彩图 79　中华雏蝗 *Chorthippus* (*Megaulacobothrus*) *chinensis* Tarbinsky
1.背面观(雄性)；2.侧面观(雄性)；3.侧面观(雌性)；4.背面观(雌性)

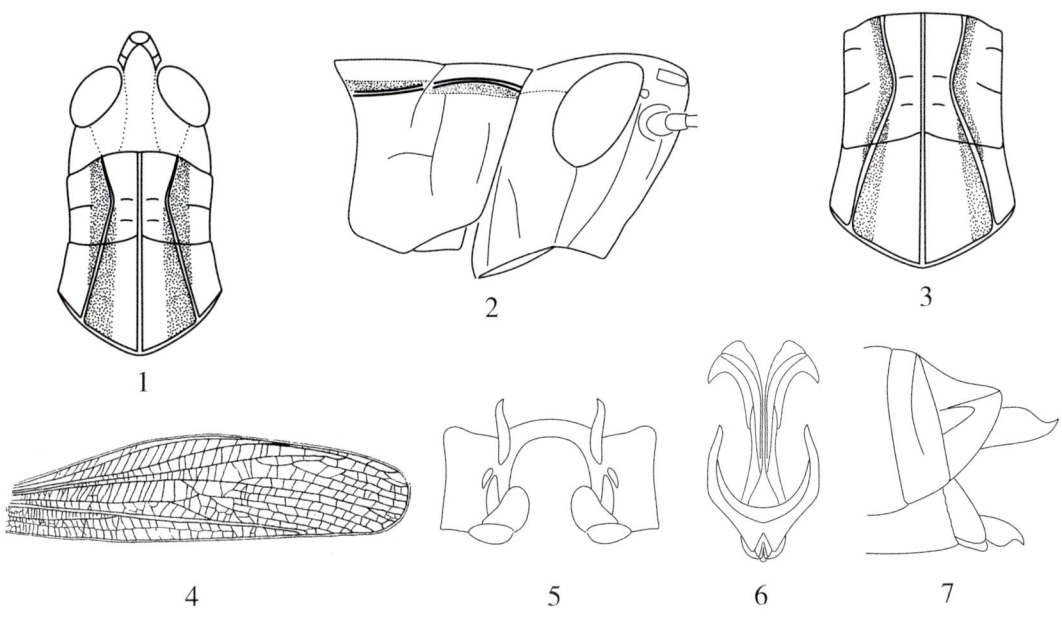

图101 中华雏蝗 Chorthippus (Megaulacobothrus) chinensis Tarbinsky (1～7)
1.头、前胸背板背面观(雄性);2.头、前胸背板侧面观(雄性);3.前胸背板背面观(雌性);4.前翅(雄性);5.阳茎基背片;6.阳茎复合体;7.腹部末端侧面观(雌性)

(80)侧翅雏蝗 Chorthippus (Megaulacobothrus) latipennis (Bolivar, 1898) (彩图80)

Stenobothrus latipennis Bolivar, 1898. Ann. Mus. Siv. Stor. Nat. Genova, 39:83.

Stenobothrus fumatus Shiraki, 1910. Acrididen Japans: 2, 23, 25.

Chorthippus latipennis (Bolivar); Bey-Bienko and Mistshenko, 1951. Acridoidea of the USSR and adjacent countries: 505.

彩图80 侧翅雏蝗 Chorthippus (Megaulacobothrus) latipennis (Bolivar)
1.背面观(雄性);2.侧面观(雄性);3.侧面观(雌性);4.背面观(雌性)

雄性体长 18.0～20.0mm，雌性体长 23.0～25.0mm。本种近似于黑翅雏蝗 *Chorthippus* (*Megaulacobothrus*) *aethalinus* (Zubovsky)。雌、雄两性前胸背板侧隆线在沟前区呈弧形弯曲。雄性前翅超过后足股节顶端，亚前缘脉域等于或略宽于前缘脉域，径脉域较狭，径脉域在径脉分枝处的宽明显狭于亚前缘脉域的宽，亚前缘脉稍弯曲。雌性前翅较短，不到达或刚到达后足股节的顶端。雄性后足股节内侧具音齿 158(±19)。雌、雄两性后翅均呈暗棕色。

分布：内蒙古兴安盟突泉县，河北，山西，山东。

(81)红胫雏蝗 *Chorthippus* (*Megaulacobothrus*) *rufitibis* Zheng,1989（彩图 81）

Chorthippus(*Megaulacobothrus*) *rufitibis* Zheng, 1989. Acta Entomologica Sinica，32(4)：462～464.

雄性体长 16.0～17.0mm，雌性体长约 22.0mm。体暗褐色。头顶具中隆线，侧缘隆线明显。头侧窝长为宽的 2～2.6 倍。颜面隆起具纵沟。复眼纵径为眼下沟长的 1.5 倍。前胸背板中央具黄褐色纵带，两侧具黑色纵带，中隆线和侧隆线明显，侧隆线呈弧形弯曲，后横沟切断中隆线和侧隆线，沟后区长为沟前区长的 1.3 倍。前翅宽，暗褐色，明显超过后足股节顶端；翅顶端呈圆形；前缘脉和亚前缘脉明显"S"形弯曲；前缘脉域最宽处为亚前缘脉域最宽处的 1.3 倍，而与径脉分枝处径脉域等宽；中脉域宽为肘脉域的 1.6 倍（图 102,①）。后翅黑褐色，与前翅等长。雌性前翅略超过后足股节顶端，前缘脉域略狭于径脉域，径脉域最宽处为亚前缘脉域的 1.87 倍。后足股节外侧黄褐色，具不明显的 2 个暗色斑，上侧中隆线在顶端呈刺状。后足胫节橘红色，基部黑色，缺外端刺。鼓膜孔宽狭缝状。肛上板呈三角形。尾须呈长锥形。雄性下生殖板呈短锥形。雌性下生殖板后缘呈角状突出，产卵瓣粗短。雄性阳茎基背片如图 102,②，阳茎复合体如图 102,③。

分布：内蒙古阿拉善盟贺兰山，宁夏。

彩图 81　红胫雏蝗 *Chorthippus* (*Megaulacobothrus*) *rufitibis* Zheng
1.背面观(雄性)；2.侧面观(雄性)

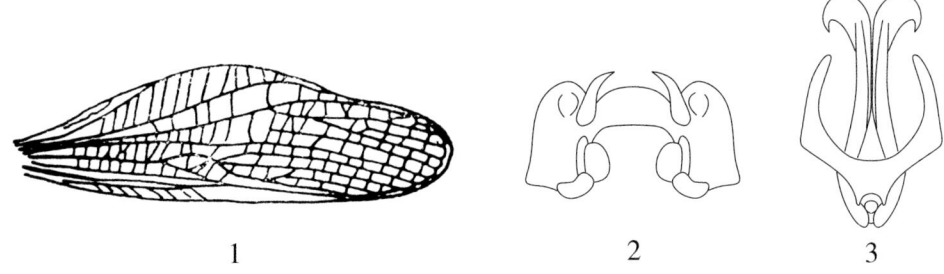

图 102 红胫雏蝗 *Chorthippus* (*Megaulacobothrus*) *rufitibis* Zheng（1~3）
1.前翅（雄性）；2.阳茎基背片；3.阳茎复合体

B. 直隆亚属 *Chorthippus* Fieber, 1852

Chorthippus Fieber,1852. Kelch Orth. Oberschles. 1.

雌、雄两性前胸背板侧隆线平行或几乎平行（图 103,④~⑤），侧隆线间最宽处等于或略大于最狭处。前翅超过后足股节顶端，前缘脉、亚前缘脉直而不弯曲。后翅透明，本色、非黑色或暗色。

本亚属内蒙古有 4 个种（包括 3 个亚种），白边雏蝗 *Chorthippus* (*Chorthippus*) *albomarginatus* (De Geer)〔此种包括 3 个亚种，白边雏蝗 *Chorthippus* (*Chorthippus*) *albomarginatus albomarginatus* (De Geer)、*Chorthippus* (*Chorthippus*) *albomarginatus callginosus* Mistshenko、*Chorthippus* (*Chorthippus*) *albomarginatus karelini* (Uvarov)〕，阿拉善雏蝗 *Chorthippus* (*Chorthippus*) *alxaensis* Zheng, 红足雏蝗 *Chorthippus* (*Chorthippus*) *burrilegus* Zheng et Xin，翠饰雏蝗 *Chorthippus* (*Chorthippus*) *dichrous* (Eversmann)。

内蒙古草地常见直隆亚属 *Chorthippus* (*Chorthippus*) Fieber 分种检索表

1(2)雌、雄两性前翅前缘脉域狭长，超过前翅中部；缺中闰脉（图 103,①）；中脉自翅中部开始向下弯曲；径脉域明显加宽。前胸背板后横沟明显位于偏后，沟前区稍长于沟后区（图 103,⑤）……………………………… 白边雏蝗 *Chorthippus* (*Chorthippus*) *albomarginatus albomarginatus* (De Geer)
2(1)雌、雄两性前翅前缘脉域短，不到达前翅中部（雌性常超过）；常具中闰脉；中脉直或自翅中部略向下弯曲；径脉域不明显加宽（图 104,①）。前胸背板后横沟位于近中部，沟后区与沟前区几乎等长 ………
…………………………… 翠饰雏蝗 *Chorthippus* (*Chorthippus*) *dichrous* (Eversmann)

(82)白边雏蝗 *Chorthippus* (*Chorthippus*) *albomarginatus albomarginatus* (De Geer, 1773)（彩图 82）

Acrydium albomarginatus De Geer,1773. Mem. Ins. ,3:480.
Gryllus elegans Charpentier,1825. Hor. Ent. :153.

彩图 82　白边雏蝗 *Chorthippus* (*Chorthippus*) *albomarginatus albomarginatus* (De Geer)
1.背面观(雄性);2.侧面观(雄性);3.侧面观(雌性);4.背面观(雌性)

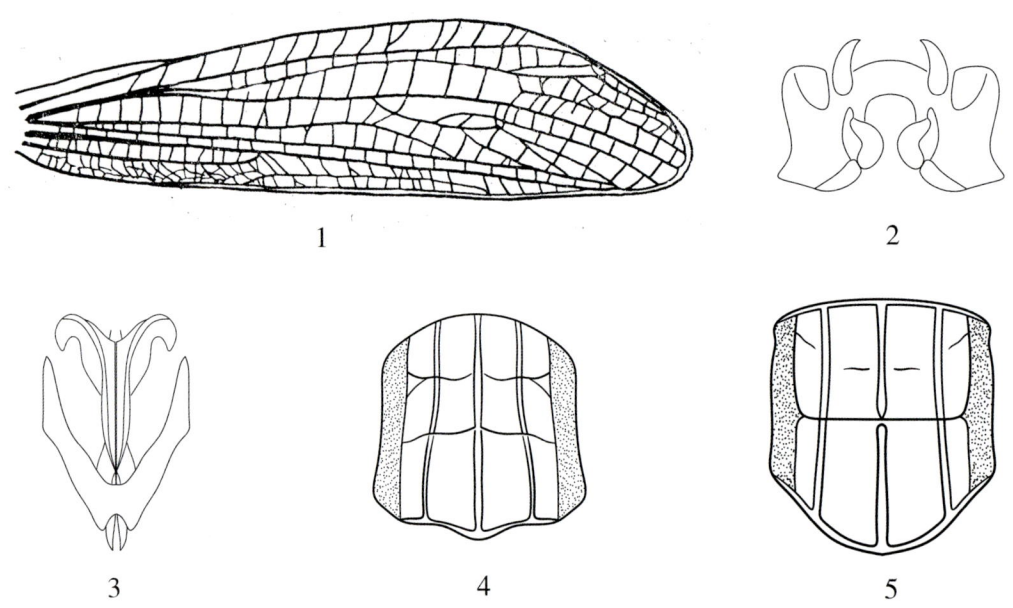

图 103　白边雏蝗 *Chorthippus albomarginatus albomarginatus* (De Geer)(1～3),
Chorthippus parallelus parallelus(4);白边禾草雏蝗 *Chorthippus albomarginatus callginosus* (5)
1～3.白边雏蝗 *Chorthippus albomarginatus albomarginatus*,1.前翅(雄性),2.阳茎基背片,3.阳茎复合体;4.*Chorthippus parallelus parallelus*,前胸背板背面观(雌性);5.白边禾草雏蝗 *Chorthippus albomarginatus callginosus*,前胸背板背面观(雌性)

Oedipoda tricarinata Stephens,1835,Illustr,Brit. Ent. ,6:23.

Gryllus blandus Fischer-Waldheim,1846. Nouv. Mem. soc. Imp. Natur. Moscou 8:309.

雄性体长 15.3～16.7mm,雌性体长 20.6～22.2mm。体褐色。前翅前缘脉域基部常具白色纵纹。头侧窝呈狭长四角形。触角细长。前胸背板中隆线明显,侧隆线直,不弯曲;后横沟位于前胸背板中部偏后,沟前区稍长于沟后区。雌、雄两性前翅发达,不到达或刚到达或略超过后足股节顶端;缘前脉域狭长,超过前翅中部;缺中闰脉;径脉呈"S"形弯曲,尤其在中脉域顶端处明显弯曲;中脉近径脉的中部呈钝角形弯曲;径脉域明显宽(图 103,①);雌性中脉域和肘脉域均无中闰脉。后翅与前翅等长。后足股节内侧基部无暗色斜纹,顶端及胫节基部通常淡色,内侧下隆线的音齿在基部排列整齐,音齿呈圆形。足跗节爪对称。雄性阳茎基背片如图 103,②,阳茎复合体如图 103,③。

分布:内蒙古赤峰市、呼伦贝尔市、兴安盟、锡林郭勒盟,黑龙江,新疆。

(83)翠饰雏蝗 *Chorthippus*(*Chorthippus*)*dichrous*(Eversmann,1859)（彩图 83）

Oedipoda dichroa Eversmann,1859. Bull. Soc. Nat. Mosc. ,32:132.

Chorthippus dorsatus laratus Snojko,1928. Russ. Ent. ,22:188.

Chorthippus dorsatus dichrous(Eversmann);Bey-Bienko and Mistshenko,1951. Acridoidea of the USSR and adjacent countries:540～541.

雄性体长 14.7～19.0mm,雌性体长 17.8～30.0mm。体黄褐色,有时背面呈棕褐色。头侧窝狭长,颜面隆起有宽而浅的纵沟。前胸背板中隆线明显,侧隆线较直,两侧隆线几乎平行,侧隆

彩图 83 翠饰雏蝗 *Chorthippus*(*Chorthippus*)*dichrous*(Eversmann)
1.背面观(雄性);2.侧面观(雄性);3.侧面观(雌性);4.背面观(雌性)

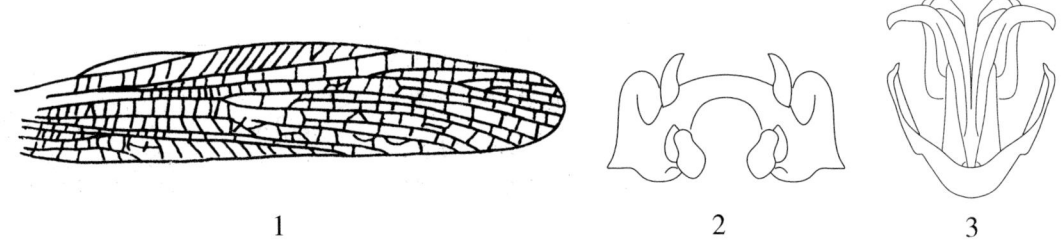

图 104 翠饰雏蝗 Chorthippus（Chorthippus）dichrous（Eversmann）（1～3）
1. 前翅（仿夏凯玲）；2. 阳茎基背片；3. 阳茎复合体

线间最宽处约等于或略大于最狭处之宽；前、中横沟不发达；后横沟明显，位于近中部，切断中、侧隆线，沟前区与沟后区几乎等长。前翅发达，常超过后足股节顶端；前翅常具细碎褐色斑点，缘前脉域宽而短，通常不超过前翅中部，常具闰脉；径脉域不明显加宽；前缘脉域最宽处为亚前缘脉域最宽处的 1.3～1.5 倍，而为径脉域最宽处的 2 倍；中脉域较直或自翅中部略向下弯曲，其最宽处略大于肘脉域之宽，和前缘脉域最宽处约等宽（图 104，①）。后翅发达，几乎与前翅等长，本色透明。后足股节匀称，黄褐色。后足胫节黄褐色。鼓膜孔呈半圆形。尾须呈圆柱形。雄性下生殖板呈短锥形。雌性产卵瓣较长，上产卵瓣上外缘光滑无细齿，下产卵瓣近端部具凹陷。雄性阳茎基背片如图 104，②，阳茎复合体如图 104，③。

分布：内蒙古阿拉善盟贺兰山，宁夏，新疆。

C. 曲隆亚属 Glyptobothrus Chopard, 1951

Glyptobothrus Chopard, 1951, Fa. de France, 56:292

前胸背板侧隆线呈角形弯曲或弧形弯曲（图 108，①）（图 106，②）。前、后翅发达，前翅到达或超过后足股节的顶端，若前翅不达腹部末端，则后翅大，与前翅几乎等长。后足股节端部浅色或棕色。

本亚属内蒙古有 10 个种：白纹雏蝗 Chorthippus（Glyptobothrus）albonemus Chen et Tu、中宽雏蝗 Chorthippus（Glyptobothrus）apricarius apricarius（Linnaeus）、异色雏蝗 Chorthippus（Glyptobothrus）biguttulus（Linnaeus）、褐色雏蝗 Chorthippus（Glyptobothrus）brunneus（Thunberg）、狭翅雏蝗 Chorthippus（Glyptobothrus）dubius Zubovsky、夏氏雏蝗 Chorthippus（Glyptobothrus）hsiai Cheng et Tu、呼城雏蝗 Chorthippus（Glyptobothrus）huchengensis Xia et Jin、黑背雏蝗 Chorthippus（Glyptobothrus）ateridorsus Jia et Liang、科尔沁雏蝗 Chorthippus horqinensis Li et Yin、黄胫雏蝗 Chorthippus（Glyptobothrus）flavitibias Zheng et Wang。

内蒙古草地常见曲隆亚属 *Glyptobothrus* Chopard 分种检索表

1(4)鼓膜孔呈宽卵圆形,长为宽的2～3倍(图105,②)。

2(3)雌、雄两性前翅中脉域很宽,最宽处约等于或略大于径脉域、亚前缘脉域、前缘脉域三者在同一切线处宽度的总和(图105,①) ⋯ **中宽雏蝗** *Chorthippus*（*Glyptobothrus*）*apricarius apricarius*（Linnaeus）

3(2)雌、雄两性前翅中脉域很狭,中脉域最宽处明显小于径脉域、亚前缘脉域、前缘脉域三者在同一切线处宽度的总和(图106,③)。前胸背板沟前区长与沟后区长约相等。中胸腹板侧叶间中隔近方形 ⋯⋯
⋯⋯⋯⋯⋯⋯⋯⋯⋯⋯⋯⋯⋯⋯⋯ **呼城雏蝗** *Chorthippus*（*Glyptobothrus*）*huchengensis* Xia et Jing

4(1)鼓膜孔呈狭缝状,长为宽的3～13倍(图108,⑧)。

5(8)雌、雄两性前翅发达,其顶端超过后足股节顶端。

6(7)雌、雄两性前胸背板侧隆线很弯曲,侧隆线间最宽处为最狭处的2.5～3倍,雄性前胸背板后横沟明显位于中部之前。雌、雄两性中胸腹板侧叶间中隔狭,狭处小于或等于其长度。前翅中脉域宽为肘脉域最宽处的1.1～1.5倍(图107,②) ⋯⋯⋯ **褐色雏蝗** *Chorthippus*（*Glyptobothrus*）*brunneus*（Thunberg）

7(6)雌、雄两性中胸腹板侧叶间中隔较宽,狭处明显大于其长度,如长宽相等,则前胸背板后横沟几乎位于中部,侧隆线间最宽处为最狭处的2倍。雌性前翅前缘脉域狭,其宽处等于或亚前缘脉域最宽处的1.5～2倍。前翅中脉域狭,最宽处不大于肘脉域最宽处之宽(图108,③) ⋯⋯⋯⋯⋯⋯⋯⋯⋯⋯⋯⋯⋯⋯⋯⋯⋯⋯⋯⋯⋯⋯⋯⋯ **异色雏蝗** *Chorthippus*（*Glyptobothrus*）*biguttulus*（Linnaeus）

8(5)雌、雄两性前翅较短,其顶端不超过后足股节顶端。

9(10)前胸背板侧隆线在沟前区不明显(图109,①)。雄性前翅肘脉域具中闰脉(图109,②) ⋯⋯⋯⋯⋯
⋯⋯⋯⋯⋯⋯⋯⋯⋯⋯⋯⋯⋯⋯⋯⋯⋯⋯ **夏氏雏蝗** *Chorthippus*（*Glyptobothrus*）*hsiai* Cheng et Tu

10(9)前胸背板侧隆线全长明显。

11(12)前胸背板侧隆线呈鲜明的黄白色"X"形纹(图110,①)。前翅前缘脉域具明显的黄白色宽条纹,中脉域具1列黑斑 ⋯⋯⋯⋯⋯⋯⋯⋯ **白纹雏蝗** *Chorthippus*（*Glyptobothrus*）*albonemus* Cheng et Tu

12(11)前胸背板侧隆线角形弯曲,后横沟位于中部之后。前胸背板侧隆线缺鲜明的黄白色"X"形纹,前翅前缘脉域缺黄白色宽条纹,中脉域缺黑斑(图111,②) ⋯⋯⋯⋯⋯⋯⋯⋯⋯⋯⋯⋯⋯⋯⋯⋯⋯⋯⋯⋯⋯⋯⋯⋯⋯⋯⋯⋯⋯⋯⋯⋯⋯⋯⋯⋯⋯ **狭翅雏蝗** *Chorthippus*（*Glyptobothrus*）*dubius* Zubovsky

(84)中宽雏蝗 *Chorthippus*（*Glyptobothrus*）*apricarius apricarius*（Linnaeus,1758）（彩图84）

Gryllus Locusta apricarius Linnaeus,1758. Syst. Nat.,Ed. X,1:433.

Stenobothrus finoti Saulcy,1887. Bull. Soc. Metz.（2）XVII:82.

雄性体长12.5～15.7mm,雌性体长16.1～19.5mm。体暗褐色。头侧窝呈狭长四角形。前胸背板侧隆线在沟前区呈弧形弯曲,后横沟切割中隆线和侧隆线。前、后翅发达,常超过后足股节的顶端。前翅前缘基部明显地凹陷,缘前脉域近基部明显扩大;中脉域很宽,最宽处等于或略大于径脉域、亚前缘脉域、前缘脉域三者在同一切线处总的宽(图105,①);前缘脉和亚前缘脉较直;亚前缘脉域较狭于前缘脉域宽。后翅透明。鼓膜孔呈宽卵形(图105,②)。后足股节顶端淡色,内侧具有暗色斜纹。

分布:内蒙古赤峰市、呼伦贝尔市,东北各省,新疆。

彩图84 中宽雏蝗 *Chorthippus*(*Glyptobothrus*) *apricarius apricarius*(Linnaeus)
1.背面观(雄性);2.侧面观(雄性);3.侧面观(雌性);4.背面观(雌性)

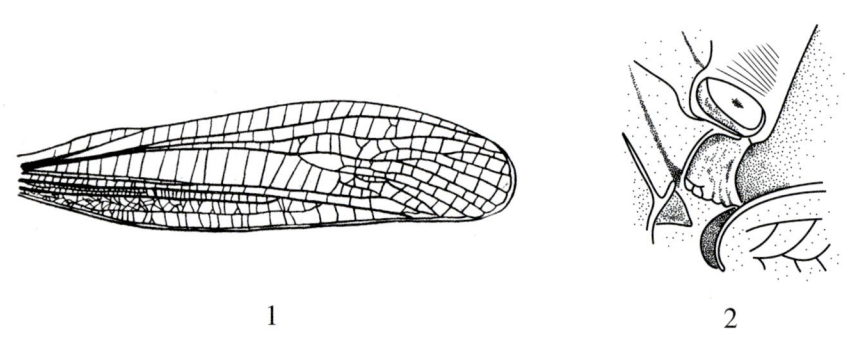

图105 中宽雏蝗 *Chorthippus*(*Glyptobothrus*) *apricarius apricarius*(Linnaeus)(1~2)
1.前翅(雄性);2.鼓膜器

(85)呼城雏蝗 *Chorthippus*(*Glyptobothrus*) *huchengensis* Xia et Jin,1982 (彩图85)

Chorthippus huchengensis Xia et Jin,1982. Entomotaxonomia,4(3):213~214.

雄性体长14.7~16.9mm,雌性体长约19.0mm。体中小型,黄褐色。雄性颜面隆起全长具纵沟,雌性自中单眼以下具纵沟(图106,①)。头侧窝呈长方形。前胸背板侧隆线在沟前区略呈弧形弯曲,在沟后区明显扩大(图106,②);后横沟位于中部。中胸腹板侧叶宽,中隔近方形。前翅发达,超过后足股节顶端,中脉域最宽处明显狭于径脉域、亚前缘脉域、前缘脉域三者在同一切线处总的宽,为肘脉域宽的 2.5～3 倍;缘前脉域具闰脉(图 106,③)。后翅透明,本色。后足股节匀称(图 106,④),上膝侧片为暗色。鼓膜孔呈宽卵形。雄性肛上板呈三角形,下生殖板端部钝圆。雌性产卵瓣粗短,端部呈钩状。雄性阳茎基背片如图 106,⑤,阳茎复合体如图 106,⑥。

分布:内蒙古呼和浩特市,河北,陕西,甘肃。

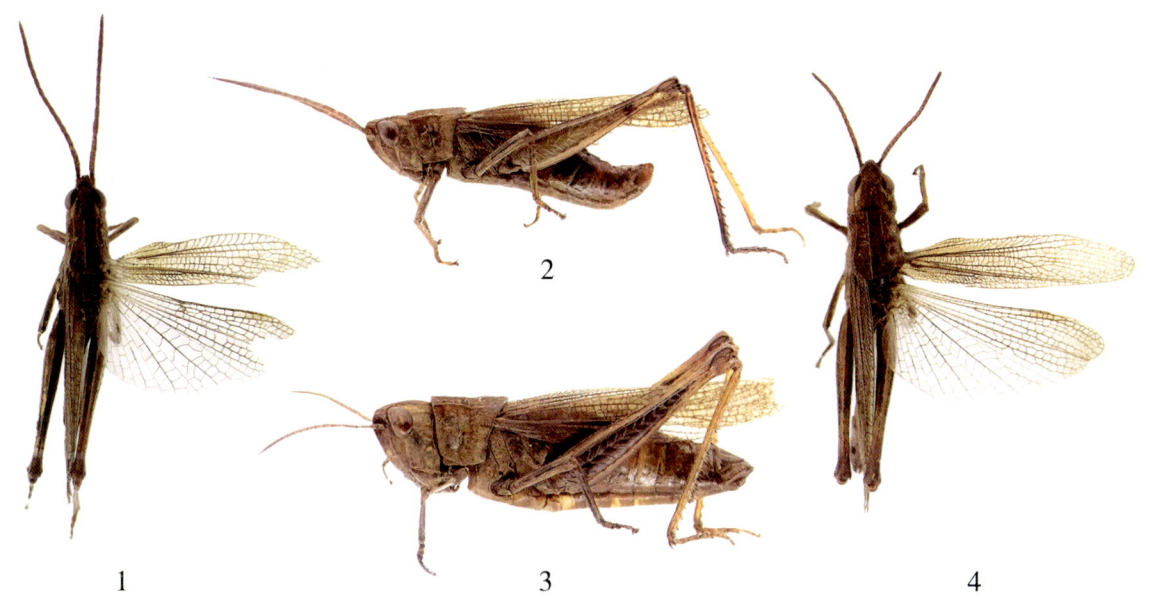

彩图 85　呼城雏蝗 Chorthippus (Glyptobothrus) huchengensis Xia et Jin
1.背面观(雄性);2.侧面观(雄性);3.侧面观(雌性);4.背面观(雌性)

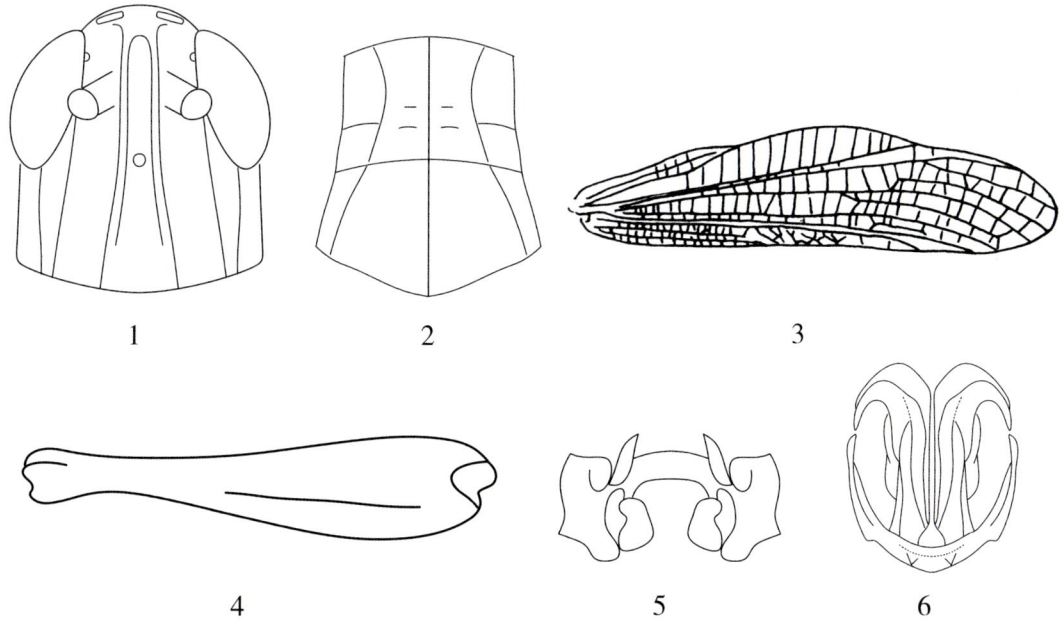

图 106　呼城雏蝗 Chorthippus (Glyptobothrus) huchengensis Xia et Jin (1～6)
1.头部正面观;2.前胸背板背面观;3.前翅;4.后足股节与音齿;5.阳茎基背片;6.阳茎复合体

(86)褐色雏蝗 *Chorthippus*(*Glyptobothrus*) *brunneus* (Thunberg, 1815)(彩图86)

Gryllus brunneus Thunberg,1815. Mem. Acad. Sci. St.-Petersb.,Ⅴ:249

Chorthippus bicolor Ander,1945. Ent. Tidtskr.,66:157～162.

Chorthippus brunneus huabeiensis Xia et Jin,1982. Entomotaxonomic,4(3),211～222.

Gryllus brunneus Charpentier,1825. Hor. Ent.:161.

雄性体长 14.0～18.0mm,雌性体长 20.0～25.0mm。体褐色。头顶前缘呈钝角形。头侧窝低凹,狭长四角形。颜面隆起较狭,中央低凹,具纵沟。前胸背板侧隆线在沟前区明显呈角形弯曲,侧隆线处具黑色纵纹,沟后区最宽处为沟前区最狭处的 2.3 倍;后横沟位于背板中部之前,沟前区明显短于沟后区(图107,①);前、中横沟不明显。前翅狭长,超过后足股节顶端,褐色,在翅顶 1/3 处具 1 淡色纹;缘前脉域有时具有较弱的闰脉,雌性缘前脉域长,到达前翅的 2/3 处;前缘脉域宽为亚前缘脉域宽的 2 倍,略大于中脉域宽,中脉域宽略大于肘脉域之宽(图107,②)。后翅本色透明,与前翅等长。后足股节内侧下隆线具音齿,后足股节内侧基部具黑色斜纹。后足胫节黄褐色。爪中垫宽大,超过爪之半。鼓膜孔呈狭缝状。肛上板呈三角形,中央具纵沟,不到达端部。尾须长为基部宽的 2 倍。雄性下生殖板顶端钝圆(图107,③)。雌性产卵瓣粗短,端部呈钩状(图107,④)。雄性阳茎基背片如图 107,⑤,阳茎复合体如图 107,⑥。

分布:内蒙古赤峰市、呼和浩特市、包头市、呼伦贝尔市、兴安盟、通辽市、锡林郭勒盟、乌兰察布市、巴彦淖尔市、阿拉善盟,黑龙江,吉林,辽宁,河北,山西,陕西,甘肃,宁夏,新疆,青海,西藏,北京。

彩图86 褐色雏蝗 *Chorthippus*(*Glyptobothrus*) *brunneus* (Thunberg)
1.背面观(雄性);2.侧面观(雄性);3.侧面观(雌性);4.背面观(雌性)

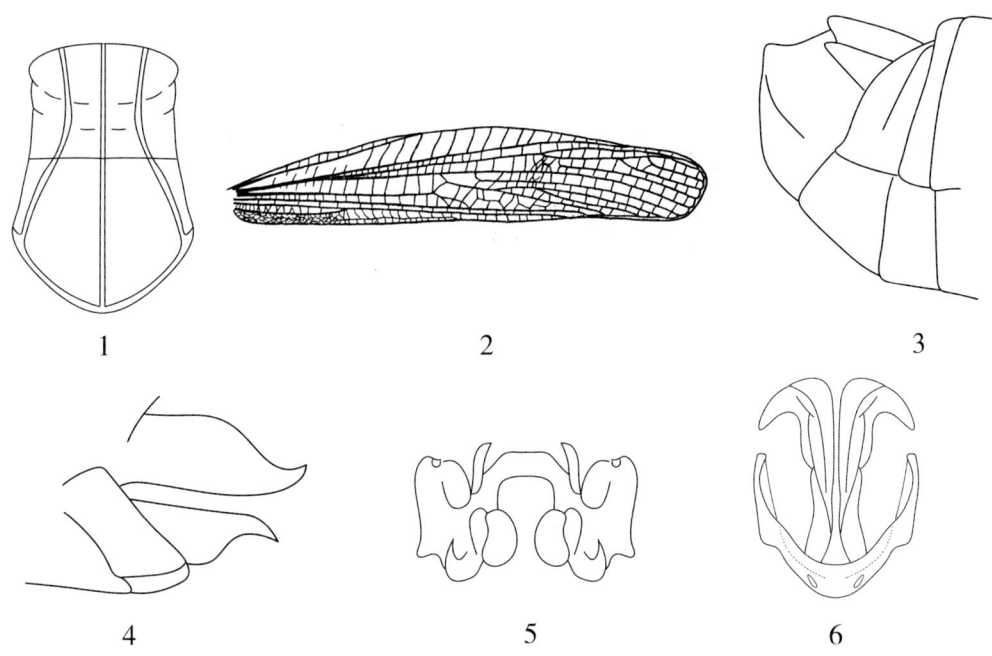

图107 褐色雏蝗 Chorthippus (Glyptobothrus) brunneus (Thunberg) (1~6)
1.前胸背板背面观(雄性);2.前翅(雄性);3.腹部末端侧面观(雄性);4.腹部末端侧面观(雌性);
5.阳茎基背片;6.阳茎复合体

(87)异色雏蝗 Chorthippus (Glyptobothrus) biguttulus (Linnaeus,1758)（彩图87）

Gryllus Locusta biguttulus Linnaeus,1758. Syst. Nat.,Ed,Ⅹ,1:433.

Gryllus lunulatus Scopoli,1763. Ent. Carn.:110.

Gryllus mutabilis Panzer,1804. Syst. Nomencl. Schaffer's Abbild.:211.

Gryllus notatus Thunberg,1815. Mem. Acad. Sci. St.-Petersb.,5:249.

Gryllus aureolus Zetterstedt,1821. Orth. Suec.:97.

Gomphocerus arvilis Bumeister,1838. Handb. Ent.,2:649.

Chorthippus variabilis Fieber. in: Kelch,1852. Grundlage zur Kenutnis der Orthopteren Oberschlesiens:1.

Chorthippus hirtus mongolicus Steinmann,1967. Reichenbachia Mus. Tirk. Dersden 9(13):106~120.

雄性体长12.0~17.5mm,雌性体长15.0~22.0mm。体绿色、褐绿色、褐色或暗褐色。头侧窝长为宽的3倍。颜面隆起全长具纵沟。前胸背板中隆线明显,侧隆线在沟前区呈钝角形弯曲,后横沟几乎位于前胸背板中部(图108,①)。中胸腹板侧叶间中隔较宽,其最狭处明显大于其长(图108,②)。前翅超过后足股节顶端;缘前脉域不到达前翅中部,具闰脉;前缘脉域最宽为亚前缘域最宽处的1.5倍,雌性为1.5~2倍;中脉域最宽处与肘脉域最宽处约相等(图108,③)。鼓膜孔呈狭缝状。后足股节内侧具暗色斜纹。后足胫节暗褐色或黄褐色。雄性下生殖板呈短锥

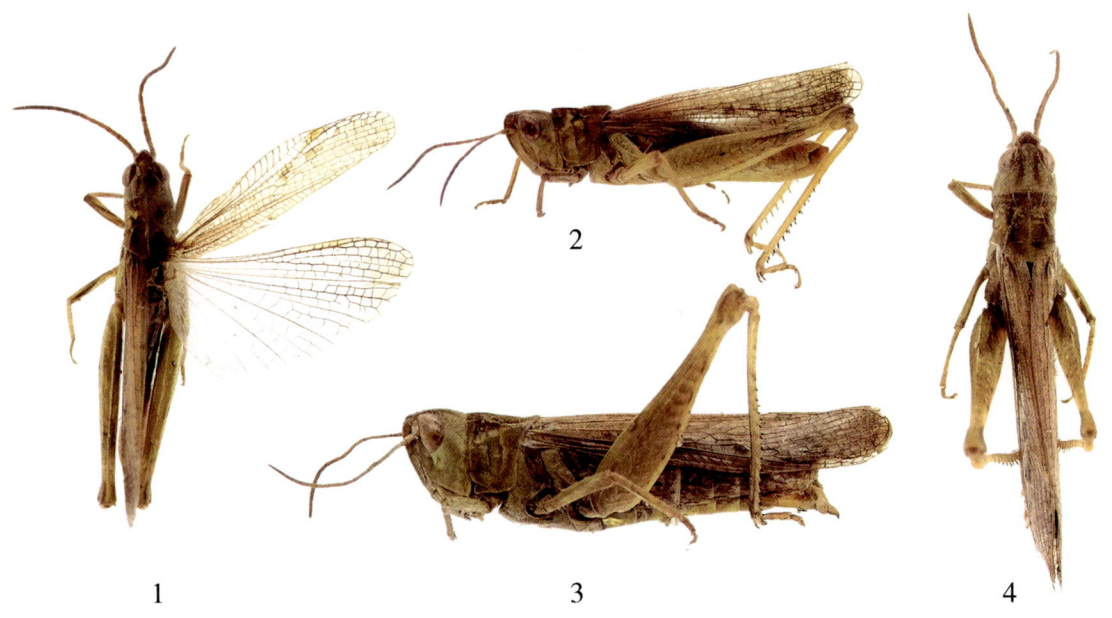

彩图 87　异色雏蝗 Chorthippus (Glyptobothrus) biguttulus (Linnaeus)
1.背面观(雄性);2.侧面观(雄性);3.侧面观(雌性);4.背面观(雌性)

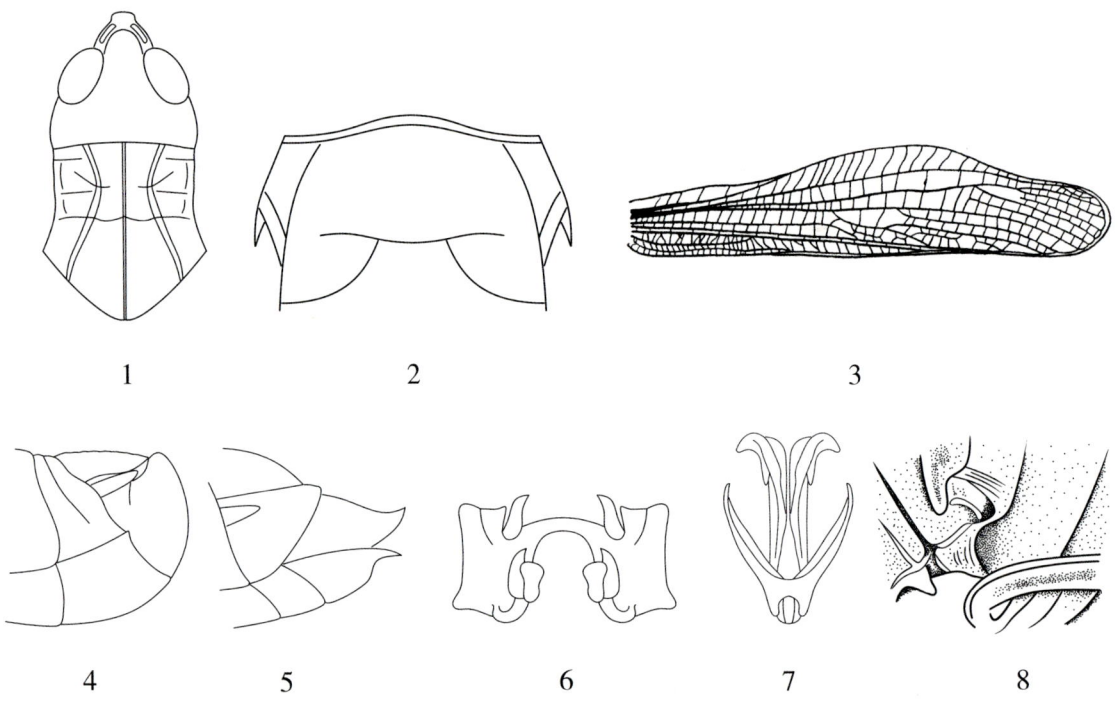

图 108　异色雏蝗 Chorthippus (Glyptobothrus) biguttulus (Linnaeus)(1~7),
戈壁异色雏蝗 Chorthippus biguttulus maritimus Mistshenko(8)

1~7.异色雏蝗 Chorthippus (Glyptobothrus) biguttulus,1.头、前胸背板背面观(雄性),2.中胸腹板腹面观,3.前翅(雄性),4.腹部末端侧面观(雄性),5.腹部末端侧面观(雌性),6.阳茎基背片,7.阳茎复合体;8.戈壁异色雏蝗 Chorthippus biguttulus maritimus,鼓膜孔(雌性)。

形,顶端钝(图108,④)。雌性产卵瓣粗短,端部呈钩状(图108,⑤)。雄性阳茎基背片如图108,⑥,阳茎复合体如图108,⑦。

大发生时造成草原蝗灾,严重危害草场。

分布:内蒙古赤峰市、呼伦贝尔市、锡林郭勒盟、阿拉善盟,黑龙江,辽宁,吉林,河北,甘肃,青海,新疆,宁夏,西藏。

(88)夏氏雏蝗 *Chorthippus* (*Glyptobothrus*) *hsiai* Cheng et Tu,1964 (彩图88)

Chorthippus hsia Cheng et Tu,1964. Acta Zoologica Sinica,16(2):264.

雄性体长10.0~15.0mm,雌性体长16.5~22.0mm。体暗褐色,体表具细碎黑色斑点。前胸背板有时在侧隆线外侧具不明显的黑色纵纹。雄性复眼纵径为眼下沟长1.75~2.2倍,雌性为1.09~1.25倍。前胸背板中隆线明显,侧隆线在沟后区明显,沟前区仅在前缘略可见,在中段极不明显;后横沟明显,位于中部略前,沟后区长略大于沟前区之长(图109,①)。前翅几乎不到达后足股节的顶端,淡褐色,具细碎斑点;缘前脉域缺闰脉,肘脉域具闰脉,有时中脉域也具中闰脉;径脉域最宽处为亚前缘脉域最宽处的1.75~3倍(图109,②)。后翅发达,几乎与前翅等长。鼓膜器呈狭缝状。尾须呈短锥形,基部较宽。雄性下生殖板呈短锥形,顶钝圆(图109,③)。雌性产卵瓣粗短,末端钩状(图109,④)。雄性阳茎基背片如图109,⑤,阳茎复合体如图109,⑥。

分布:内蒙古锡林郭勒盟锡林浩特市、阿拉善盟贺兰山,陕西,宁夏,甘肃,青海。

彩图88 夏氏雏蝗 *Chorthippus* (*Glyptobothrus*) *hsiai* Cheng et Tu
1.背面观(雄性);2.侧面观(雄性);3.侧面观(雌性);4.背面观(雌性)

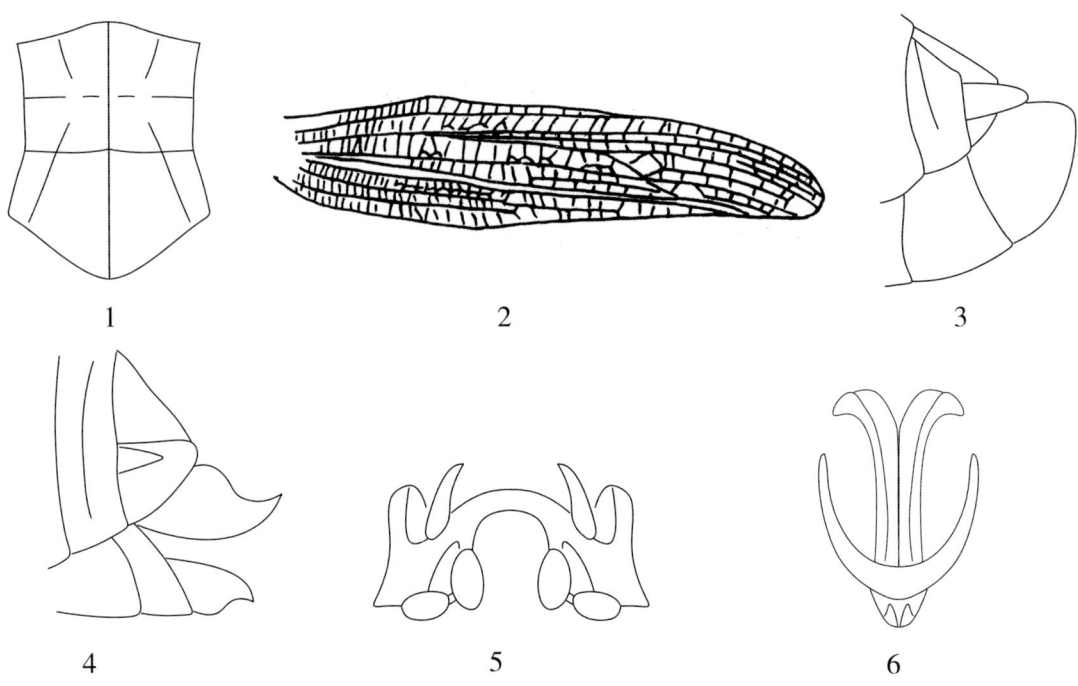

图 109　夏氏雏蝗 *Chorthippus*（*Glyptobothrus*）*hsiai* Cheng et Tu（1～6）
1.前胸背板背面观（雄性）；2.前翅；3.腹部末端侧面观（雄性）；4.腹部末端侧面观（雌性）；5.阳茎基背片；6.阳茎复合体

(89) 白纹雏蝗 *Chorthippus*（*Glyptobothrus*）*albonemus* Cheng et Tu, 1964（彩图 89）

Chorthippus（*Glyptobothrus*）*albonemus* Cheng et Tu, 1964. Acta Zool. Sin. 16(2):266.

彩图 89　白纹雏蝗 *Chorthippus*（*Glyptobothrus*）*albonemus* Cheng et Tu
1.背面观（雄性）；2.侧面观（雄性）；3.侧面观（雌性）；4.背面观（雌性）

雄性体长11.0～13.5mm,雌性体长17.5～24.0mm。体深褐色或草绿色。前胸背板具明显的黄白色"X"形纹,沿侧隆线具黑色纵条纹。头顶呈锐角形。雄性复眼纵径为眼下沟长1.5～1.8倍,雌性为1.2～1.4倍。前胸背板中、侧隆线明显,在沟前区呈钝角形弯曲(图110,①);后横沟位于中部。前翅发达,顶端几乎到达腹部末端;雌性前翅较短,不到达腹部末端,前翅中脉域具1列大型黑斑,雌性前翅前缘脉域具白色纵纹;中脉域宽几乎等于或略大于肘脉域之宽;雌性中脉域最宽处为肘脉域宽的1.2～1.75倍(图110,②)。后翅与前翅等长。后足股节内侧基部具黑斜纹,上隆线具6～8个黑点。鼓膜孔呈狭缝状。尾须呈短锥形。雄性下生殖板呈馒头形,顶钝圆。雌性产卵瓣末端钩状。雄性阳茎基背片如图110,③,阳茎复合体如图110,④。

分布:内蒙古阿拉善盟阿拉善左旗贺兰山,宁夏,陕西,甘肃,青海。

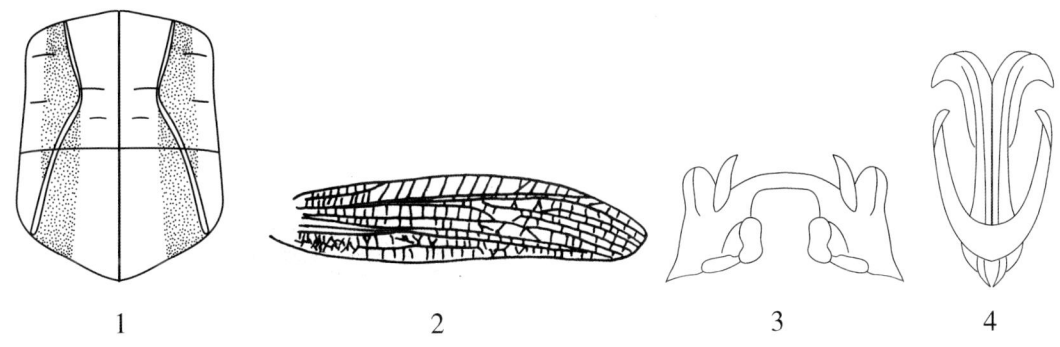

图110　白纹雏蝗 *Chorthippus (Glyptobothrus) albonemus* Cheng et Tu (1～4)
1.前胸背板背面观(雄性);2.前翅(雄性);3.阳茎基背片;4.阳茎复合体

(90)狭翅雏蝗 *Chorthippus (Glyptobothrus) dubius* (Zubovsky,1898) (彩图90)

Stenobothrus dubius Zubovsky,1898. Escheg. Zool. Mus. Ak. Nauk. SSSR,3:85.
Stenobathrus horvathi Bolivar,1901. in:Zichy,1901. Dritten asiatischen Forschun.,2:231.

雄性体长12.0～13.0mm,雌性体长13.0～17.0mm。体褐色或黄褐色。头侧窝呈四角形。颜面隆起较平。前胸背板侧隆线明显,有淡色"X"形纹,在沟前区呈角形弯曲;后横沟在中部切断中、侧隆线,沟前区与沟后区约等长(图111,①)。中胸腹板侧叶间中隔最狭处略小于侧叶最狭处。前翅较短,不到达后足股节顶端,中脉域最宽处为肘脉域宽的2倍(图111,②);雌性前翅较短,前缘脉域具白色纵条纹,前翅最宽处等于或略大于肘脉域最宽处。后翅与前翅约等长。后足股节匀称,上基片略长于下基片。鼓膜器呈狭缝状。雌性产卵瓣粗短,上产卵瓣之上外缘光滑,无细齿,端部略呈钩状。雄性阳茎基背片如图111,③,阳茎复合体如图111,④。

一年发生一代,以卵在1～3cm的土层中越冬。卵一般在6月上旬开始孵化,7月开始羽化,8月为成虫活动盛期,9月初产卵。栖息在植被较稀疏禾本科为主的草场,在退化的典型草原数量较多。

分布:内蒙古赤峰市、呼和浩特市、呼伦贝尔市、锡林郭勒盟、巴彦淖尔市、阿拉善盟,黑龙江,吉林,辽宁,河北,陕西,山西,甘肃,青海,四川。

彩图 90　狭翅雏蝗 Chorthippus (Glyptobothrus) dubius (Zubovsky)
1.背面观(雄性);2.侧面观(雄性);3.侧面观(雌性);4.背面观(雌性)

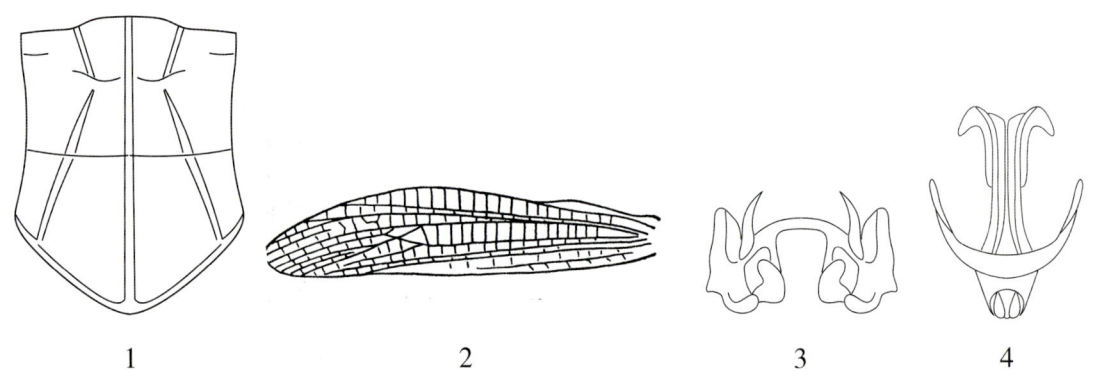

图 111　狭翅雏蝗 Chorthippus (Glyptobothrus) dubius (Zubovsky) (1~4)
1.前胸背板背面观(雌性);2.前翅(雄性,左侧);3.阳茎基背片;4.阳茎复合体

D. 短翅亚属 Altichorthippus Jago,1971

Altichorthippus Jago,1971. Proceeding of the Academy of Natural Science of Philadelphia 123(8):256.

模式种: *Chorthippus (Stauroderus) uvarovi* Bey-Bienko,1929

雌、雄两性前、后翅不发达,其顶端不到达腹部末端。有时雄性前翅到达或略超过腹部末端,则后翅比较短小;后足股节端部黑色或褐色。雌性前翅一般不超过第 6 腹节,如超过则后足股节端部黑色或前翅前缘脉域狭长,超过前翅的中部。前胸背板侧隆线弯曲或几乎平行。

本亚属内蒙古有 11 个种:黑龙江雏蝗 *Chorthippus (Altichorthippus) heilongjiangensis*

Lian et Zheng,大兴安岭雏蝗 *Chorthippus*（*Altichorthippus*）*dahinganlingensis* Lian et Zheng,小翅雏蝗 *Chorthippus*（*Altichorthippus*）*fallax*（Zubovsky）,北方雏蝗 *Chorthippus*（*Altichorthippus*）*hammarstroemi*（Miram）,东方雏蝗 *Chorthippus*（*Altichorthippus*）*intermedius* Bey-Bienko,长角雏蝗 *Chorthippus*（*Altichorthippus*）*longicornis*（Latreille）,楼观雏蝗 *Chorthippus*（*Altichorthippus*）*louguanensis* Cheng et Tu,根河雏蝗 *Chorthippus genheensis* Li et Yin,姜氏雏蝗 *Chorthippus*（*Altichorthippus*）*charpini* Chang,红翅雏蝗 *Chorthippus*（*Altichorthippus*）*rufipennis* Jia et Liang,锥尾雏蝗 *Chorthippus*（*Altichorthippus*）*conicaudatus* Xia et Jin。

内蒙古草地常见短翅亚属 *Altichorthippus* Jago 分种检索表

1(12) 雌、雄两性前胸背板侧隆线在沟前区呈弧形弯曲。雄性前翅较长,顶端几乎到达腹部末端。雌、雄两性后足股节末端通常黑色。

2(7) 雄性前翅较长,顶端到达腹部末端,如不到达腹部末端,则前翅中脉域较狭,其最宽处约为肘脉域(同一切线)宽的 2～3 倍。

3(6) 触角较短粗,中段一节长为宽的 2 倍(雄性)或 1.5 倍(雌性)。

4(5) 雄性头侧窝宽而短,窝长为宽的 2～2.5 倍。前胸背板侧隆线间最宽处为最狭处的 1.8 倍(图 114,①)。雄性前翅到达后足股节膝部;前翅缘前脉域无闰脉 ·· 北方雏蝗 ***Chorthippus*（*Altichorthippus*）*hammarstroemi*（Miram）**

5(4) 雄性头侧窝狭长,窝长为宽的 3.5～4 倍。颜面隆起具明显纵沟。后翅本色透明,略不达前翅 2/3 处。尾须长为基部宽的 1.6 倍 ··············· 根河雏蝗 ***Chorthippus*（*Altichorthippus*）*genheensis* Li et Yin**

6(3) 触角细长,中段一节长为宽的 3 倍(雄性)或 2～3 倍(雌性)。雄性前翅不达腹部末端。雄性前翅中脉域约为肘脉域宽的 2 倍,与前缘脉域几乎等宽(图 115,②);雌性前翅中脉域较狭,最宽处约为肘脉最宽处的 1.8 倍 ······················ 楼观雏蝗 ***Chorthippus*（*Altichorthippus*）*louguanensis* Cheng et Tu**

7(2) 雄性前翅较短,通常不到达腹部末端,若到达腹部末端,则前翅中脉域很宽,其最宽处为肘脉域宽的 3～7 倍或更大。

8(11) 雌、雄两性前翅中脉域很宽,其宽为肘脉域宽的 3～7 倍。后足股节端部黑色。雌性前翅缘前脉域基部膨大,前缘脉平直,翅端部逐渐趋狭。

9(10) 雄性后翅较短,不到前翅 1/2 处;前翅中脉域宽为肘脉域宽的 2.2～5 倍(图 112,④)。雄性前翅到达后足股节的 2/3 处。雌性前翅在背部不相连 ·· 小翅雏蝗 ***Chorthippus*（*Altichorthippus*）*fallax*（Zubovsky）**

10(9) 雄性后翅短于前翅,为前翅长的 2/3 处,前翅中脉域宽为肘脉域宽的 5～7 倍(图 113,②)。雌性前翅在背部毗连。雌、雄两性前翅前、后肘脉不合并。雌性前翅缘前脉域膨大,具闰脉 ·· 东方雏蝗 ***Chorthippus*（*Altichorthippus*）*intermedius* Bey-Bienko**

11(8) 雌、雄两性前翅中脉域狭,宽为肘脉域宽的 2 倍。后足股节端部棕色。雌性前翅缘前脉域在近中部膨大,前缘脉域呈弧形弯曲,翅端部突然趋狭。雄性头侧窝呈长方形。雄性前翅缘前脉域具闰脉 ·· 长角雏蝗 ***Chorthippus*（*Altichorthippus*）*longicornis*（Latreille）**

12(1) 雌、雄两性前胸背板侧隆线在沟前区明显地呈弧形弯曲。前翅很短,其顶端远不达腹部末端。后足股节端部通常为棕色,如为黑色,则雌、雄两性触角较长,其长为头与前胸背板长之和的2倍(雄性)或1.5倍(雌性)或雌、雄两性前胸背板后缘平直。前翅缘前脉域具闰脉,径脉域狭于中脉域之宽(图117,①),雌性前翅不达腹部第4节背板中部。后足胫节黄色 ···
·· 大兴安岭雏蝗 *Chorthippus*（*Altichorthippus*）*dahinganlingensis* Lian et Zheng

(91) 小翅雏蝗 *Chorthippus*（*Altichorthippus*）*fallax*（Zubovsky,1899）（彩图91）

Stenobothrus cognatus var. *fallax* Zubovsky,1899～1900. Rus. Ent. Rev. ,34:7.
Stenobothrus ehubergi Miram,1906～1907. Ofv. Fin. Vet. -Soc,Forh. ,49,6:5.
Stauroderus cagnatus var. *amurensis* Ikonnikov,1911. Ann. Zool. Mus. Acad. Sci. ,16:253.

雄性体长9.0～15.0mm,雌性体长14.0～22.0mm。体小型,褐色或褐绿色。头侧窝呈狭长方形。颜面倾斜(图112,①),颜面隆起全长具纵沟。复眼呈卵形,其纵径为眼下沟长的1.6倍,复眼后具黑褐色眼后带。前胸背板中、侧隆线明显,侧隆线在中部略向内弯曲;后横沟位于背板近中部,沟前区几乎与沟后区等长。雌性中胸腹板侧叶间中隔相对较狭,最狭处约等于其长(图112,②)。前翅发达,到达后足股节2/3处;缘前脉域不达翅中部,具闰脉;前缘脉域最宽处为中脉域宽的1.3～1.5倍;亚前缘脉域与肘脉域几乎等宽;中脉域宽为肘脉域宽的2.5～3倍。雌性前翅呈鳞片状,侧置,在背部分开,翅顶较尖锐(图112,③),仅到达第2腹节中部。后翅很小,呈鳞片状,不到达前翅1/2处(图112,④)。后足胫节黄色,爪中垫超出爪长之半。鼓膜孔甚大,呈半圆形。肛上板呈三角形,基部中央具宽纵沟。尾须呈长柱形,端部略细。雄性下生殖板呈钝锥形。雌性产卵瓣粗短,末端呈钩状。雄性阳茎基背片如图112,⑤,阳茎复合体如图112,⑥。

彩图91 小翅雏蝗 *Chorthippus*（*Altichorthippus*）*fallax*（Zubovsky）
1.背面观(雄性);2.侧面观(雄性);3.侧面观(雌性);4.背面观(雌性)

Lian et Zheng,大兴安岭雏蝗 *Chorthippus*（*Altichorthippus*）*dahinganlingensis* Lian et Zheng,小翅雏蝗 *Chorthippus*（*Altichorthippus*）*fallax*（Zubovsky），北方雏蝗 *Chorthippus*（*Altichorthippus*）*hammarstroemi*（Miram），东方雏蝗 *Chorthippus*（*Altichorthippus*）*intermedius* Bey-Bienko,长角雏蝗 *Chorthippus*（*Altichorthippus*）*longicornis*（Latreille），楼观雏蝗 *Chorthippus*（*Altichorthippus*）*louguanensis* Cheng et Tu,根河雏蝗 *Chorthippus genheensis* Li et Yin,姜氏雏蝗 *Chorthippus*（*Altichorthippus*）*charpini* Chang,红翅雏蝗 *Chorthippus*（*Altichorthippus*）*rufipennis* Jia et Liang,锥尾雏蝗 *Chorthippus*（*Altichorthippus*）*conicaudatus* Xia et Jin。

内蒙古草地常见短翅亚属 *Altichorthippus* Jago 分种检索表

1(12)雌、雄两性前胸背板侧隆线在沟前区呈弧形弯曲。雄性前翅较长,顶端几乎到达腹部末端。雌、雄两性后足股节末端通常黑色。

2(7)雄性前翅较长,顶端到达腹部末端,如不到达腹部末端,则前翅中脉域较狭,其最宽处约为肘脉域(同一切线)宽的2～3倍。

3(6)触角较短粗,中段一节长为宽的2倍(雄性)或1.5倍(雌性)。

4(5)雄性头侧窝宽而短,窝长为宽的2～2.5倍。前胸背板侧隆线间最宽处为最狭处的1.8倍(图114,①)。雄性前翅到达后足股节膝部;前翅缘前脉域无闰脉 ……………………………………
……………………………… 北方雏蝗 *Chorthippus*（*Altichorthippus*）*hammarstroemi*（Miram）

5(4)雄性头侧窝狭长,窝长为宽的3.5～4倍。颜面隆起具明显纵沟。后翅本色透明,略不达前翅2/3处。尾须长为基部宽的1.6倍 …………… 根河雏蝗 *Chorthippus*（*Altichorthippus*）*genheensis* Li et Yin

6(3)触角细长,中段一节长为宽的3倍(雄性)或2～3倍(雌性)。雄性前翅不达腹部末端。雄性前翅中脉域约为肘脉域宽的2倍,与前缘脉域几乎等宽(图115,②);雌性前翅中脉域较狭,最宽处约为肘脉最宽处的1.8倍 …………… 楼观雏蝗 *Chorthippus*（*Altichorthippus*）*louguanensis* Cheng et Tu

7(2)雄性前翅较短,通常不到达腹部末端,若到达腹部末端,则前翅中脉域很宽,其最宽处为肘脉域宽的3～7倍或更大。

8(11)雌、雄两性前翅中脉域很宽,其宽为肘脉域的3～7倍。后足股节端部黑色。雌性前翅缘前脉域基部膨大,前缘脉平直,翅端部逐渐趋狭。

9(10)雄性后翅较短,不到前翅1/2处;前翅中脉域宽为肘脉域宽的2.2～5倍(图112,④)。雄性前翅到达后足股节的2/3处。雌性前翅在背部不相连 ……………………………………………………
………………………………… 小翅雏蝗 *Chorthippus*（*Altichorthippus*）*fallax*（Zubovsky）

10(9)雄性后翅短于前翅,为前翅长的2/3处,前翅中脉域宽为肘脉域宽的5～7倍(图113,②)。雌性前翅在背部毗连。雌、雄两性前翅前、后肘脉不合并。雌性前翅缘前脉域膨大,具闰脉 ………………
………………………………… 东方雏蝗 *Chorthippus*（*Altichorthippus*）*intermedius* Bey-Bienko

11(8)雌、雄两性前翅中脉域狭,宽为肘脉域宽的2倍。后足股节端部棕色。雌性前翅缘前脉域在近中部膨大,前缘脉域呈弧形弯曲,翅端部突然趋狭。雄性头侧窝呈长方形。雄性前翅缘前脉域具闰脉
………………………………… 长角雏蝗 *Chorthippus*（*Altichorthippus*）*longicornis*（Latreille）

12(1) 雌、雄两性前胸背板侧隆线在沟前区明显地呈弧形弯曲。前翅很短,其顶端远不达腹部末端。后足股节端部通常为棕色,如为黑色,则雌、雄两性触角较长,其长为头与前胸背板长之和的 2 倍(雄性)或 1.5 倍(雌性)或雌、雄两性前胸背板后缘平直。前翅缘前脉域具闰脉,径脉域狭于中脉域之宽(图 117,①),雌性前翅不达腹部第 4 节背板中部。后足胫节黄色 ························
···················· 大兴安岭雏蝗 *Chorthippus* (*Altichorthippus*) *dahinganlingensis* Lian et Zheng

(91) 小翅雏蝗 *Chorthippus* (*Altichorthippus*) *fallax* (Zubovsky, 1899) (彩图 91)

Stenobothrus cognatus var. *fallax* Zubovsky, 1899~1900. Rus. Ent. Rev., 34:7.
Stenobothrus ehubergi Miram, 1906~1907. Ofv. Fin. Vet.-Soc, Forh., 49,6:5.
Stauroderus cagnatus var. *amurensis* Ikonnikov, 1911. Ann. Zool. Mus. Acad. Sci., 16:253.

雄性体长 9.0~15.0mm,雌性体长 14.0~22.0mm。体小型,褐色或褐绿色。头侧窝呈狭长方形。颜面倾斜(图 112,①),颜面隆起全长具纵沟。复眼呈卵形,其纵径为眼下沟长的 1.6 倍,复眼后具黑褐色眼后带。前胸背板中、侧隆线明显,侧隆线在中部略向内弯曲;后横沟位于背板近中部,沟前区几乎与沟后区等长。雌性中胸腹板侧叶间中隔相对较狭,最狭处约等于其长(图 112,②)。前翅发达,到达后足股节 2/3 处;缘前脉域不达翅中部,具闰脉;前缘脉域最宽处为中脉域宽的 1.3~1.5 倍;亚前缘脉域与肘脉域几乎等宽;中脉域宽为肘脉域宽的 2.5~3 倍。雌性前翅呈鳞片状,侧置,在背部分开,翅顶较尖锐(图 112,③),仅到达第 2 腹节中部。后翅很小,呈鳞片状,不到达前翅 1/2 处(图 112,④)。后足胫节黄色,爪中垫超出爪长之半。鼓膜孔甚大,呈半圆形。肛上板呈三角形,基部中央具宽纵沟。尾须呈长柱形,端部略细。雄性下生殖板呈钝锥形。雌性产卵瓣粗短,末端呈钩状。雄性阳茎基背片如图 112,⑤,阳茎复合体如图 112,⑥。

彩图 91 小翅雏蝗 *Chorthippus* (*Altichorthippus*) *fallax* (Zubovsky)
1.背面观(雄性);2.侧面观(雄性);3.侧面观(雌性);4.背面观(雌性)

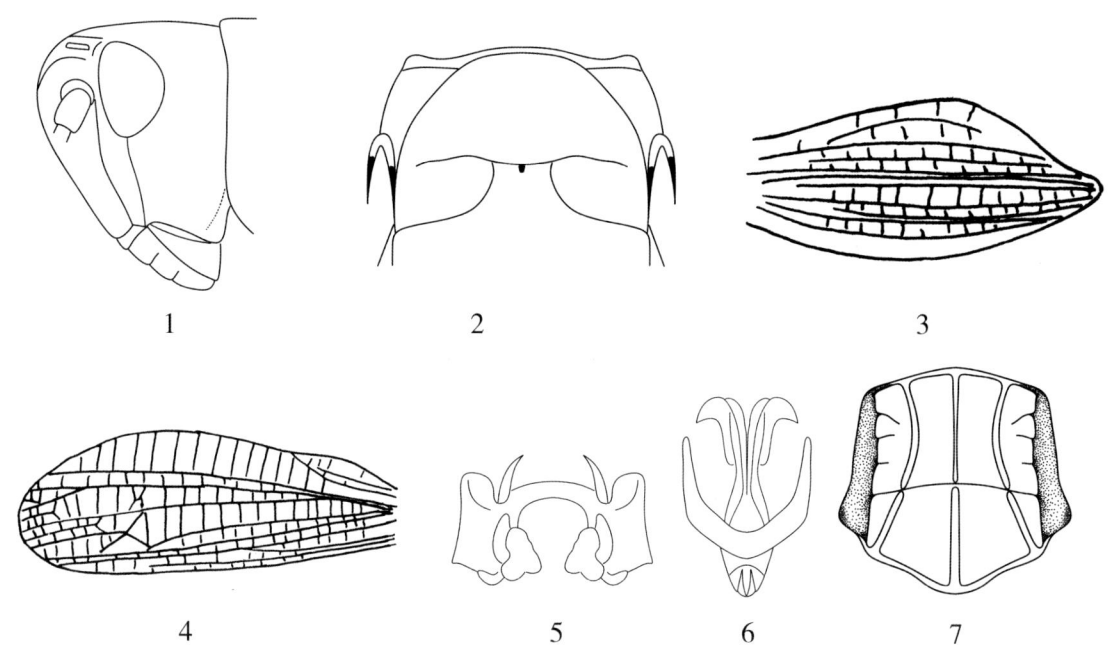

图 112 小翅雏蝗 *Chorthippus*（*Altichorthippus*）*fallax*（Zubovsky）(1～6)

1.头侧面观；2.中、后胸腹板腹面观；3.前翅（雌性）；4.前翅（雄性）；5.阳茎基背片；6.阳茎复合体；7.前胸背板背面观（雌性）

分布：内蒙古赤峰市阿鲁科尔沁旗、克什克腾旗、呼和浩特市、包头市、呼伦贝尔市、兴安盟、锡林郭勒盟、阿拉善盟，河北，山西，陕西，甘肃，青海，宁夏，新疆。

(92) 东方雏蝗 *Chorthippus*（*Altichorthippus*）*intermedius* Bey-Bienko, 1926（彩图92）

Stauroderus intermedius Bey-Bienko,1926. Sib. Agri. Sci.,5:47,49.

雄性体长 15.0～18.0mm，雌性体长 18.0～19.0mm。体中小型，黄褐色、褐色或暗黄绿色。前胸背板侧隆线处具黑色纵条纹。头侧窝呈四角形。雄性复眼纵径为眼下沟长的2倍，雌性复眼纵径为眼下沟长的1.1～1.2倍。前胸背板中隆线明显，侧隆线全长明显，在沟前区呈弧形弯曲（图113，①），沟后区侧隆线间最宽处为沟前区最狭处的2倍；前、中横沟不甚明显；后横沟位于中部，并切断中、侧隆线，沟前区与沟后区约等长。前翅发达，到达或略超过腹部末端，翅顶宽圆；亚前缘脉域狭于前缘脉域之宽；中脉域较宽，最宽处为肘脉域宽的雄性3.25～5倍，雌性为4.5～5倍（图113，②）。后翅略短于前翅。鼓膜孔呈半圆形。尾须呈短锥形，粗壮。雄性下生殖板近馒头形，端部较平钝。雌性产卵瓣粗短，顶端略呈钩状。雄性阳茎基背片如图113，③，阳茎复合体如图113，④。

分布：内蒙古赤峰市、呼和浩特市、兴安盟、锡林郭勒盟、呼伦贝尔市、阿拉善盟，黑龙江，吉林，辽宁，河北，陕西，山西，甘肃，青海，四川，宁夏，西藏。

彩图 92　东方雏蝗 *Chorthippus*（*Altichorthippus*）*intermedius* Bey-Bienko
1.背面观(雄性);2.侧面观(雄性);3.侧面观(雌性);4.背面观(雌性)

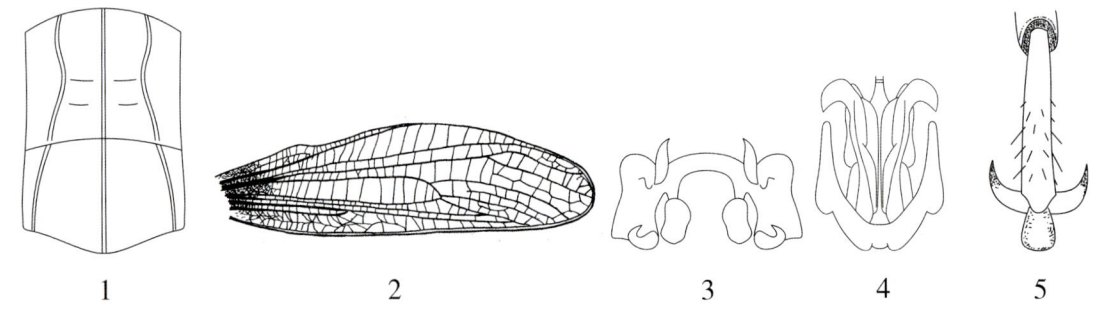

图 113　东方雏蝗 *Chorthippus*（*Altichorthippus*）*intermedius* Bey-Bienko（1~5）
1.前胸背板背面观;2.前翅(雄性);3.阳茎基背片;4.阳茎复合体;5.爪及中垫

(93)长角雏蝗 *Chorthippus*（*Altichorthippus*）*longicornis*（Latreille,1804）（彩图 93）

Acrydium longicornis Latreille,1804. Hist. Nat. Crust. Ins. ,7:159.

Stenobothrus parallelus var. *explicatus silvestris* Puschining,1910. Verh. Zool. -Bot. Ges. 60:15.

Gryllus parallelus Zett. ,1821. Orth. Suec. p. 85. n. 6.

Chorthippus pratorum Fieber, in: Kelch,1852. Grundlage zur Kenntniss der Orthopteren Obersehlesions:2,5.

雄性体长 12.7~16.2mm,雌性体长 17.0~23.3mm。头侧窝狭长。复眼呈卵形,其纵径为眼下沟长的 1.25 倍或等于眼下沟之长(图 114,⑥)。触角细长。前胸背板后横沟位于背板中后段,沟前区明显长于沟后区;沟后区长等于或略小于侧隆线间最宽处。雄性前翅不到达后足股节顶端,雌性到达第 4 腹节;前翅中脉域较狭,宽为肘脉域宽的 2 倍;雄性前翅缘前脉域具闰脉,雌性缘前脉域在近翅中部膨大;前缘脉呈弧形弯曲,翅端部突然缩狭。雄性后翅较短,通常不到达或刚到达前翅中部。中胸腹板侧叶间中隔呈梯形。后足股节顶端暗黑色。

分布:内蒙古阿拉善盟,新疆。

彩图93　长角雏蝗 Chorthippus (Altichorthippus) longicornis Latreille
1.背面观(雄性);2.侧面观(雄性);3.侧面观(雌性);4.背面观(雌性)

(94)北方雏蝗 Chorthippus (Altichorthippus) hammarstroemi (Miram,1906) (彩图94)

Stenobothrus hammarstroemi Miram,1906～1907. Ofv,Fin. Vet-Soc. Forh. ,49, 6:5.

Stauroderus cognatus var. amurensis Ikonnikov,1911. Ann. Zool. Mus. Acad. Sci. ,16:253.

Chorthippus hammarstroemi hammarstroemi (Miram); Bey-Bienko and Mistshenko, 1951. Acridoidea of the USSR and adjacent countries:534.

雄性体长 15.0～18.0mm,雌性体长 17.0～21.0mm。体小型、黄褐色、褐色或黄绿色。颜面倾斜。头侧窝呈四角形。前胸背板侧隆线在沟前区弧形弯曲(图114,①),侧隆线间最宽处为最狭处的1.8倍,侧隆线处具不明显的暗色纵纹。雌性后胸腹板侧叶间中隔较宽(图114,②)。前翅发达,雄性到达后足股节膝部,明显向顶端变狭;缘前脉域不具闰脉,径脉域最宽处为亚前缘脉域宽的 1.5～2 倍(图114,③);雌性前翅在背部不毗连,可到达后足股节中部,缘前脉域较长,超过翅的中部,有闰脉。后足股节橙黄色或黄褐色,内侧基部无黑色斜纹,膝黑色。后足胫节橙黄色或橙红色,基部黑色。鼓膜孔呈卵圆形。尾须短。雄性下生殖板呈短锥形。雌性产卵瓣粗短,外缘光滑,无细齿。雄性阳茎基背片如图114,④,阳茎复合体如图114,⑤。

分布:内蒙古呼伦贝尔市满洲里、赤峰市及兴安盟科尔沁右翼前旗、科尔沁右翼中旗,黑龙江,河北,北京,山西,山东,甘肃,陕西,宁夏。

彩图94　北方雏蝗 Chorthippus (Altichorthippus) hammarstroemi (Miram)
1.背面观(雄性);2.侧面观(雄性);3.侧面观(雌性);4.背面观(雌性)

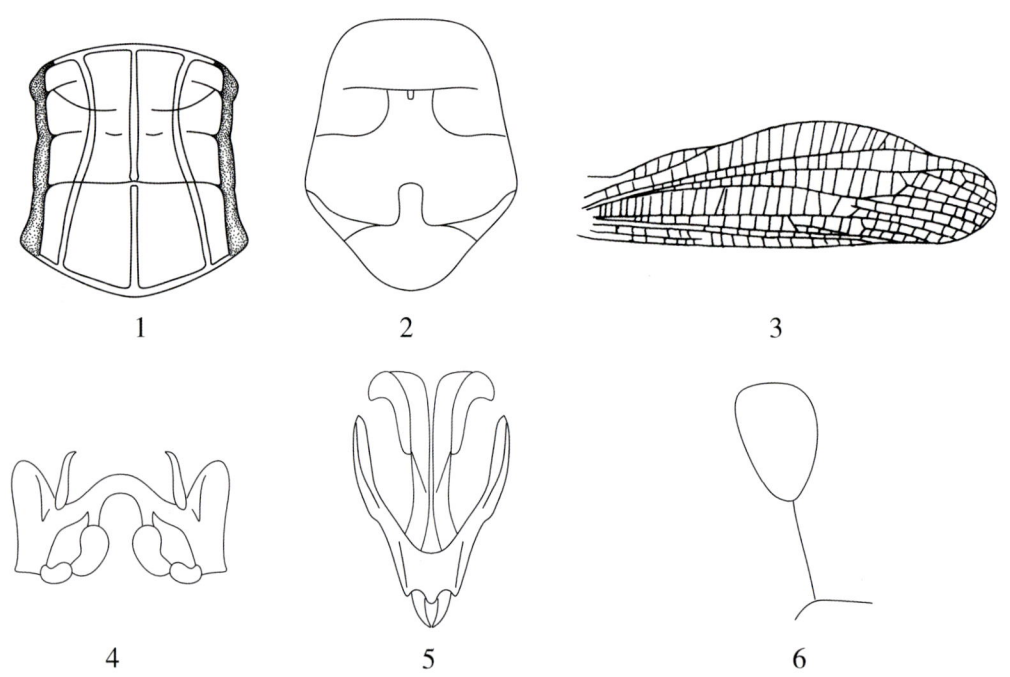

图114　北方雏蝗 Chorthippus (Altichorthippus) hammarstroemi (Miram)(1～5),
长角雏蝗 Chorthippus (Altichorthippus) longicornis Latreille (6)

1～5.北方雏蝗 Chorthippus (Altichorthippus) hammarstroemi,1.前胸背板背面观(雄性),2.中、后胸腹板腹面观,3.前翅(雄性),4.阳茎基背片,5.阳茎复合体;6.长角雏蝗 Chorthippus (Altichorthippus) longicornis,复眼及眼下沟。

(95) 楼观雏蝗 *Chorthippus* (*Altichorthippus*) *louguanensis* **Cheng et Tu,1964**（彩图95）

Chorthippus louguanensis Cheng et Tu,1964. Acta Zoologica Sinica,16(2):267。

雄性体长 17.0～18.0mm,雌性体长 20.5～24.0mm。体褐色,前胸背板侧隆线淡褐色,沿侧隆线两侧具黑色纵条纹。头侧窝呈长方形。前胸背板中隆线低平,侧隆线在沟前区略呈弧形弯曲(图 115,①);前、中横沟不明显,切断中、侧隆线;后横沟位于背板后段,沟前区略长于沟后区之长。前翅发达,而不到达腹部末端;径脉域最宽处约大于亚前缘脉域最宽处的 3 倍;中脉域最宽处为肘脉域最宽处的 1.83～2 倍(图 115,②),雌性中脉域最宽处为前缘脉域的 1.1 倍,为肘脉域最宽处的 1.83 倍。后翅短小,仅为前翅长的 2/3。后足股节橙黄色或橙红色,内侧基部具黑色斜纹。后足胫节橙红色,基部黑色。跗节爪超过爪长的一半。鼓膜器呈半圆形。肛上板呈长三角形,中央具纵沟,具明显的横脊。尾须呈短锥状。雄性下生殖板呈短锥形,顶端钝圆(图 115,③)。雌性产卵瓣粗短,末端呈钩状。雄性阳茎基背片如图 115,④,阳茎复合体色带连片的基部有 3 个小突起,中突长于两侧突如图 115,⑤。

分布:内蒙古阿拉善盟贺兰山,陕西,甘肃,四川。

彩图 95　楼观雏蝗 *Chorthippus* (*Altichorthippus*) *louguanensis* Cheng et Tu
1.背面观(雌性);2.侧面观(雌性)

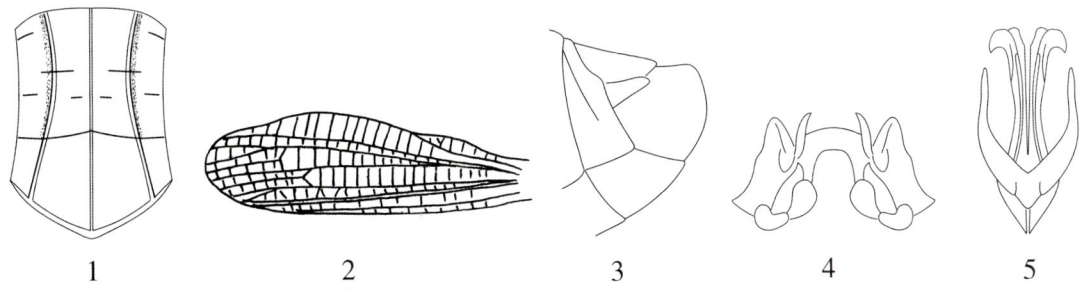

图 115　楼观雏蝗 *Chorthippus* (*Altichorthippus*) *louguanensis* Cheng et Tu (1～5)
1.前胸背板背面观;2.前翅(雄性);3.腹部末端侧面观(雄性);4.阳茎基背片;5.阳茎复合体

(96)根河雏蝗 Chorthippus（Altichorthippus）genheensis Li et Yin,1987（彩图96）

Chorthippus genheensis Li et Yin,1987. Acta Biologica Plateau Sinica，6:88~89.

雄性体长 15.0~15.5mm，雌性体长 17.4~18.0mm。体黄褐色。头侧窝呈长方形。颜面隆起具中纵沟。复眼后及沿前胸背板侧隆线具黑色纵条纹。前胸背板侧隆线在沟前区呈弧形弯曲（图116，①），两侧隆线间最宽处为沟前区最狭处的2倍；后横沟位于前胸背板中部，切断中、侧隆线；前、中横沟较弱。中胸腹板侧叶间中隔最狭处为长的1.2倍（图116，②）。前翅不到达或刚超过腹部末端，但不到达后足股节顶端；缘前脉域通常具不规则的闰脉，雌性缘前脉域甚膨大；前缘脉域最宽处为同一切线亚前缘脉域宽处的2.8倍，中脉域端部最宽处为同一切线肘脉域宽的2倍。后翅较短，本色透明，略不到达前翅的2/3处；雌性后翅退化。鼓膜孔呈卵形。肛上板呈三角形，顶端尖。尾须呈长锥形，到达肛上板端部。雄性下生殖板呈钝圆形。雌性产卵瓣粗短，顶端呈钩状。雄性阳茎基背片如图116，③，阳茎复合体如图116，④。

分布：内蒙古赤峰市、呼伦贝尔市、兴安盟。

彩图96　根河雏蝗 *Chorthippus*（*Altichorthippus*）*genheensis* Li et Yin
1.背面观（雄性）；2.侧面观（雄性）；3.侧面观（雌性）；4.背面观（雌性）

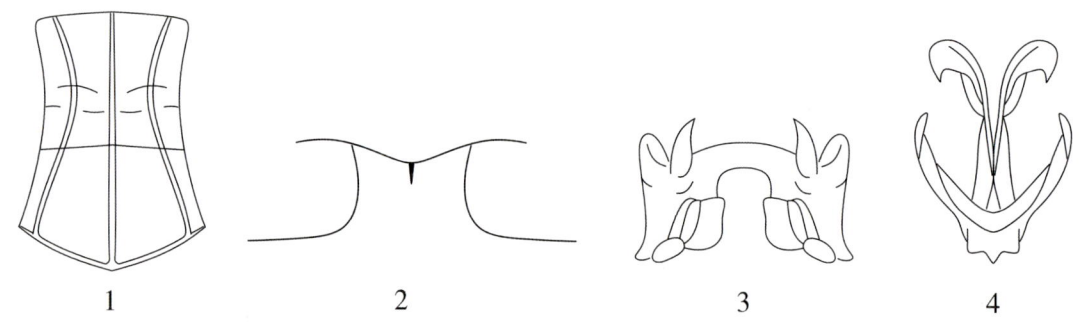

图116　根河雏蝗 *Chorthippus*（*Altichorthippus*）*genheensis* Li et Yin（1~4）
1.前胸背板背面观（雄性）；2.中胸腹板侧叶间中隔腹面观（雌性）；3.阳茎基背片；4.阳茎复合体

(97) 大兴安岭雏蝗 *Chorthippus* (*Altichorthippus*) *dahinganlingensis* Lian et Zheng, 1987 (彩图 97)

Chorthippus dahinganlingensis Lian et Zheng, 1987, Acta Zootaxonomica Sinica, 12(1): 75~77.

雄性体长 15.5~17.0mm，雌性体长 19.0~20.0mm。体小型,暗黄褐色。头顶背面全长具中隆线。头侧窝狭长。颜面隆起侧缘明显,全长具纵沟。前胸背板中隆线明显,侧隆线呈弧形弯曲,侧隆线间最宽处宽为最狭处的 2 倍;后横沟明显,沟前区长为沟后区的 1.2 倍。前翅到或略不到达后足股节顶端,雌性不到达第 4 腹节背板中部;缘前脉域宽短,不具闰脉;前缘脉域最宽处为亚前缘脉域最宽处的 2 倍;中脉域最宽处约为肘脉域宽的 1.5 倍(图 117,①)。后翅短,超过前翅中部。鼓膜孔呈宽卵形。肛上板呈三角形,基半部具明显纵沟。尾须呈锥形,到达或略超过肛上板之顶端。雄性下生殖板呈钝圆锥形(图 117,②)。雌性产卵瓣粗短,端部呈钩状(图 117,③)。雄性阳茎基背片如图 117,④,阳茎复合体如图 117,⑤。

分布:内蒙古呼伦贝尔市大兴安岭,黑龙江。

彩图 97 大兴安岭雏蝗 *Chorthippus* (*Altichorthippus*) *dahinganlingensis* Lian et Zheng
1.背面观(雄性);2.侧面观(雄性);3.侧面观(雌性);4.背面观(雌性)

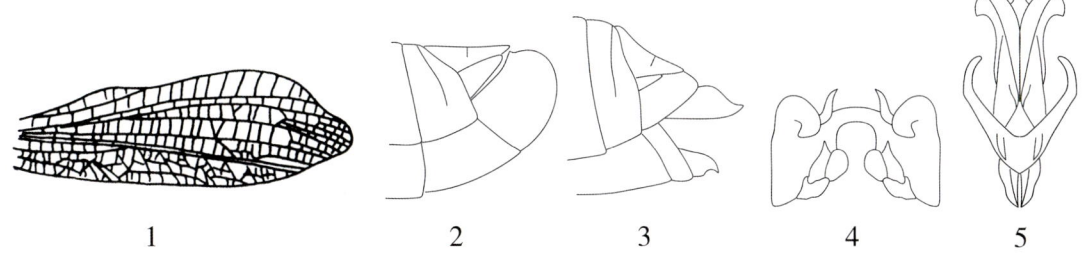

图 117 大兴安岭雏蝗 *Chorthippus* (*Altichorthippus*) *dahinganlingensis* Lian et Zheng (1~5)
1.前翅(雄性);2.腹部末端侧面观(雄性);3.腹部末端侧面观(雌性);4.阳茎基背片;5.阳茎复合体

41. 褐背蝗属 *Schmidtiacris* Storozhenko, 2002

Schmidtiacris Storozhenko, 2002. To Far East Entomologist, N. 113:13.

模式种： *Stauroderus schmidti* Ikonnikov, 1913

头背面平滑,缺中隆线。颜面倾斜。头侧窝呈狭直角形。触角呈丝状。前胸背板中隆线明显,后横沟在中部前段切割中隆线；侧隆线清晰,略向内弯曲。前、后翅发达,超过后足股节顶端,长为宽的4.7～5倍(雄性)或5～5.9倍(雌性)。前翅前缘弯曲,缘前脉域稍宽,顶端达前翅端部的3/4处；雄性前缘脉域宽于亚前缘脉域,C脉和Sc脉直(图118,①)。后翅透明,R脉在翅顶端3/4处加粗。雄性前足胫节端部不扩展,其下方无白色长毛,后足股节膝片圆,胫节内侧刺略长于外侧刺,后足第1跗节等于第2、3跗节长之和。鼓膜器呈卵圆形(图118,②)。雄性肛上板侧缘和腹部末端均黑色；尾须呈锥状,顶端钝。雌性下生殖板后缘呈三角形。染色体核型：2n(雄性)＝23,NF＝23。

本属内蒙古有1个种：褐背蝗 *Schmidtiacris schmidti* (Ikonnikov)。

内蒙古草地常见褐背蝗属 *Schmidtiacris* Storozhenko 分种检索表

1(1)前翅远超过后足股节顶端,前翅狭,长为宽的4.7～5倍(图118,①)。后翅不短于前翅。阳茎复合体如图118,④ ·················· 褐背蝗 *Schmidtiacris schmidti* (Ikonnikov)

(98) 褐背蝗 *Schmidtiacris schmidti* (Ikonnikov, 1913) (彩图98)

Stauroderus schmidti Ikonnikov, 1913. Uber die von P. Schmidt aus Korea mitebranchten Acrridiodeen. Kuznetsk:22p.

Schmidtiacris schmidti (Ikonnikov, 1913). To the knowledge of the Genus *Chorthippus* Fieber, 1982 and related Genera (Orthoptera:Acrididae), Far Eastern Entomoligist, 113:1～16.

雄性体长18～20.6mm,雌性体长23.7～25.4mm。体褐绿色,前翅黄绿色,由复眼向后沿前胸背板侧方至后端具不很明显的褐色纵纹。头略倾斜(侧面观),头顶平坦,顶端呈钝角形。复眼纵径为眼下沟长的1.5倍。颜面隆起全长具纵沟。头侧窝长为宽的3.3倍。触角细长,中段一节长为宽的1.6倍(雌性)或2.3倍(雄性)。前胸背板前缘直,后缘钝圆,侧隆线和中隆线明显,后横沟几乎位于前胸背板中部,沟前区与沟后区约等长,侧隆线在沟前区呈弧形弯曲,中隆线与侧隆线最宽处为最狭处宽的1.6倍。前翅较长,超过腹部末端；缘前脉域狭,无中闰脉,不超过翅的中部；前缘脉域与亚前缘脉域几乎等宽；径脉直,不弯曲；中脉域无中闰脉,中脉域与肘脉域约等宽(图118,①)。鼓膜孔呈卵圆形(图118,②)。中胸腹板侧叶间中隔几乎呈方形。后胸腹板中隔长为宽的1.5倍。后足股节匀称,膝部褐色,上侧膝片略长于下侧膝片。后足胫节黄褐色。足跗节第1节长为第2、3节长之和。尾须呈锥形,长为宽的3.1倍。雌性产卵瓣褐色。雄性阳茎基背片如图118,③,阳茎复合体如图118,④。

分布:内蒙古赤峰市阿鲁科尔沁旗,黑龙江。

彩图 98　褐背蝗 *Schmidtiacris schmidti*（Ikonnikov）
1.背面观(雄性);2.侧面观(雄性);3.侧面观(雌性);4.背面观(雌性)

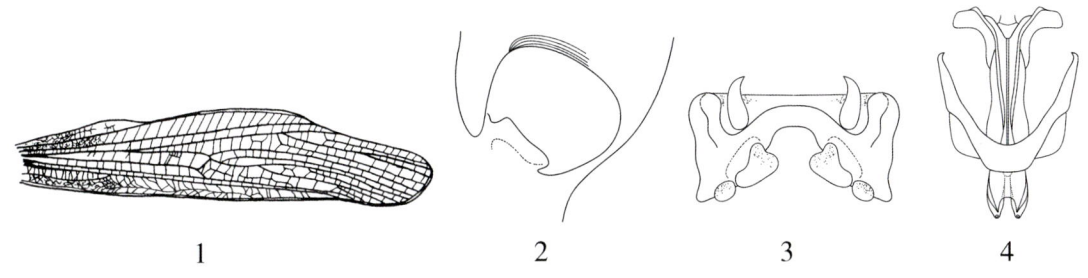

图 118　褐背蝗 *Schmidtiacris schmidti*（Ikonnikov）（1～4）
1.前翅(雄性);2.鼓膜器;3.阳茎基背片;4.阳茎复合体

42. 异爪蝗属 *Euchorthippus* Tarbinsky,1925

Euchorthippus Tarbinsky,1925. Ann. Rus. Ent.,19:192

模式种: **Stenobothrus pulvinatus（Fischer-Waldheim）**

体小型。头侧窝呈四角形。触角细长,超过前胸背板后缘。前胸背板侧隆线几乎平行或略弯曲,后横沟位于中部之后。前、后翅发达,有时短缩,前翅缘前脉域近基部明显扩大。跗节爪不对称(图 122,⑤),前足跗节内侧爪小于外侧爪,中、后足内侧爪大于外侧爪。鼓膜器发达。

本属内蒙古有 10 个种:邱氏异爪蝗 *Euchorthippus cheui* Hsia,素色异爪蝗 *Euchorthippus* unicolor (Ikonnikov),条纹异爪蝗 *Euchorthippus vittatus* Zheng,黑膝异爪蝗 *Euchorthippus fusigeniculatus* Jin et Zhang,缺隆异爪蝗 *Euchorthippus acarinatus* Zheng et He,大兴安岭异爪蝗 *Euchorthippus dahinganlingensis* Zhang et Ren,绿异爪蝗 *Euchorthippus herbaceus* Zhang et Jin,黄褐异爪蝗 *Euchorthippus ravus* Liang et Jia,永宁异爪蝗 *Euchorthippus yungningensis* Cheng et Chiu,左家异爪蝗 *Euchorthippus zuojianus* Zhang et Ren。

内蒙古草地常见异爪蝗属 *Euchorthippus* Tarbinsky 分种检索表

1(4)雌、雄两性前、后翅发达,其顶端到达或超过后足股节顶端。

2(3)雌、雄后足股节端部黑色。头顶顶端呈直角形,头侧窝较长,长为宽的3倍(雌性)或4倍(雄性)。前胸背板侧隆线略呈弧形弯曲(图119,①)。前翅中脉域略大于肘脉域。后足股节端部黑色 ················
·················· 黑膝异爪蝗 *Euchorthippus fusigeniculatus* Jin et Zhang

3(2)雌、雄两性后足股节端部褐色或上膝侧片黑色,或膝部黑色,近下膝侧片顶端黄色。头侧窝长为宽的3.2~3.7倍。前胸背板侧隆线平行(图120,③)。前翅中脉域狭于肘脉域。后足股节黄褐色 ········
·················· 邱氏异爪蝗 *Euchorthippus cheui* Hsia

4(1)雌、雄两性前翅缩短,雄性可达肛上板基部,雌性刚到达后足股节中部。

5(6)前翅较短,雄性前翅顶端尽达腹部第6节至第8节背板。复眼后有宽的黑色眼后带,向后一直延伸到前胸背板后缘(图121,①②)。雄性下生殖板细长,长为基部宽的1.6~2.3倍 ················
·················· 条纹异爪蝗 *Euchorthippus vittatus* Zheng

6(5)前翅较长,雄性前翅顶端可达肛上板基部。雄性下生殖板较短,长为宽的1.3~1.7倍。复眼后暗色缺眼后带,或眼后带不明显(图122,①)。前胸背板侧隆线在沟前区几乎平行(图122,②) ················
·················· 素色异爪蝗 *Euchorthippus unicolor* (Ikonnikov)

(99)黑膝异爪蝗 *Euchorthippus fusigeniculatus* Jin et Zhang,1983 (彩图99)

Euchorthippus fusigeniculatus Jin et Zheng,1983. Zoological Research,4(4):377~381.

雄性体长20.6~21.5mm,雌性体长24.9~26.1mm。体中型,黄褐色,具暗褐色眼后带,向后延伸至腹部侧面。头侧窝长为宽的3倍(雌性)或4倍(雄性)。触角细长,到达后足股节基部。前胸背板侧隆线在沟前区略呈弧形弯曲(图119,①),沟前区略长于沟后区,前胸背板侧片下部淡黄色。前、后翅发达,超过后足股节顶端;雄性前翅缘前脉域具闰脉,前缘脉域宽为肘脉域宽的2.3~2.5倍,中脉域略宽于肘脉域宽;雌性前翅缘前脉域、前缘脉域、中脉域及肘脉域均具闰脉。鼓膜孔呈宽卵形(图119,②)。后足股节端部及胫节基部黑色,后足第1跗节长于第3跗节。肛上板呈三角形,基部两侧有弧形隆起。尾须呈扁锥形(图119,③)。雌性产卵瓣短粗,边缘无齿(图119,④)。雄性阳茎基背片前冠突长而大,与后冠突毗连(图119,⑤)。

分布:内蒙古赤峰市、呼伦贝尔市,吉林,黑龙江,河北。

彩图 99　黑膝异爪蝗 *Euchorthippus fusigeniculatus* Jin et Zhang
1. 背面观（雄性）；2. 侧面观（雄性）；3. 侧面观（雌性）；4. 背面观（雌性）

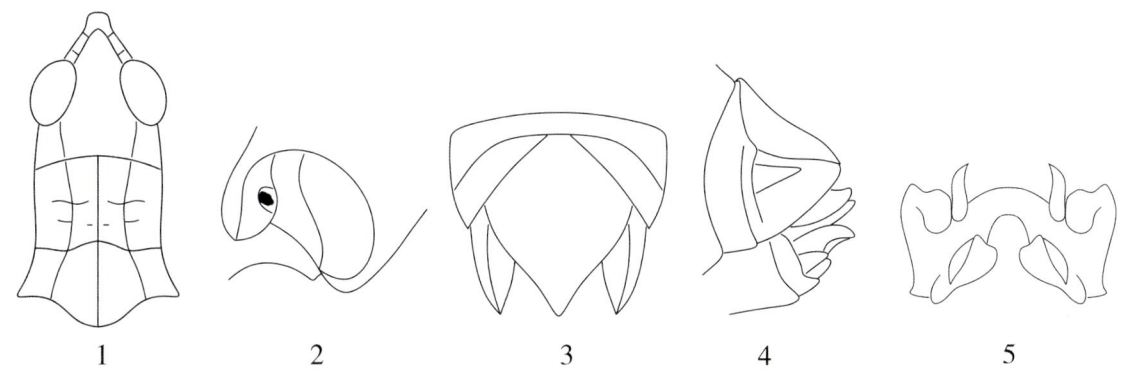

图 119　黑膝异爪蝗 *Euchorthippus fusigeniculatus* Jin et Zhang（1～5）
1. 头、前胸背板背面观；2. 鼓膜器；3. 腹部末端背面观（雄性）；4. 腹部末端侧面观（雌性）；5. 阳茎基背片

(100) 邱氏异爪蝗 *Euchorthippus cheui* Hsia, 1965（彩图 100）

Euchorthippus cheui Hsia, 1965. Acta Entomologica Sinica, 14(6):585～587.

雄性体长 13.5～15.0mm，雌性体长 19.5～23.0mm。体灰褐色、暗褐色。头侧窝呈四角形。颜面极倾斜，具浅纵沟。触角基部数节较扁。复眼纵径为眼下沟长的 1.9～2 倍（雄性）或 1.33～1.57 倍（雌性），眼后带宽，黑褐色（图 120，①）。前胸背板侧隆线淡褐色，中、侧隆线明显。中胸腹板侧叶间中隔最狭处小于其最宽处。后胸腹板侧叶分开（图 120，②），侧隆线在沟前区平行（图 120，③），被后横沟切割，沟前区长与沟后区长相等。前翅狭长，超过后足股节的顶端，各脉域均

彩图100 邱氏异爪蝗 Euchorthippus cheui Hsia
1.背面观(雄性);2.侧面观(雄性);3.侧面观(雌性);4.背面观(雌性)

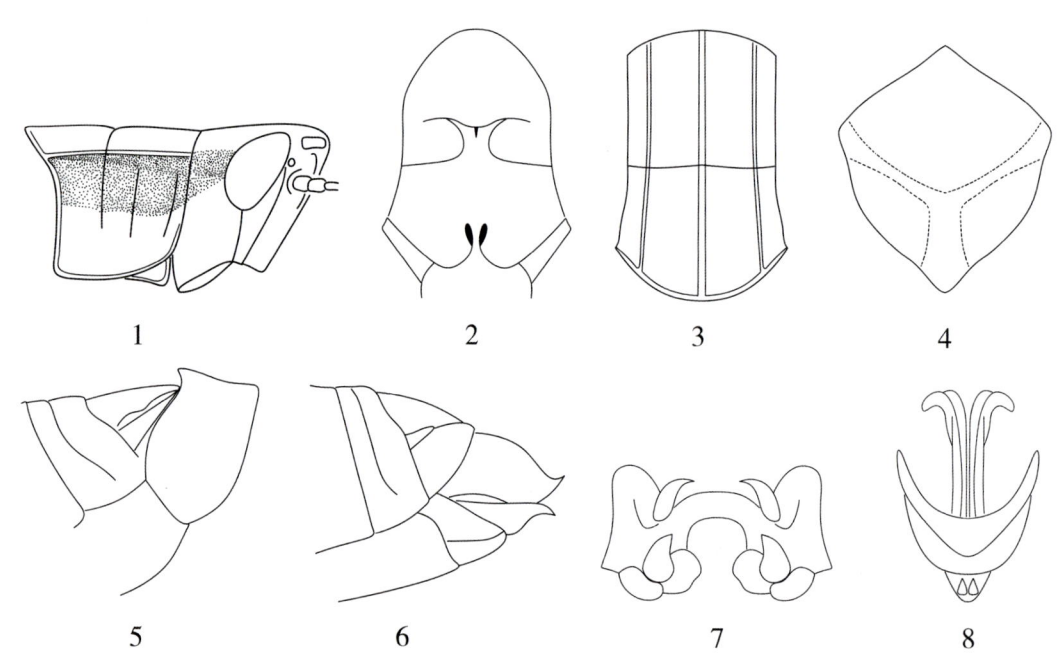

图120 邱氏异爪蝗 Euchorthippus cheui Hsia (1~8)
1.头、前胸背板侧面观;2.中、后胸腹板腹面观;3.前胸背板背面观;4.肛上板(雄性);5.腹端部末侧面观(雄性);6.腹部末端侧面观(雌性);7.阳茎基背片;8.阳茎复合体

不具闰脉;雌性前翅缘前脉域及肘脉域具闰脉,前缘脉域具1条白色纵纹,中脉域狭于前缘脉域及肘脉域。后翅与前翅等长。后足胫节缺外端刺。后足第1跗节长为第3跗节之长。爪中垫大。肛上板呈三角形,基半部中央具深纵沟(图120,④)。雄性下生殖板呈粗短锥状(图120,⑤)。雌性下产卵瓣之外缘光滑无细齿,末端钩状(图120,⑥)。雄性阳茎基背片如图120,⑦,阳茎复合体如图120,⑧。

分布:内蒙古赤峰市、呼和浩特市、锡林郭勒盟、呼伦贝尔市、兴安盟、阿拉善盟,甘肃省,陕西,宁夏。

(101)条纹异爪蝗 *Euchorthippus vittatus* Zheng,1980 (彩图101)

Euchortippus vittatus Zheng,1980. Entomotaxonomia,2(4):344,345.

雄性体长17.0～17.5mm,雌性体长20.0～21.0mm。体黄绿色,眼后带黑色(图121,①)。头侧窝呈四角形。颜面隆起全长具纵沟,侧缘几乎平行,在中眼以上略凹陷。雄性复眼纵径为眼下沟长的1.7～2倍,雌性复眼纵径为眼下沟长的1.5倍。前胸背板中、侧隆线均明显,侧隆线在沟前区微弯曲或几乎直(图121,②),背板仅具后横沟,沟前区略大于沟后区。中胸腹板侧叶间中隔小于侧叶宽的1.3～1.8倍。雄性前翅狭长,黄绿色,到达腹部第6～8节,少数达肛上板基部,各脉域均无闰脉,中脉域狭于前缘脉域及肘脉域;雌性前翅前缘脉域及肘脉域具闰脉。后翅退化,不超过第4腹节背板后缘。腹部黄绿色,侧面具宽的黑色纵纹。后足股节匀称。后足胫节缺外端刺。后足跗节爪不等长,第1跗节长为第3跗节长的1.2倍。爪中垫大,几乎达爪顶端。鼓膜器呈半圆形(图121,③)。肛上板呈三角形,具中纵沟。尾须呈长圆锥形,到达肛上板顶端。雄性下生殖板呈长圆锥形,末端尖(图121,④)。雌性产卵瓣外缘光滑,顶端钩状(图121,⑤)。雄性

彩图101 条纹异爪蝗 *Euchorthippus vittatus* Zheng
1.背面观(雄性);2.侧面观(雄性);3.侧面观(雌性);4.背面观(雌性)

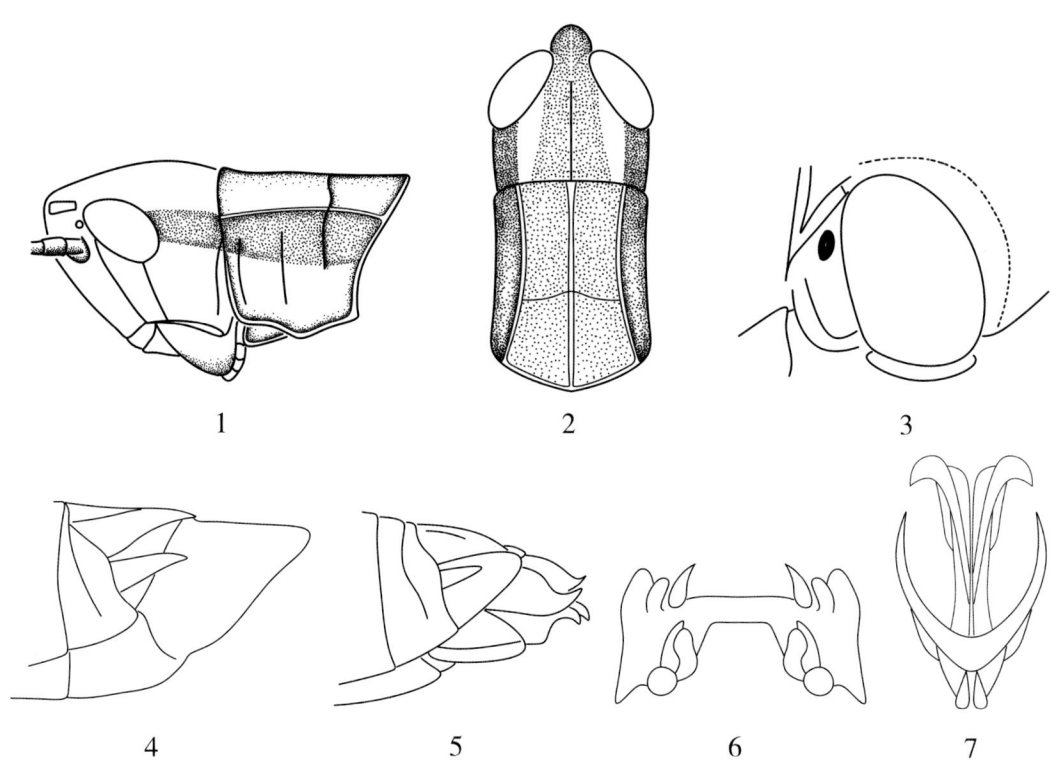

图121 条纹异爪蝗 *Euchorthippus vittatus* Zheng（1～7）

1.头、前胸背板侧面观；2.头、前胸背板背面观；3.鼓膜器；4.腹部末端侧面观（雄性）；5.腹部末端侧面观（雌性）；6.阳茎基背片；7.阳茎复合体

阳茎侧背片如图121,⑥，阳茎复合体如图121,⑦。

分布：内蒙古赤峰市、呼和浩特市、锡林郭勒盟、呼伦贝尔市、兴安盟、阿拉善盟，甘肃，陕西，宁夏。

(102) 素色异爪蝗 *Euchorthippus unicolor* (Ikonnikov,1913)（彩图102）

Chorthippus unicolor Ikonnikov,1913. Uber die von P. Schmidt aus Korea Mifgebrachten Acridiodeen:15.

Euchorthippus alini Ramme,1939. Mitt. Zool. Berlin,24:133.

雄性体长 13.1～17.0mm，雌性体长 18.7～23.0mm。体小型，黄绿色或褐绿色。头侧窝呈四角形。颜面隆起具纵沟，侧缘近平行。前胸背板侧隆线外侧具不明显的暗色纵纹（图122,①），中隆线低而明显；侧隆线在沟前区几乎平行，在沟后区略扩大（图122,②）；后横沟位于中部之后，沟前区大于沟后区之长。中胸腹板侧叶较宽地分开。后胸腹板侧叶分开较狭。前翅狭长，黄绿色或黄褐色，到达肛上板基部；雌性前翅短缩，略不到达或刚到达或略超过后足股节的中部；缘前脉域近基部明显膨大，顶端不超过前翅中部（图122,③④）。后足股节匀称。后足胫节缺外端刺。爪中垫大，到达爪顶端（图122,⑤）。鼓膜孔呈半圆形。雄性下生殖板呈细长锥形，顶端尖（图122,⑥）。雌性产卵瓣较长，上产卵瓣上外缘无细齿，下产卵瓣端部具凹陷。雄性阳茎基背片如

图 122,⑦,阳茎复合体如图 122,⑧。

分布:内蒙古赤峰市、呼和浩特市、呼伦贝尔市、兴安盟、通辽市、阿拉善盟、鄂尔多斯市,陕西,甘肃,青海,河北,山西,黑龙江,吉林,辽宁,宁夏。

彩图 102　素色异爪蝗 *Euchorthippus unicolor*（Ikonnikov）

1.背面观（雄性）；2.侧面观（雄性）；3.侧面观（雌性）；4.背面观（雌性）

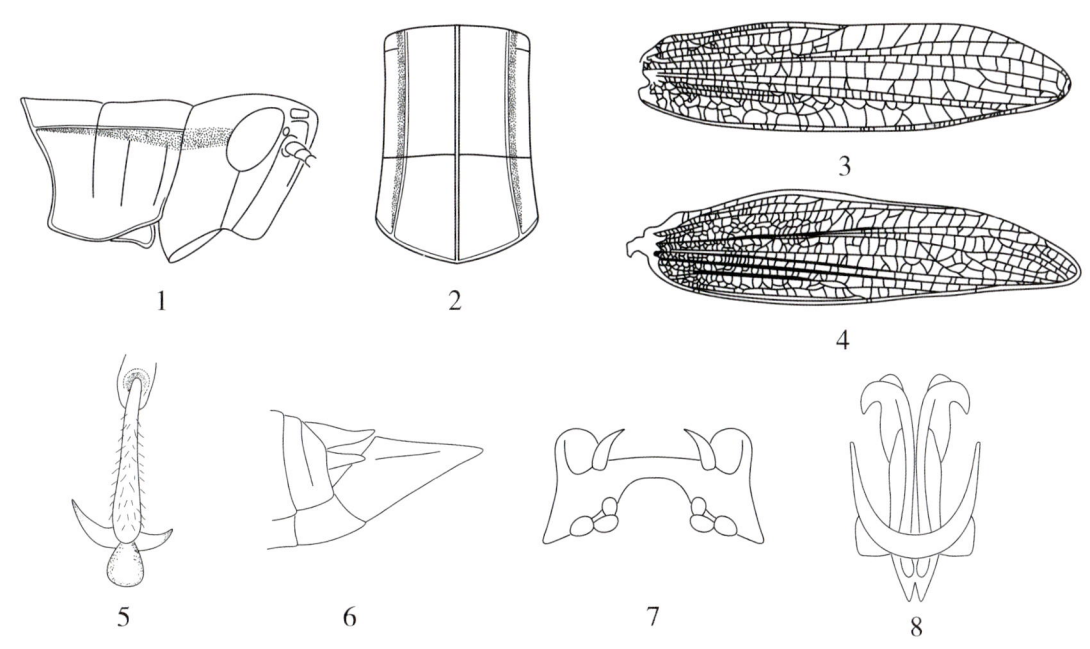

图 122　素色异爪蝗 *Euchorthippus unicolor*（Ikonnikov）（1～8）

1.头、前胸背板侧面观；2.前胸背板背面观；3.前翅（雄性）；4.前翅（雌性）；5.爪及爪中垫（雌性）；6.腹部末端侧面观（雄性）；7.阳茎基背片；8.阳茎复合体

六、槌角蝗科 Gomphoceridae Fieber,1853

体中小型,较粗壮。颜面与头顶组成锐角。头顶中央无细纵沟。触角呈槌状,位于侧单眼前方,端部几节膨大呈棒状或槌状,有时雌性膨大不显著。头侧窝缺或明显呈长方形。前、后翅均发达,有时在雌性缩短。后足股节上基片长于下基片,外侧中部具羽状隆线。鼓膜器发达。阳具基背片呈桥状,具锚状突。

内蒙古有1个亚科:槌角蝗亚科 Gomphocerinae Fieber。

(十七)槌角蝗亚科 Gomphocerinae Fieber,1853

体中小型,较粗壮。颜面与头顶成锐角。头顶中央无细纵沟。触角呈棒槌状(图124,⑨),位于侧单眼的前方。头侧窝缺或明显呈长方形。前胸腹板在两前足基节之间平坦或略呈圆形隆起。前、后翅均发达,有时在雌性缩短。后足股节上基片长于下基片,外侧中区具羽状隆线。鼓膜器发达。后足股节内侧下隆线具细而密的发音齿,同前翅纵脉摩擦发音,在短翅种类有时发音齿退化。阳具基背片呈桥状。

内蒙古有5个属:大足蝗属 *Aeropus* Gistel,棒角蝗属 *Dasyhippus* Uvarov,蚁蝗属 *Myrmeleotettix* Bolivar,蛛蝗属 *Aeropedellus* Hebard,拟槌角蝗属 *Gomphoceroides* Zheng,Xi et Lian。

内蒙古草地常见槌角蝗亚科 Gomphocerinae Fieber 分属检索表

1(4)触角端部明显膨大。前翅前缘基部具明显的凹陷,缘前脉域在基部明显扩大,向后端趋狭,其顶端一般不到达或刚到达前翅的中部,很少有略超过中部。

2(3)雄性前足胫节明显呈梨形膨大(图124,④)。前翅前、后肘脉彼此接近,肘脉域很狭;有时彼此全部或部分合并,致使肘脉域不全或消失(图123,③)(图124,③)。雄性前胸背板中部常隆起(图124,②) ·· **大足蝗属 *Aeropus* Gistel**

3(2)雄性前足胫节不膨大或略膨大成棒状。前翅前、后肘脉明显分开,肘脉域较宽,最宽处几乎等于或略小于中脉域的最狭处(图130,③)。雄性前胸背板中部不明显隆起(图130,②) ··· **棒角蝗属 *Dasyhippus* Uvarov**

4(1)触角端部略膨大(图132,①)。前翅缘前脉域在基部不扩大,较平直,向顶端渐趋狭,明显超过前翅的中部,有时不到达前翅中部,而雌性前翅的前缘中部向前突出,呈鳞片状,侧置。

5(6)前胸背板侧隆线呈角形弯曲(图132,④)。前翅前缘平直,缘前脉域明显超过前翅的中部,前翅发达,在背部毗连。鼓膜孔呈狭缝状。雄性腹部末节背板的后缘及肛上板侧缘与体色相同,非黑色。雌性下生殖板后缘中央呈三角形突出 ·················· **蚁蝗属 *Myrmeleotettix* Bolivar**

6(5)前胸背板侧隆线在沟前区呈弧形弯曲(图129,②)。前翅缘前脉域不到达或略超过前翅的中部,有时前翅前缘中部向前突出。鼓膜孔呈宽长圆形。雄性腹部末节背板的后缘及肛上板边缘常呈黑色。雌性下生殖板后缘中央具凹口或呈钝圆形。前翅前、后肘脉明显分开,肘脉域明显,其最宽处等于或略小于中脉域的最宽处 ·················· **蛛蝗属** *Aeropedellus* Hebard

43. 大足蝗属 *Aeropus* Gistel, 1848

Aeropus Gistel, 1848. Naturgesch. Thierreichs f. hohere Schulen, p. 137.
Gomphocerus Thunberg, Kirby, 1910. A synonymic catalogue Orth. Ⅲ. p. 154.

模式种: *Gryllus Locusts sibiricus* Linnaeus, 1767

体中型。头顶宽短,顶端钝,眼间距较宽。头侧窝呈四角形。触角细长,到达或超过前胸背板后缘,顶端明显膨大。雄性前胸背板明显呈圆形隆起,而雌性较平;侧隆线呈弧形弯曲,侧隆线间最宽处为最狭处的2~3倍;后横沟位于前胸背板后部,沟前区大于沟后区之长。前翅发达,到达或不到达后足股节顶端;缘前脉域基部扩大;前、后肘脉彼此接近,有时全部或部分合并;中脉域较宽,无闰脉。雄性前足胫节极膨大呈梨形。

本属内蒙古有2个种:李氏大足蝗 *Aeropus licenti* Chang,西伯利亚蝗 *Aeropus sibiricus* (Linnaeus)。

内蒙古草地常见大足蝗属 *Aeropus* Gistl 分种检索表

1(2)雄性前后肘脉不合并,全长明显分开,肘脉域狭,但明显(图123,③)。前胸背板后横沟明显位于近中部,沟前区长为沟后区长的1.3倍(雄性)或1.2倍(雌性)(图123,①②)。前足胫节通常膨大(图123,④)。后足胫节通常桔红色 ·················· **李氏大足蝗** *Aeropus licenti* (Chang)

2(1)雄性前后肘脉全部或部分合并(图124,③)。前胸背板后横沟明显位于中部之后,沟前区长为沟后区长的1.5~2倍。前胸背板明显隆起,上缘高出于头部水平线(图124,①②)。雄性前足胫节非常膨大(图124,④)。后足胫节黄褐色 ·················· **西伯利亚大足蝗** *Aeropus sibiricus* (Linnaeus)

(103)李氏大足蝗 *Aeropus licenti* (Chang, 1939)(彩图103)

Gomphocerus licenti Chang, 1939. Notes Ent. Chin. Mus. Heude 6:16.
Aeropus licenti flavipes Mistshenko, 1968. Ent. Obozr., 47:492.

雄性体长16.0~21.0mm,雌性体长21.0~25.0mm。体黄褐色、褐色或暗褐色。头侧观略低于前胸背板的隆起(图123,①)。头侧窝呈四角形。触角细长,雄性触角顶端明显膨大,雌性略膨大。复眼卵形。前胸背板中部由侧面观略呈弧形弯曲;侧隆线弧形弯曲(图123,②),侧隆线间最大宽度为最小宽度的2.5倍;雄性后横沟位于中部之后,沟前区长为沟后区长的1.35倍,雌性后横沟位于中部稍靠后,沟前区长为沟后区长的1.2倍。前翅发达,雄性刚到达后足股节的顶端,雌性则不到达;雄性前翅前肘脉和后肘脉不合并,全长明显分开,肘脉域狭而明显(图123,③),雌性中脉域较宽。后翅略短于前翅。雄性前足胫节膨大较小,不呈梨形(图123,④);雌性不膨大。后足股节上侧中隆线光滑无齿,膝侧片顶端圆形,内侧基部具1条黑色斜纹。后足胫节橙红色,基部黑色,缺外端刺。雄性下生殖板呈短锥形,顶端钝圆(图123,⑤)。雌性产卵瓣粗短,上产卵瓣之上外缘光滑,顶端略呈钩状(图123,⑥)。雄性阳茎基背片如图123,⑦,阳茎复合体如图123,⑧。

彩图103　李氏大足蝗 *Aeropus licenti* (Chang)
1.背面观(雄性);2.侧面观(雄性);3.侧面观(雌性);4.背面观(雌性)

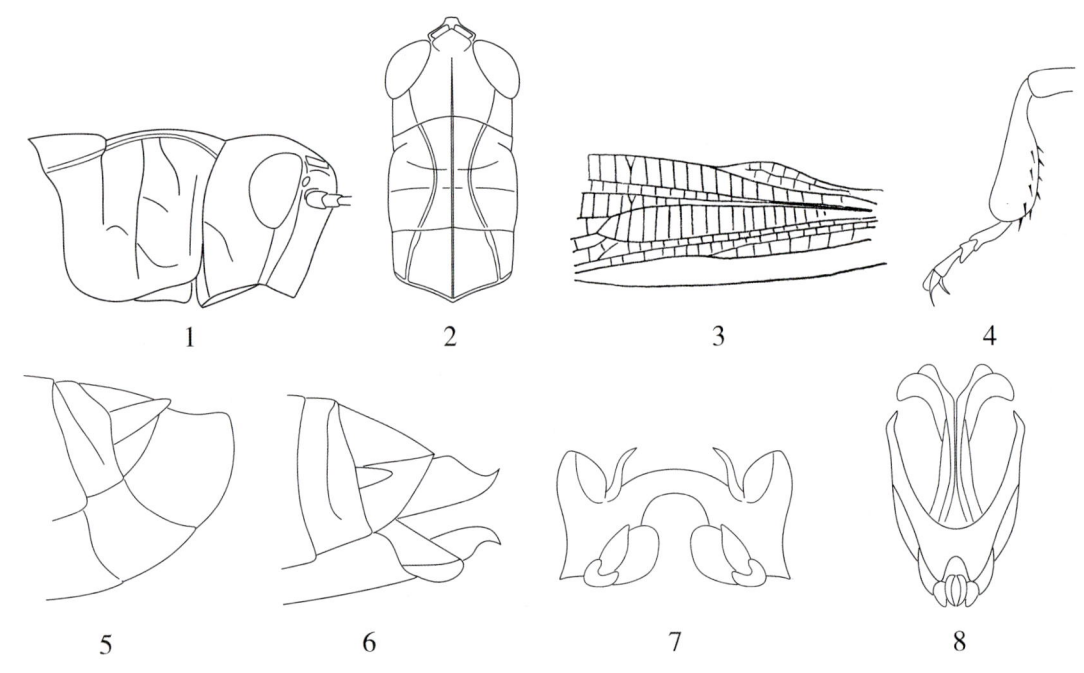

图123　李氏大足蝗 *Aeropus licenti* (Chang) (1~8)
1.头、前胸背板侧面观(雄性);2.头、前胸背板背面观(雄性);3.前翅基半段(雄性);4.前足胫节(雄性);5.腹部末端侧面观(雄性);6.腹部末端侧面观(雌性);7.阳茎基背片;8.阳茎复合体

一年发生一代,以卵在土中越冬。为害禾本科牧草。

分布:内蒙古赤峰市、呼和浩特市、兴安盟、锡林郭勒盟、呼伦贝尔市、阿拉善盟,河北,山西,陕西,宁夏,甘肃,西藏。

(104)西伯利亚大足蝗 *Aeropus sibiricus* (Linnaeus,1767) (彩图104)

Gryllus Locusts sibiricus Linnaeus,1767. Syst. Nat. (ed. XII) I. (2),p. 701. n. 51.

Aeropus sibiricus groecus Uvarov,1931. Greece,Eos. 7:90.

Aeropus sibiricus helveticus Uvarov,1931. Switzerland Eos. 7:91.

Aeropus sibiricus hispanticus Uvarov,1931. Eos. 7:90.

Aeropus sibiricus pyrenaicus Uvarov,1931. Eos. 7:90.

Aeropus sibiricus tibetanus Uvarov,1935. Xizang Ann. Mag. N. H. (10)16:195.

Acrydium sibiricum Oliver,1791. Enc. Meth. ,Ins. VI. p. 226. n. 48.

Chorthippus caucasicus Fieber,1853. Lotos,III. p. 101. n. 3.

Chorthippus sibiricus Fieber,1853. Lotos,III. p. 101. n. 2.

Gomphocerus armeniacus dimorphus Karabag,1953. Eos. 29:188.

Gomphocerus sibiricus caucasicus Adelung,1907. Ann. Mus. Zool. Petersb. XII. p. 129. n. 10.

Gomphocerus sibiricus hemipterus Karabag,1953. Eos. 29:186.

Gomphocerus sibiricus transcaucasicus Mishchenko,1951. in Bey-Bienko et Mishchenko Acridoidea of the fauna of the SSSR 40:489. S. Armenia.

Gomphocerus sibiricus turcicus Mishchenko,1951. in Bey-Bienko et Mishchenko Acridoidea of the fauna of the SSSR 40:489.

Gryllus clavimanus Pallas,1772. Spic. Zool. IX. p. 21.

Gryllus Locusta sibiricus Stoll,1813. Spectres,Saut. p. 23,pl. 10b.

Gryllus sibiricus Pallas,1771. Reise,I. p. 467. n. 48.

Stenobothrus (*Gomphocerus*) *sibiricus* Fisch. ,1853. Orth. Eur. p. 350. n. 27,pl. 17. 8,8a.

雄性体长 21.0~22.0mm,雌性体长 23.5~25.5mm。体暗色、黄褐色。颜面倾斜。头侧窝呈四角形。触角顶端明显膨大,顶端黑褐色,到达或超过前胸背板后缘。雄性前胸背板明显隆起,其上缘甚高于头部(图124,①),后横沟明显位于中部之后,沟前区长为沟后区长的 1.5~2 倍(图124,②)。雌、雄两性前翅较长,其顶端通常到达或超过后足胫节顶端;雄性前翅前、后肘脉全部或部分合并(图124,③)。雄性前足胫节极膨大(图124,④),雌性正常。后足股节内侧基部具黑斜纹,膝黑色。后足胫节黄色。雄性下生殖板呈短锥形,顶端圆(图124,⑤)。雌性产卵瓣粗短,上产卵瓣上外缘无细齿(图124,⑥)。雄性阳茎基背片如图124,⑦,阳茎复合体如图124,⑧。

此种属泛古北界种,广泛分布于蒙古高原森林草原区,数量多时引起严重的草原蝗灾。

分布:内蒙古赤峰市、呼和浩特市、兴安盟,黑龙江,吉林,新疆。

彩图 104　西伯利亚大足蝗 *Aeropus sibiricus*（Linnaeus）
1.背面观(雄性)；2.侧面观(雄性)；3.侧面观(雌性)；4.背面观(雌性)

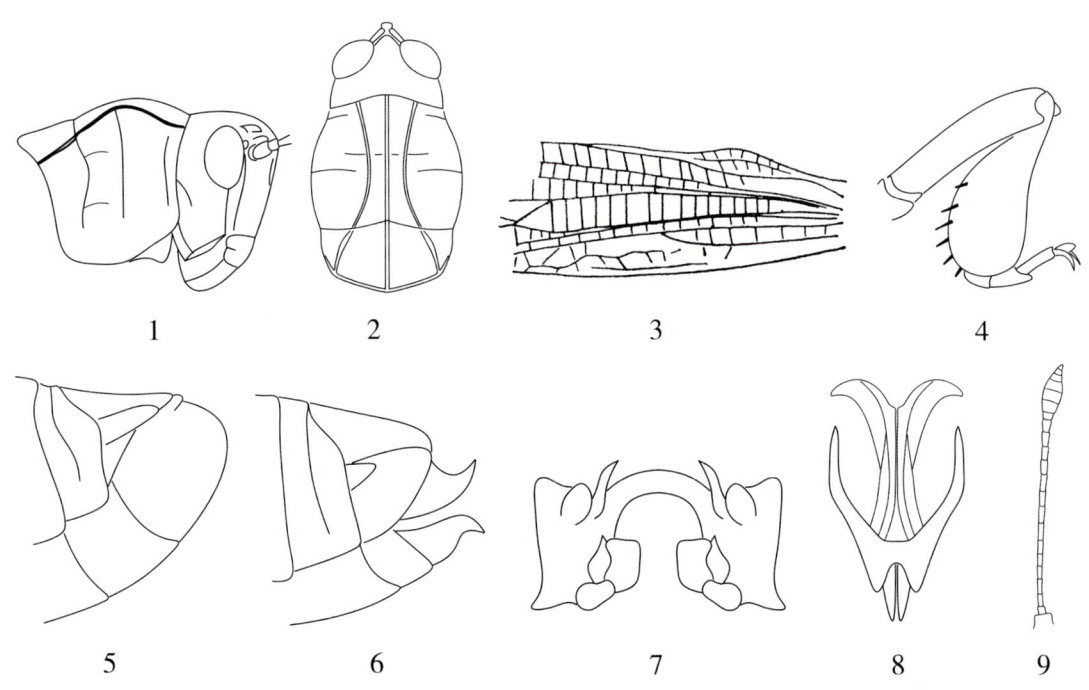

图 124　西伯利亚大足蝗 *Aeropus sibiricus*（Linnaeus）(1～9)
1.头、前胸背板侧面观(雄性)；2.头、前胸背板背面观(雄性)；3.前翅基半部；4.前足胫节(雄性)；
5.腹部末端侧面观(雄性)；6.腹部末端侧面观(雌性)；7.阳茎基背片；8.阳茎复合体；9.触角(雄性)

44. 蛛蝗属 *Aeropedellus* Hebard, 1935

Aeropedellus Hebard, Harz, 1975. The Orthoptera of Europe Vol. Ⅱ. p.789.

模式种: *Gomphocerus clavatus* Thomas, 1873

体小型。头侧窝呈狭长四角形。触角细长,顶端略膨大。下唇具小而圆的外叶,不到达前胸腹板的中部。前胸背板侧隆线呈角形或弧形弯曲,后横沟在前胸背板中后段穿过,侧隆线间最宽处明显大于其前段的最宽处。前翅常缩短,在背部毗连,有时雌性侧置,前、后肘脉明显分开,具明显的肘脉域,肘脉域的最宽处等于或略小于中脉域的最宽处。雄性前足胫节通常不膨大,有时呈梨形膨大。后足跗节短,其长为第2、3节长之和(图125,⑤)。雄性腹部末节背板后缘及肛上板边缘黑色。雌性下生殖板后缘突出或中凹。

本属内蒙古有6个种:锡林蛛蝗 *Aeropedellus xilinensis* Liu et Xia,黑肛蛛蝗 *Aeropedellus nigrepiproctus* Kang et Chen,宽隔蛛蝗 *Aeropedellus ampliseptus* Liang et Jia,蛛蝗 *Aeropedellus reuteri* Miram,贺兰山蛛蝗 *Aeropedellus helanshanensis* Zheng,六盘山蛛蝗 *Aeropedellus liupanshanensis* Zheng。

内蒙古草地常见蛛蝗属 *Aeropedellus* Hebard 分种检索表

1(8)雄性前翅顶端到达或超过肛上板基部;雌性前翅在背部毗连。雌性下生殖板中央具凹口。

2(7)跗节爪间具宽的中垫,其宽为爪宽的 1.5~2 倍。雄性前足不膨大,少数膨大。

3(4)前、后翅发达,雄性前翅顶端到达后足股节顶端,雌性超过后足股节中部。前胸背板侧隆线在沟前区最宽处为最狭处的 1.7~1.8 倍(图125,①)。雌性腹部末节背板后缘、肛上板边缘及中央纵沟黑色 ·· 锡林蛛蝗 *Aeropedellus xilinensis* Liu et Xia

4(3)前、后翅短,其顶端雄性明显不到达后足股节端部,雌性不达后足股节中部。

5(6)雄性肛上板全部黑色。前翅前缘脉域极宽,最宽处大于缘前脉域宽的 2.3 倍(图126,②) ·· 黑肛蛛蝗 *Aeropedellus nigrepiproctus* Kang et Chen

6(5)雄性肛上板只在边缘黑色。前翅前缘脉域最宽处为中脉域最宽处的 1.6 倍。中胸腹板侧叶间宽为长的 1.3 倍(图127,①) ·················· 宽隔蛛蝗 *Aeropedellus ampliseptus* Liang et Jia

7(2)跗节爪间中垫小,其宽约等于爪的宽度。雄性前足膨大(图128,③)。雌性前胸背板沟后区短,前胸背侧隆线间最宽处大于沟后区长的 2 倍(图128,①)。雄性前翅不超过下生殖板的顶端 ··· 蛛蝗 *Aeropedellus reuteri* Miram

8(1)雄性前翅顶端不到达肛上板基部,如到达则腹部末节背板边缘及肛上板侧缘不呈黑色;雌性前翅在背部不毗连,彼此分开。雌性下生殖板后缘中央呈圆形或钝角形向后突出(图129,⑤)。复眼纵径为眼下沟长的 1.5 倍。前翅缘前脉域不到达翅的中部,缘前脉域宽为中脉域宽的 1.8 倍 ···················· 贺兰山蛛蝗 *Aeropedellus helanshanensis* Zheng

(105)锡林蛛蝗 Aeropedellus xilinensis Liu et Xia,1992（彩图 105）

Aeropedellus xilinensis Liu et Xia,1986. Acta Ent. Sin，29(1):67~68.

雄性体长 13.0~15.0mm,雌性体长 14.3~17.6mm。体暗黑色。头顶端呈直角形。头侧窝狭长。颜面隆起在触角基以下具纵沟。雄性复眼纵径为眼下沟长的 1.4 倍(雄性)和 1.2 倍(雌性)。前胸背板侧隆线在沟前区呈弧形弯曲,后横沟几乎位于中部(图 125,①)。前、后翅发达,到达后足股节顶端,雄性前翅前缘脉域很宽,最宽处约等于缘前脉域宽的 2 倍,为中脉域宽的 1.5 倍;雌性前翅缘前脉域较狭。前足胫节正常,不膨大。爪中垫较宽大(图 125,②)。后足股节内侧基部具暗色斜纹。腹部末节背板后缘黑色,肛上板边缘黑色,中央纵沟黑色。雌性下生殖板后缘中央呈弧形凹口,下产卵瓣外缘具浅凹口(图 125,③)。雄性阳茎基背片呈桥状,如图 125,④。

分布:内蒙古赤峰市阿鲁科尔沁旗、兴安盟、呼伦贝尔市额尔古纳市、锡林郭勒盟锡林浩特市。

彩图 105　锡林蛛蝗 *Aeropedellus xilinensis* Liu et Xia

1.背面观(雄性);2.侧面观(雄性);3.侧面观(雌性);4.背面观(雌性)

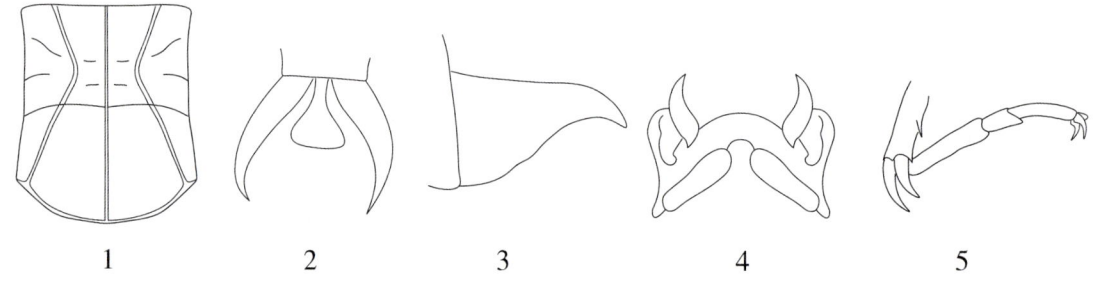

图 125　锡林蛛蝗 *Aeropedellus xilinensis* Liu et Xia（1~4），

北方蛛蝗 *Aeropedellus variegatus borealis* Mistshenko（5）

1~4.锡林蛛蝗 *Aeropedellus xilinensis*,1.前胸背板背面观(雄性),2.爪及中垫,3.下产卵瓣(雌性),4.阳茎基背片;5.北方蛛蝗 *Aeropedellus variegatus borealis*,足跗节(雄性)

(106)黑肛蛛蝗 *Aeropedellus nigrepiproctus* Kang et Chen，1990（彩图106）

Aeropedellus nigrepiproctus Kang et Chen，1990. Entomotaxonomia 12(3~4):195~198.

雄性体长12.0~13.5mm，雌性体长15.0~16.5mm。与锡林蛛蝗近似。眼后带黑色。头侧窝狭长。颜面隆起在中单眼下略凹陷。前胸背板侧隆线在沟前区呈弧形弯曲（图126，①），内侧具暗色条纹；前胸背板侧片后角上段具1个淡色长斑；沟前区长为沟后区长的1.3倍。前翅褐色，前缘脉域基部1/2~1/3处具白色纵条纹。前、后翅较短，雄性超过腹部末端，到达后足股节膝部；雌性到达第5腹节背板。雄性前翅前缘脉域最宽处为缘前脉域宽的2.3倍，为中脉域宽的1.9倍（图126，②）。后足股节上膝侧片黑色。后足胫节褐色。雄性腹部末节背板边缘、肛上板全部及肛侧板上缘均为黑色（图126，③）。雄性下生殖板呈短锥形。雌性下生殖板后缘中央梯形凹入（图126，④），下产卵瓣钩形弯曲。雄性阳茎基背片如图126，⑤。

分布：内蒙古锡林郭勒盟锡林浩特市、呼伦贝尔市。

彩图106 黑肛蛛蝗 *Aeropedellus nigrepiproctus* Kang et Chen
1.背面观（雄性）；2.侧面观（雄性）；3.侧面观（雌性）；4.背面观（雌性）

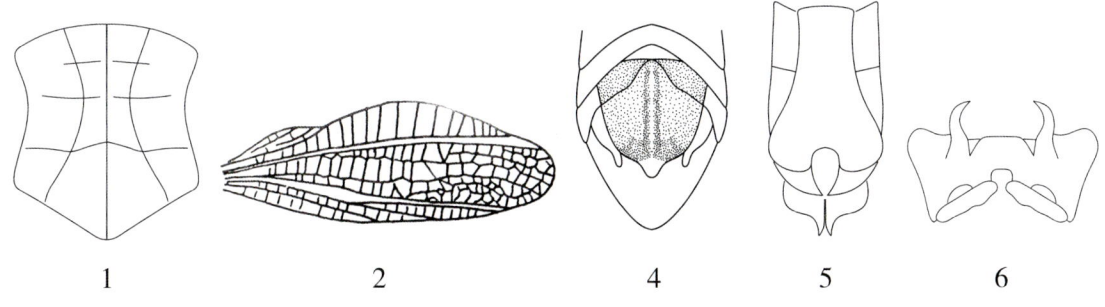

图126 黑肛蛛蝗 *Aeropedellus nigrepiproctus* Kang et Chen（1~5）
1.前胸背板背面观（雄性）；2.前翅（雄性）；3.肛上板（雄性）；4.腹部末端腹面观（雌性）；5.阳茎基背片

(107) 宽隔蛛蝗 *Aeropedellus ampliseptus* Liang et Jia, 1992（彩图 107）

Aeropedellus ampliseptus Liang et Jia, 1992. Acta Scientiarum Naturalium Universitatis Sunystseni 31(1):94~95.

雄性体长约 16.0mm，雌性体长无记录。体黑褐色。头顶近直角形，头侧窝长为宽的 2.5 倍。颜面隆起在触角间之下至中单眼下方具纵沟。复眼纵径为眼下沟长的 1.53 倍。前胸背板侧隆线间最宽处为最狭处的 1.6 倍；中胸腹板侧叶间中隔宽，最狭处为长的 1.33 倍；后胸腹板侧叶分开（图 127，①）。前翅略超过腹部末端，但不达后足股节端部；缘前脉域最宽处为中脉域最宽处的 1.6 倍，中脉域稍宽于肘脉域。前足胫节不膨大，下缘无长毛。鼓膜孔呈宽卵形。肛上板呈盾形，中央具宽浅沟，侧缘中部小凹（图 127，②），肛上板除中央基半部淡褐色外，其余黑色。后足股节内侧具暗色斜纹。后足胫节淡红色。腹部末节背板边缘黑色。雄性阳茎基背片如图 127，③。

分布：内蒙古赤峰市、兴安盟、呼伦贝尔市额尔古纳市。

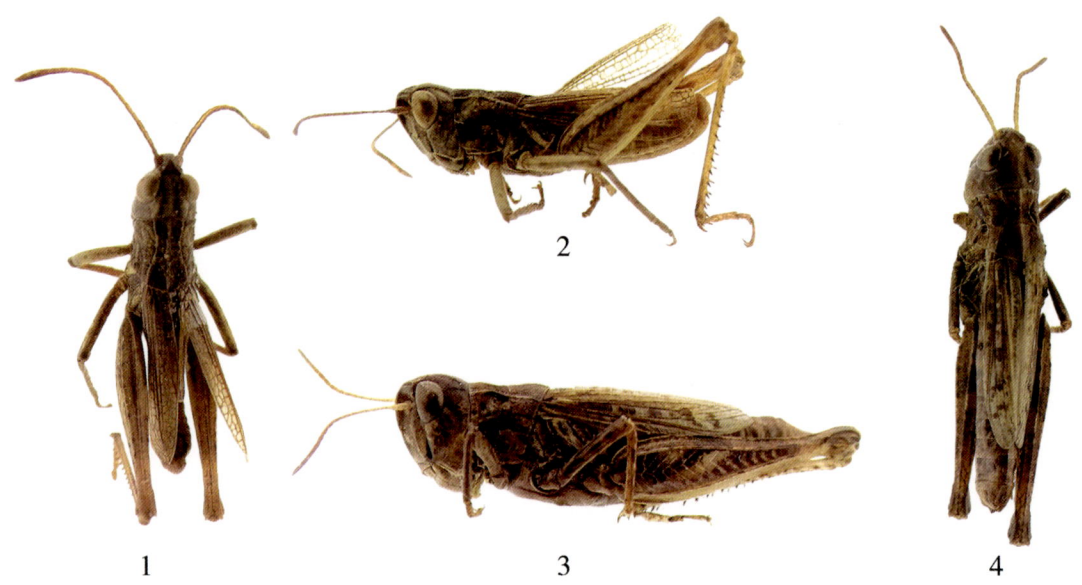

彩图 107　宽隔蛛蝗 *Aeropedellus ampliseptus* Liang et Jia
1.背面观(雄性)；2.侧面观(雄性)；3.侧面观(雌性)；4.背面观(雌性)

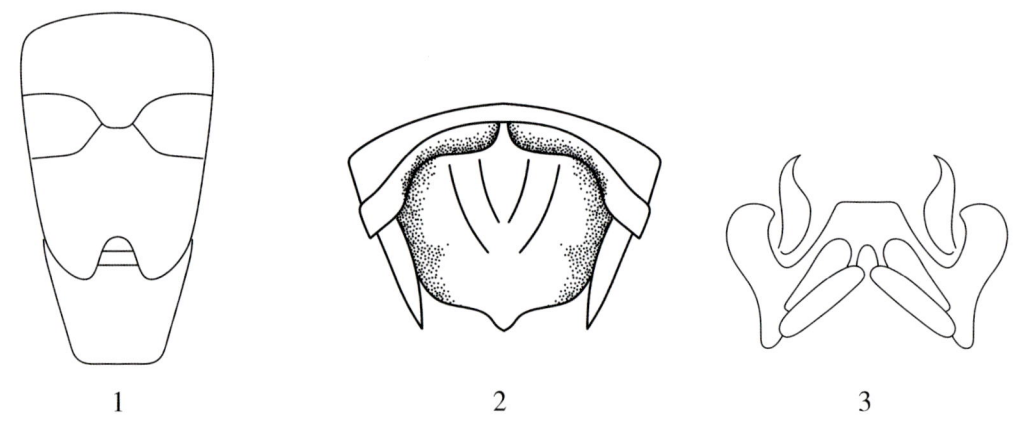

图 127　宽隔蛛蝗 *Aeropedellus ampliseptus* Liang et Jia（1~3）
1.中、后胸腹板(雄性)；2.腹部末端背面观(雄性)；3.阳茎基背片

(108)蛛蝗 Aeropedellus reuteri Miram, 1906（彩图108）

Gomphocerus reuteri Miram, 1906~1907. ÖEvers. Finska Vet. Soc. Forh. 49.(6)p.6.

Aeropedellus reuteri (Miram), Tarbinsky, 1930. Konowia 9:186.

Gomphocerus simillimus Ikonnikov, 1911. Rev. Russ. Ent. 11:98.

雄性体长14.0~18.0mm，雌性体长15.0~18.0mm。体小型，暗褐色。头侧窝狭长。颜面隆起在中部凹陷。复眼近三角形，其纵径为眼下沟长的1.5倍。前胸背板中部略膨大；中隆线明显；侧隆线在沟前区略呈弧形弯曲（图128，①②）；后横沟位于背板中后部，切断中、侧隆线，沟前区长为沟后区长的1.54倍；前胸背板侧片长与高几乎相等，前角呈钝圆形，后角近直角形。中胸腹板侧叶间中隔宽，后胸腹板侧叶分开。前翅发达，到达肛上板基部或到后足股节中部；前缘脉域较宽，最宽处为中脉域最宽处的2.1倍。前足胫节略膨大（图128，③）。后足股节上侧中隆线平滑，下膝侧片呈顶圆形。后足胫节缺外端刺。鼓膜孔呈卵圆形。肛上板宽，后缘近圆形。尾须侧扁。雄性下生殖板呈短锥形，顶端钝（图128，④）。

分布：内蒙古阿拉善左旗贺兰山，宁夏，新疆。

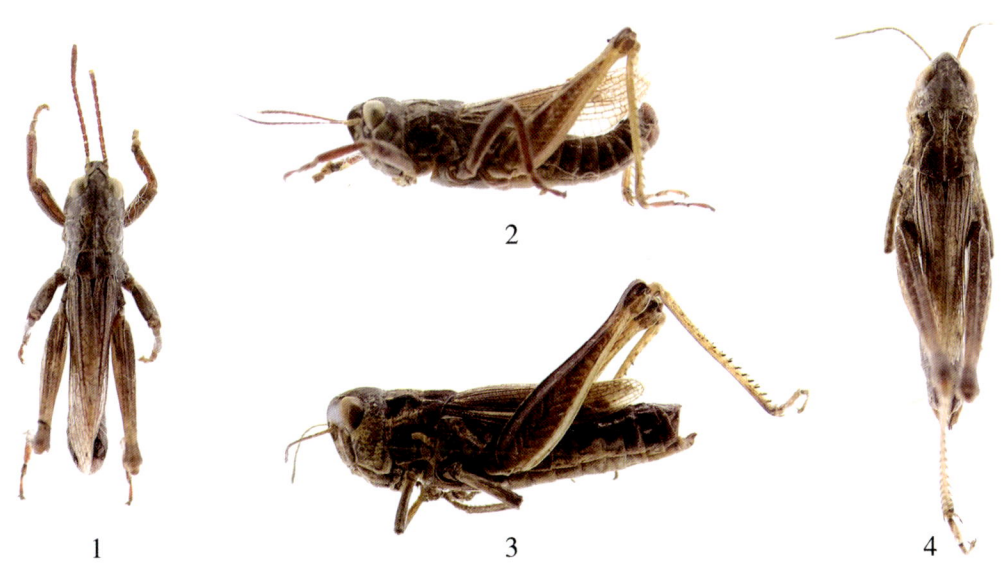

彩图108　蛛蝗 *Aeropedellus reuteri* Miram

1.背面观（雄性）；2.侧面观（雄性）；3.侧面观（雌性）；4.背面观（雌性）

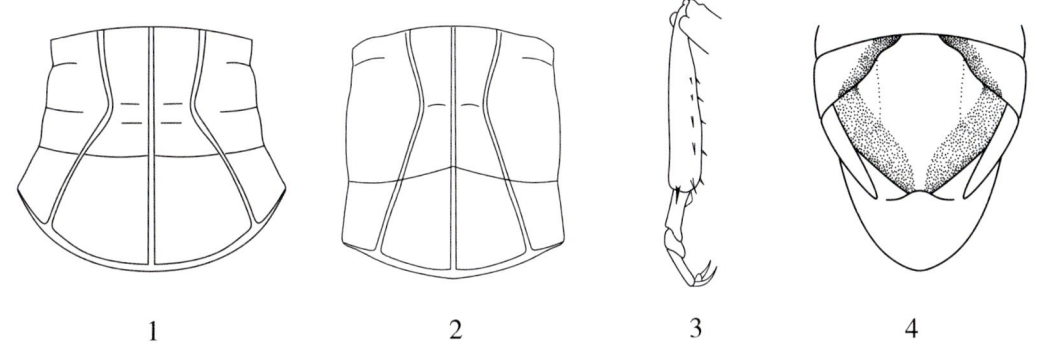

图128　蛛蝗 *Aeropedellus reuteri* Miram（1~4）

1.前胸背板背面观（雌性）；2.前胸背板背面观（雄性）；3.前足胫节（雄性）；4.腹部末端背面观（雄性）

(109)贺兰山蛛蝗 *Aeropedellus helanshanensis* Zheng,1992 （彩图109）

Aeropedellus helanshanensis Zheng,1992. Grasshoppers Fauna of Ningxia,p. 107～109.

雄性体长14.0～15.0mm,雌性体长17.0～19.0mm。体暗黄褐色。头侧窝呈四角形。颜面隆起在中单眼下具宽纵沟。触角呈棒状,端部数节略膨大。复眼纵径为眼下沟长的1.5倍。前胸背板中隆线明显,侧隆线外侧具狭长的黑色纵条,侧隆线略呈弧形弯曲（图129,①②）;后横沟切断中、侧隆线,沟前区长为沟后区长的1.2倍。中胸腹板侧叶宽大于长,后胸腹板侧叶略分开。前翅较短,约达后足股节2/3处;缘前脉域不到达前翅中部,前缘脉域最宽处大于中脉域宽的1.8倍;中脉域与肘脉域等宽。后翅短,仅达前翅的2/3处。前足胫节正常,不膨大。后足股节上侧中隆线光滑。后足胫节缺外端刺。鼓膜器呈卵圆形。肛上板呈宽三角形,顶端尖。尾须呈柱状,到达肛上板的顶端。下生殖板呈短锥形,顶端钝（图129,③）。雌性产卵瓣粗短,末端呈钩状（图129,④）。雄性下生殖板后缘呈圆弧形或近平（图129,⑤）。

分布:内蒙古阿拉善盟贺兰山。

彩图109 贺兰山蛛蝗 *Aeropedellus helanshanensis* Zheng
1.背面观(雄性);2.侧面观(雄性)

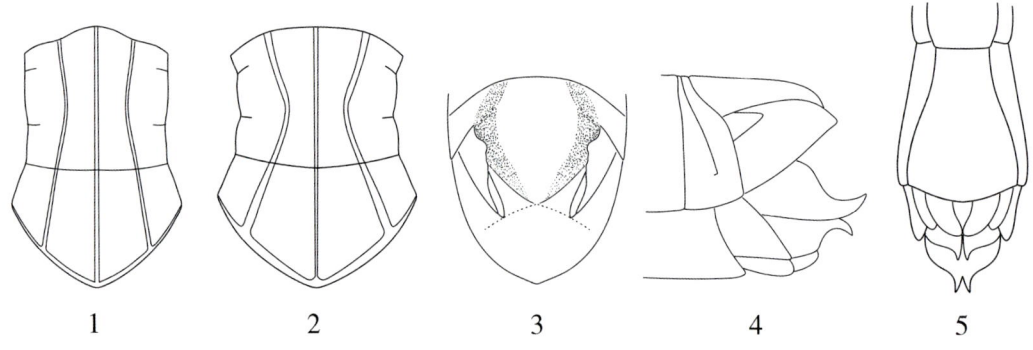

图129 贺兰山蛛蝗 *Aeropedellus helanshanensis* Zheng（1～5）
1.前胸背板背面观(雄性);2.前胸背板背面观(雌性);3.腹部末端背面观(雄性);4.腹部末端侧面观(雌性);5.腹部末端腹面观(雌性)

45. 棒角蝗属 *Dasyhippus* Uvarov, 1930

Dasyhippus Uvarov, 1930, Eos. 6:357.

模式种: *Gomphocerus escalerai* Bolivar, 1899

体小型。颜面颇倾斜。头侧窝呈狭长四角形。触角细长,超过前胸背板后缘,顶端明显膨大,扁平(图130,①)(图131,①)。前胸背板侧隆线在中部弯曲,后横沟位于前胸背板中后部,沟前区长大于沟后区(图130,②)(图131,②)。前翅发达,不到达或到达或超过后足股节顶端;缘前脉域基部膨大,前、后肘脉明显分开。后翅与前翅等长。前足胫节正常,后足第1跗节明显长于第2,3跗节长之和(图130,⑧)。腹部末节背板后缘和肛上板边缘常黑色。雌性下生殖板后缘中央略凹陷。

本属内蒙古有2个种:毛足棒角蝗 *Dasyhippus barbipes* (Fischer-Waldheim),北京棒角蝗 *Dasyhippus peipingensis* Chang。

内蒙古草地常见棒角蝗属 *Dasyhippus* Uvarov 分种检索表

1(2)雄性前足胫节下侧具长绒毛(图130,④)。雄性前翅中脉域略大于肘脉域(图130,③)。头顶较狭,顶端锐。雄性肛上板具黑色边,后足胫节基部淡色,无黑色环 ··· **毛足棒角蝗** *Dasyhippus barbipes* (Fischer-Waldheim)

2(1)雄性前足胫节下侧具稀疏短绒毛。雄性前翅中脉域宽略小于肘脉域之宽(图131,③)。头顶较宽,顶端呈直角形(图131,②)。雄性肛上板无黑色边,后足胫节基部黑色 ·· **北京棒角蝗** *Dasyhippus peipingensis* Chang

(110)毛足棒角蝗 *Dasyhippus barbipes* (Fischer-Waldheim, 1846)(彩图110)

Gomphocerus barbipes Fischer-Waldheim, 1846. Nouv. Mem. Soc. Imp. Natur. Moscou. p. 8:339.

Dasyhippus przewalskii Chang, 1939. Notes Ent. Chin. Mus. Heude 6:8.

Gomphocerus przewalskii Zubovsky, 1896. Ann. Mus. Zool. Petersb. Ⅰ. p. 150.

雄性体长15.0~19.0mm,雌性体长16.5~21.0mm。体通常黄褐色。头大而短。颜面倾斜,颜面隆起上端较窄,下端较宽,纵沟较低凹。头侧窝呈狭长四方形。触角细长,雄性触角顶端明显膨大呈锤形(图130,①)。复眼呈卵形,纵径为横径的1.3~1.4倍。前胸背板中隆线和侧隆线明显,侧隆线在沟前区明显弯曲(图130,②),前缘平直,后缘弧形。前翅发达,长为宽的6倍,顶端到达后足股节的顶端;前缘脉域约为亚前缘脉域宽的3倍;中脉域略大于肘脉域的最大宽度;前后肘脉全长明显合并(图130,③)。雄性前足胫节稍膨大,底侧具有细长绒毛(图130,④);后足股节外侧上膝片顶端圆形;后足胫节顶端无外端刺,基部淡色,无黑色环。肛上板呈三角形,具纵沟。雄性下生殖板呈短锥形,顶端钝(图130,⑤)。雌性产卵瓣粗短,顶端略呈钩状(图130,

⑥)。雄性阳茎基背片如图130,⑦。

一年发生一代,以卵在土中越冬。卵5月初开始孵化,6月中旬成虫大量羽化,7月初到7月中旬交尾产卵。发生期较早,在轻度退化的草场数量较大。为害禾本科、藜科等植物。喜食羊

彩图110　毛足棒角蝗 *Dasyhippus barbipes* Fischer-Waldheim
1.背面观(雄性);2.侧面观(雄性);3.侧面观(雌性);4.背面观(雌性)

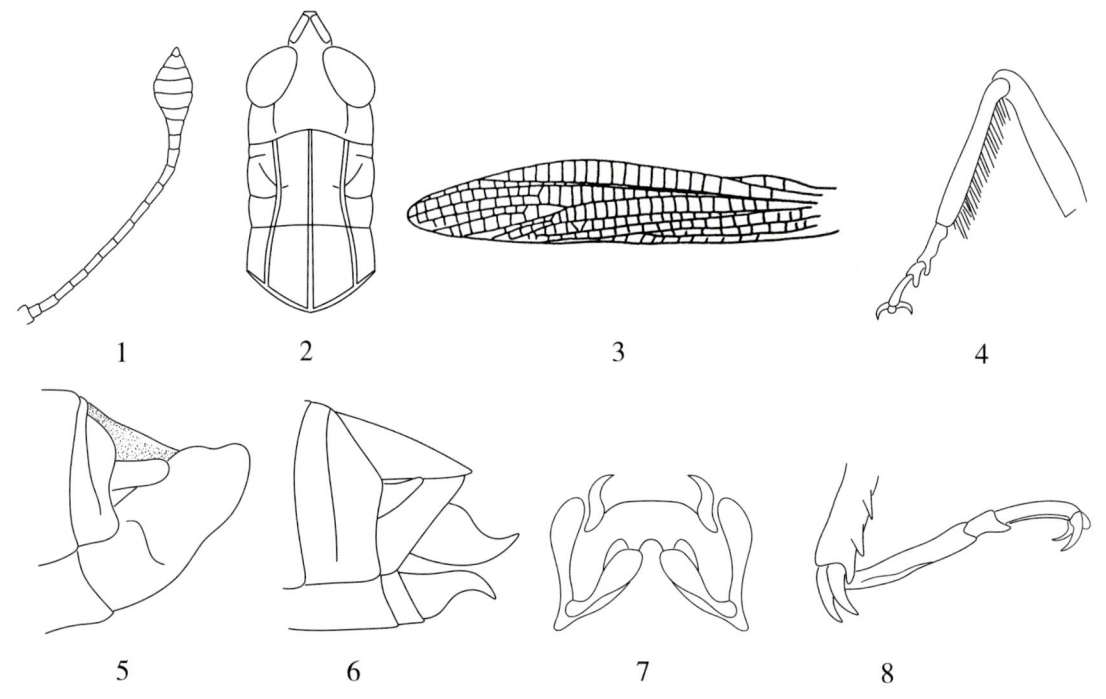

图130　毛足棒角蝗 *Dasyhippus barbipes* Fischer-Waldheim (1～8)
1.触角(雄性);2.头、前胸背板背面观;3.前翅(雄性);4.前足胫节(雄性);5.腹部末端侧面观(雄性);6.腹部末端侧面观(雌性);7.阳茎基背片;8.跗节(雌性)

草、冰草、冷蒿、早熟禾、苔草、星毛萎陵菜和乳白花黄芪。为内蒙古东部典型草原地区危害性较大的优势种蝗虫。栖息于针茅草原,数量多时引起蝗灾。

分布:内蒙古赤峰市阿鲁科尔沁旗、呼和浩特市、包头市、呼伦贝尔市、兴安盟、锡林郭勒盟、乌兰察布市、巴彦淖尔市,黑龙江,吉林,甘肃,青海。

(111)北京棒角蝗 *Dasyhippus peipingensis* Chang, 1939 (彩图111)

Dasyhippus peipingensis Chang,1939. Notes Ent. Chin. Mus. Heude 6:12.

雄性体长16.0~18.3mm,雌性体长20.0~22.5mm。雌性体形大于雄性。颜面隆起在中单眼以上平坦,以下具纵沟。触角顶端褐色。复眼后沿前胸背板侧隆线具褐色纵纹。前胸背板侧片后下角具白色斑。前翅前缘脉域基半部具白色纵纹。头侧窝狭长,呈四角形,触角顶端数节膨大(图131,①)。前胸背板中隆线较低,侧隆线在中部稍弯曲(图131,②)。后胸腹板侧叶全长彼此分开。前翅狭长,雌性前翅较短,前缘脉域不到达前翅中部,前缘脉域宽大于亚前缘脉域的2.4倍,中脉域略小于肘脉域(图131,③)。前足胫节下侧略具稀疏短绒毛。后足胫节基部黑色。肛上板呈三角形,雄性肛上板无黑色边,基部具中纵沟,两侧缘中部向上卷起。雄性下生殖板呈短锥形,顶端尖(图131,④),尾须呈短锥形。雌性产卵瓣如图131,⑤,雄性阳茎基背片如图131,⑥。

一年发生一代,以卵在土中越冬。为害禾本科、藜科植物。喜食羊草、冰草、冷蒿、早熟禾、寸草苔、委陵菜。

分布:内蒙古兴安盟扎赉特旗、科尔沁右翼前旗、科尔沁右翼中旗、突泉县,河北,山西,陕西,甘肃,山东。

彩图111 北京棒角蝗 *Dasyhippus peipingensis* Chang
1.背面观(雄性);2.侧面观(雄性);3.侧面观(雌性);4.背面观(雌性)

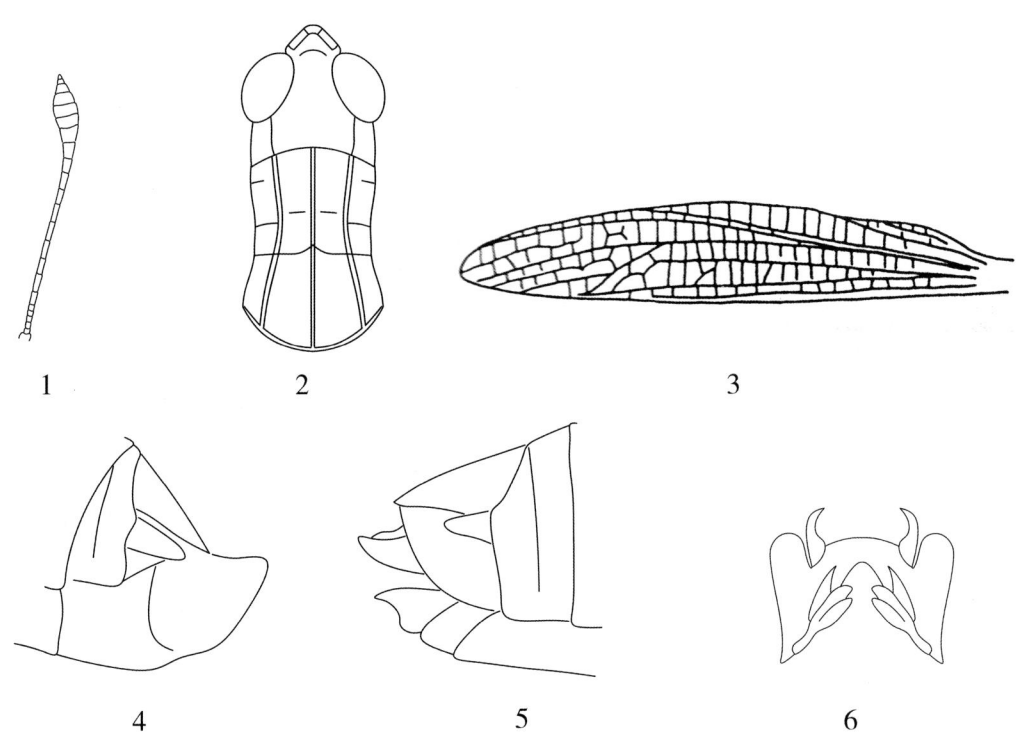

图 131 北京棒角蝗 Dasyhippus peipingensis Chang (1~6)

1.触角(雄性);2.头、前胸背板背面观(雄性);3.前翅(雄性);4.腹部末端侧面观(雄性);5.腹部末端侧面观(雌性);6.阳茎基背片

46. 蚁蝗属 Myrmeleotettix Bolivar, 1914

Myrmeleotettix Bolivar,1914. Trab. Mus. Cienc. Nat. Madr. Ser. Zool. 20:61.

模式种: *Gomphoerus maculatus* Thunberg, 1815

体小型。头侧窝狭长四角形。触角顶端略膨大。前胸背板侧隆线在沟前区呈角状弯曲,侧隆线间最宽处为最狭处的1.5~2倍;后横沟位于背板中部。前翅发达,不到达、到达或超过后足股节的顶端;前缘平直;缘前脉域在基部不扩大,其顶端超过前翅的中部。后翅与前翅等长。后足胫节内侧下距略长于上距。鼓膜孔呈狭缝状。雌性下生殖板后缘中央呈三角形突出。雄性腹部末端色与体色相同。

本属内蒙古有2种:宽须蚁蝗 *Myrmeleotettix palpalis* (Zubovsky),短翅蚁蝗 *Myrmeleotettix brachypterus* Liu。

内蒙古草地常见蚁蝗属 Myrmeleotettix Bolivar 分种检索表

1(1)雌、雄两性前、后翅短,其顶端略不达、到达或不达后足股节端部,前翅中脉域较狭,最宽处为肘脉域最宽处的1.5~2倍。触角粗短,中段一节长约为宽的1.5倍。雌、雄两性触角顶端略膨大(图132,①)。下颚须端部扩大,顶端圆(图132,②) ·················· **宽须蚁蝗 *Myrmeleotettix palpalis* (Zubovsky)**

(112)宽须蚁蝗 *Myrmeleotettix palpalis* (Zubovsky,1900)(彩图112)

Gomphocerus palpalis Zubovsky,1900. Tr. Russ. Ent. Obsh. XXXIV.13

Myrmeleotettix kunlunensis Huang,1987. Entomotaxonomia 9(2):109.

雄性体长10.4~13.1mm,雌性体长11.3~17.7mm。体黄褐色或暗褐色。颜面隆起侧缘近平行,纵沟明显。头侧窝呈狭长四角形。触角呈丝状,顶端明显膨大,但不呈锤状(图132,①)。下颚须顶端宽大,长为宽的1.5~2倍(图132,②)。复眼呈卵形。前胸背板侧隆线略弧形弯曲(图132,③④),中隆线明显,沟前区与沟后区几乎等长。前胸腹板在前足之间略呈圆形隆起。前翅发达,较直,雄性到达后足股节顶端,雌性较短,明显不到达后足股节膝部;缘前脉域基部不膨大;前翅中脉域有4~5个黑斑,中脉域最宽处为肘脉域宽的1.5~2倍(图132,⑤)。鼓膜孔呈狭缝状(图132,⑥)。后足股节上膝侧片呈圆形。后足胫节顶端内侧的下距略长于上距。雄性尾须呈锥状,不超过肛上板顶端;下生殖板呈短锥形,顶端较钝(图132,⑦)。雌性生殖板后缘中央呈三角形突出;产卵瓣上外缘光滑,顶端呈钩状(图132,⑧)。雄性阳茎基背片如图132,⑨,阳茎复合体如图132,⑩。

一年发生一代,以卵在土中越冬。5月中旬越冬卵开始孵化,6月下旬至7月上旬为成虫发生盛期,7月上、中旬为成虫产卵盛期。栖息于典型草原和荒漠草原,是草地蝗虫的主要优势种之一。气温适宜时大发生,常造成蝗灾,以取食禾本科植物为主,如羊草、隐子草、针茅、早熟禾、扁穗、冰草、狐草、燕麦、小麦等,也少量取食豆科的苜蓿、三叶草、草木樨、小叶锦鸡儿以及菊科的冷蒿、变蒿、沙蒿及莎草科的苔草等。

分布:内蒙古赤峰市、呼和浩特市、包头市、呼伦贝尔市、兴安盟、锡林郭勒盟、乌兰察布市、巴彦淖尔市、阿拉善盟,东北各省,甘肃,青海,新疆。

彩图112 宽须蚁蝗 *Myrmeleotettix palpalis* Zubovsky
1.背面观(雄性);2.侧面观(雄性);3.侧面观(雌性);4.背面观(雌性)

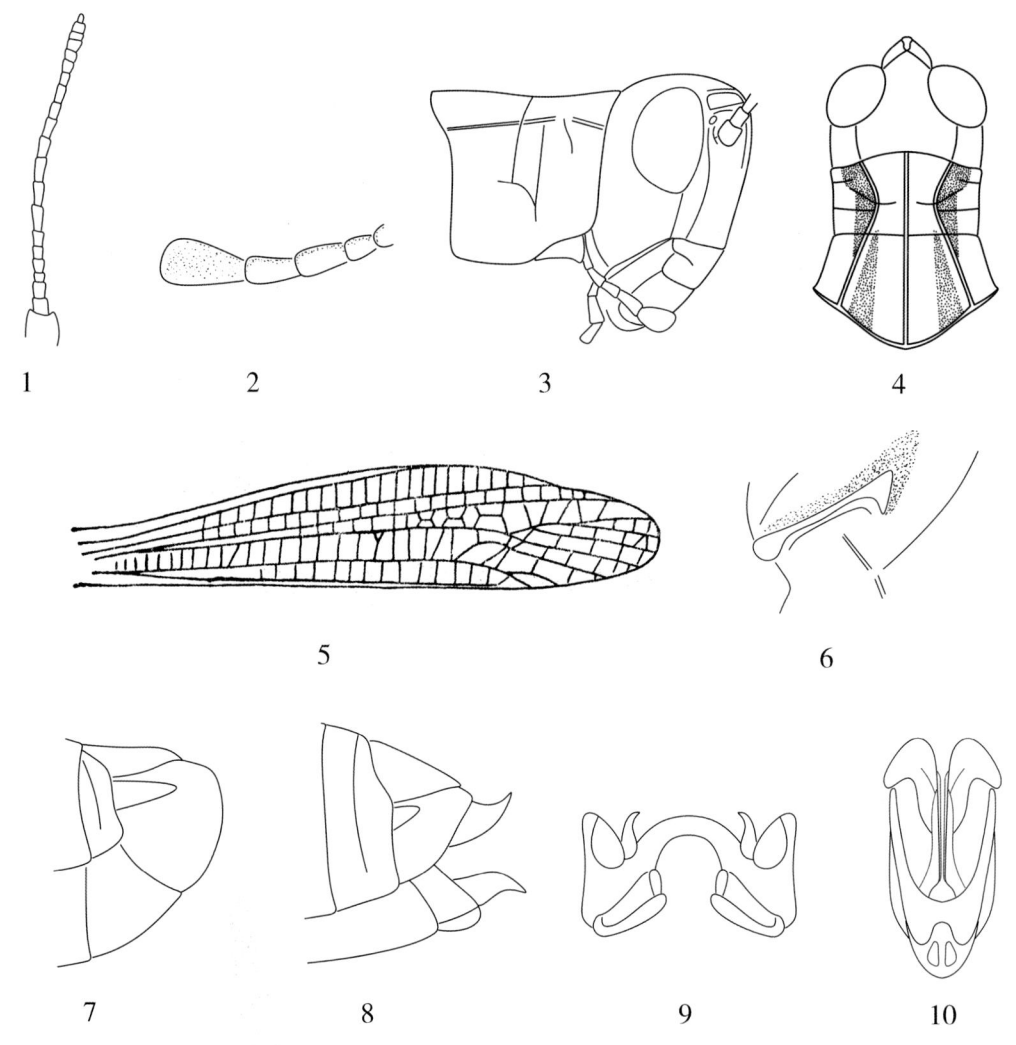

图 132 宽须蚁蝗 *Myrmeleotettix palpalis* Zubovsky（1～10）

1.触角(雄性)；2.下颚须(雄性)；3.头、前胸背板侧面观(雄性)；4.头、前胸背板背面观(雌性)；5.前翅(雄性，右侧)；6.鼓膜器；7.腹部末端侧面观(雄性)；8.腹部末端侧面观(雌性)；9.阳茎基背片；10.阳茎复合体

七、剑角蝗科 Acrididae MacLeay, 1821

体形变异较大，粗短至细长，大多数侧扁。头部侧面观为钝锥形或长锥形（图138，①）。头侧窝发达、不明显或缺。颜面向后倾斜。复眼较大，几乎位于头部顶端。触角呈剑状，基部各节较宽，其宽较大于其长，自基部逐渐向端部趋狭（图139，②）。前胸背板中隆线较弱，侧隆线完整或缺。前胸腹板具突起或缺。前、后翅发达，大多数狭长，端部尖锐，有时短缩或呈鳞片状，侧置。后足股节上基片长于下基片，外侧中段具羽状纹，内侧下隆线具音齿或缺。鼓膜器发达。

内蒙古有2个亚科。

内蒙古剑角蝗科 Acrididae MacLeay 分亚科检索表

1(2) 后足股节内侧下隆线具密而明显的发音齿。头部明显短于前胸背板。体较粗壮 ·· **绿洲蝗亚科 Chrysochraontinae**

2(1) 后足股节内侧缺发音齿。体细长。头长于或等于前胸背板。后足股节细长,不善于跳跃;上侧中隆线光滑 ·· **剑角蝗亚科 Acridinae**

(十八)绿洲蝗亚科 Chrysochraontinae Brunner von Wattenwyl, 1893

体中小型,粗壮。头顶呈锐角。头顶前缘无细纵沟。触角呈剑状,位于侧单眼的前方。头侧窝缺或明显呈长方形。前胸腹板在两前足基节之间平坦或略呈圆形隆起。前、后翅均发达,有时在雌性缩短。后足股节上基片长于下基片,外侧中区具羽状隆线。鼓膜器发达。发音为后足—前翅型,后足股节内侧下隆线具细而密的发音齿,同前翅纵脉摩擦发音,短翅种类有时发音齿退化。

内蒙古有 6 个属:金色蝗属 *Chrysacris* Zheng,直背蝗属 *Euthystira* Fieber,迷蝗属 *Confusacris* Yin et Li,鸣蝗属 *Mongolotettix* Rehn,拟埃蝗属 *Pseudoeoscyllina* Liang et Jia,小垫蝗属 *Pusillarolium* Zheng。

内蒙古草地常见绿洲蝗亚科 Chrysochraontinae Brunner von Wattenwyl 分属检索表

1(2) 雌、雄两性前翅发达,其顶端超过后足股节端部,顶端呈圆形。前胸背板侧隆线在沟前区消失。雌性产卵瓣较长,上产卵瓣之上外缘较平直,无凹口,具细齿 ···················· **金色蝗属 *Chrysacris* Zheng**

2(1) 雌、雄两性前翅缩短,其顶端明显不到达后足股节端部(雄性),或离后足股节中部很远,在体背部分开,不毗连(雌性),如前翅发达(大翅型),则前胸背板侧隆线全长完整或雄性前翅端部不呈圆形。

3(6) 前胸背板具明显或较明显的侧隆线。雄性前翅具不规则的四角形翅室。后足跗节第 1 节的长等于或明显长于第 3 节的长。

4(5) 触角基部节略宽短,其宽略大于长(图 134,⑥)。雄性前翅端部呈斜截状,或呈斜圆形。雄性前翅宽长,在背部毗连。后足跗节第 1 节长于第 3 节 ···················· **直背蝗属 *Euthystira* Fieber**

5(4) 触角呈剑状,雌性尤为明显(图 136,②)。雄性前翅顶端具凹口(图 136,③) ···················· **迷蝗属 *Confusacris* Yin et Li**

6(3) 前胸背板侧隆线在沟前区较不清楚。雄性前翅具规则的直角形或方形翅室。后足跗节第 1 节的长几乎等于第 3 节之长 ···················· **鸣蝗属 *Mongolotettix* Rehn**

47. 金色蝗属 *Chrysacris* Zheng, 1983

Chrysacris Zheng, 1983. Entomotaxonomia 5(3):259～261.

模式种: *Chrysacris qinlingensis* Zheng, 1983

体中型。头背面具中隆线。颜面颇倾斜。触角呈狭剑状,超过前胸背板后缘。前胸背板中隆线明显,侧隆线在沟前区明显,近平行或略凹,在沟后区消失。前翅发达,超过后足股节顶端,翅顶端呈圆形。后足股节较细长,上侧隆线光滑。雄性后足股节内侧下隆线处具1列音齿;下膝侧片顶端呈锐角形。后足第1附节略长于第3跗节。雄性腹部末节具小尾片。下生殖板呈长圆锥形。雌性产卵瓣狭长,上瓣之上外缘较平直,具细齿。

本属内蒙古有5个种:呼盟金色蝗 *Chrysacris humengensis* Ren, Zhang et Zheng,绿金色蝗 *Chrysacris viridis* Lian et Zheng,浅金色蝗 *Chrysacris flavida* Liang et Jia,踏头金色蝗 *Chrysacris tato* Zheng et Zhang,满洲里金色蝗 *Chrysacris manzhoulensis* Zheng et Ren, Zhang。

内蒙古草地常见金色蝗属 *Chrysacris* Zheng 分种检索表

1(1)前翅缘前脉域、前缘脉域及中脉域约等宽。雌性复眼纵径为横径的1.2倍。雌性下产卵瓣略短于上产卵瓣(图133,②) ······················ 呼盟金色蝗 *Chrysacris humengensis* Ren et Zhang

(113)呼盟金色蝗 *Chrysacris humengensis* Ren, Zhang et Zheng, 1993 (彩图113)

Chrysacris humengensis Ren, Zhang et Zheng, 1993. Acta Entomologica Sinica 475～476.

雌性体长20.0mm,雄性无记录。体较粗壮,橄榄绿色。头顶短,其长小于复眼前最宽处的2倍,具中隆线。缺头侧窝。颜面隆起明显,在中眼之下具浅纵沟。触角呈狭剑状。复眼纵径为横径的1.42倍,而与眼下沟近等长。前胸背板中隆线明显;侧隆线在沟前区近平行,在沟后区不明显,略分开(图133,①);沟前区长为沟后区长的1.15倍,沟前区狭于沟后区。中胸腹板侧叶间中隔较宽,后胸腹板侧叶全长分开。前翅发达,超过后足股节的顶端,翅顶端呈圆形;缘前脉域最宽处与前缘脉域、中脉域最宽处等宽,缘前脉域缺中闰脉。后足股节上侧隆线光滑,其顶端呈锐刺状;下膝侧片顶端呈锐角形。雌性下生殖板后缘中央呈尖角形突出。雌性上产卵瓣狭长,上侧内、外缘具细齿;下产卵瓣狭,略短于上产卵瓣(图133,②)。

分布:内蒙古呼伦贝尔市鄂温克族自治旗。

彩图113 呼盟金色蝗 *Chrysacris humengensis* Ren,Zhang et Zheng
1.背面观（雄性）；2.侧面观（雄性）

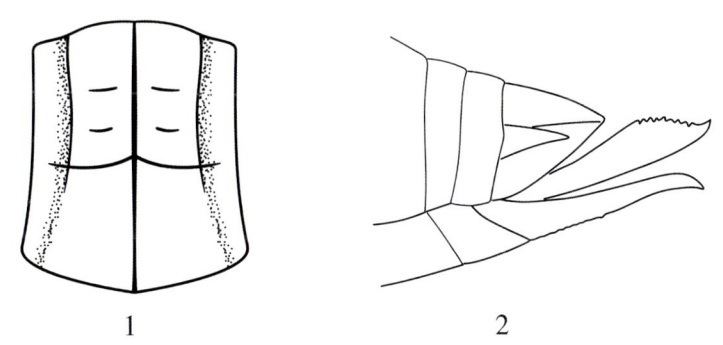

图133 呼盟金色蝗 *Chrysacris humengensis* Ren,Zhang et Zheng(1~2)
1.前胸背板背面观（雄性）；2.腹部末端侧面观（雌性）（仿任炳忠图,2001）

48. 直背蝗属 *Euthystira* Fieber, 1853

Euthystira Fieber,1853. Raised from *Chrysochraon*（*Euthystira*）Mistshenko,1986. Tr. Zool. Inst. Akad. Nauk. SSSR. 143:24.

Eogeacris Rehn,1928. Proc. Acad. Nat. Sci. Philad. 80:198.

模式种：*Gryllus brachypterus* Ocskay,1826

体中小型。颜面隆起全长具纵沟。头顶宽短，呈三角形。缺头侧窝或头侧窝极小，呈三角形。触角呈狭剑状。前胸背板中隆线明显；侧隆线全长明显，平行。雄性前翅短，在背部毗连，翅顶斜圆形，具不规则的四角形翅室；中脉域无闰脉。雌性前翅短，呈鳞片状，侧置。股节内侧下隆线具发音齿。后足第1跗节明显长于第3节。鼓膜孔呈半圆形。雌性具狭长产卵瓣。

本属内蒙古有1个种：短翅直背蝗 Euthystira brachyptera brachyptera (Ocskay)。

内蒙古草地常见直背蝗属 Eutystira Fieber 分种检索表

1(1)雄性下生殖板呈锥形，端部尖，不具圆形凹口。雌性前翅顶端不到达腹部第2节背板后缘。雄性无三角形头侧窝。体暗绿色或黄绿色，无黑色眼后带 ··· 短翅直背蝗 Euthystira brachyptera brachyptera (Ocskay)

(114)短翅直背蝗 Euthystira brachyptera brachyptera (Ocskay, 1826)（彩图114）

雄性体长 13.5～17.0mm，雌性体长 18.0～26.0mm。体暗绿褐色或黄绿褐色。前胸背板侧隆线及前翅基半部具黄白色条纹，雌性前翅具1条黑褐色条纹。头顶、后头和前胸背板的前半部颜色较深。颜面隆起在中单眼之下逐渐扩大，全长具纵沟（图134，①）。前胸背板侧隆线全长明显（图134，②），沟前区长为沟后区长的1.6倍。雄性前翅短，不达后足股节的1/3处，翅顶端中央凹陷（图134，③），前翅基部黄褐色，中部和端部黄色透明；雌性前翅呈鳞片状，倒置，略不到达腹部第2节背板中部。后足股节中隆线和内、外侧上隆线间颜色较深。后足股节上膝侧片褐色或黑褐色。爪不对称，爪中垫超过爪的中部（图134，④）。雌性上、下产卵瓣狭长，外缘具细齿（图134，⑤）。

分布：内蒙古呼伦贝尔市、兴安盟、赤峰市。

彩图114 短翅直背蝗 Euthystira brachyptera brachyptera (Ocskay)
1.背面观(雄性)；2.侧面观(雄性)；3.侧面观(雌性)；4.背面观(雌性)

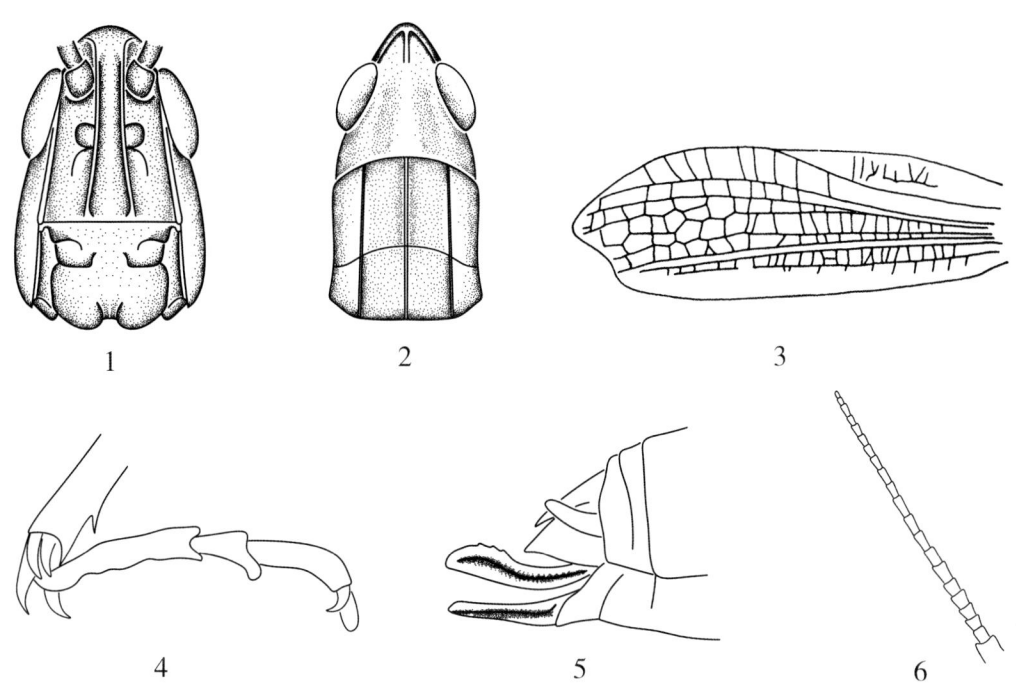

图 134 短翅直背蝗 *Euthystira brachyptera brachyptera* (Ocskay)(1~6)
1.颜面正面观观(雄性);2.头、前胸背板背面观(雄性);3.前翅(雄性);4.后足跗节(雄性);5.腹部末端侧面观(雌性);6.触角(雌性)

49. 迷蝗属 *Confusacris* Yin et Li, 1987

Confusacris Yin et Li,1987. Zoological Res. 8(1):81.

模式种: *Confusacriss brachypterus* Yin et Li,1987

体中小型,细长。颜面常具纵沟。触角呈剑状,基部数节较宽,雌性尤为明显。前胸背板侧隆线全长明显或较明显,几乎平行;后缘稍呈弧形或平截,或在中部微凹。雄性前翅不到达后足股节顶端,其顶端中央具有明显凹口,部分横脉排列不规则,形成不规则的翅室。雌性前翅缩短,侧置,呈鳞片状,在背面不毗连。雌、雄两性后翅均退化,仅可见痕迹。后足股节匀称,其下膝侧片顶端略尖。后足股节内侧下隆线之上具1列发达的音齿,雌性的音齿发育不全。跗节第1节明显长于第3节。雄性下生殖板呈长圆锥形,顶端尖锐。雌性产卵瓣细长,上产卵瓣上外缘具细齿,但无凹口;下产卵瓣下外缘具细齿。

本属内蒙古有3个种:兴安迷蝗 *Confusacris xinganensis* Li et Zheng,素色迷蝗 *Confusacris unicolor* Yin et Li,沼泽迷蝗 *Confusacris limnophila* Liang et Jia。

内蒙古草地常见迷蝗属 Confusacris Yin et Li 分种检索表

1(1) 雄性前胸背板沟前区长为沟后区长的 1.3～1.35 倍。雄性前翅超过后足股节中部。雄性腹部末节背板后缘凹口 ·············· 兴安迷蝗 Confusacris xinganensis Li et Zheng

(115) 兴安迷蝗 Confusacris xinganensis Li et Zheng, 1993 （彩图 115）

Confusacris xinganensis Li et Zheng, 1993. Entomotaxonomia 15(1):6～8

雄性体长 19.2～20.8mm，雌性体长 24.4～26.2mm。体小型，暗橄榄色。头顶沿中隆线两侧具细的暗色纹。颜面颇向后倾斜，颜面隆起明显，全长具纵沟，在中单眼之下较明显扩大，两侧缘明显隆起。头顶呈三角形，向前突出，顶端钝圆，中央纵隆线明显。头侧窝缺。触角呈剑状。复眼呈卵圆形，眼下沟处宽为长的 1.3～1.4 倍。前胸背板中、侧隆线明显，侧隆线近平行。后横沟位中部之后，前中横沟不明显。中胸腹板侧叶间中隔长与狭长处的长几乎相等（图 135, ①②）。前翅短，前端中部略凹陷，部分横脉不规则，形成不规则的翅室，肘脉域与中脉域几乎等宽。后翅退化成很小的片状；雌性后翅呈鳞片状，在背部分开，不到达第 2 腹节背板后缘，端部较尖。后足股节超过腹部末端。腹部末节背面中央具纵隆线，后缘缺尾片，而具凹口（图 135, ③）。尾须远不到达肛上板端部。雌性产卵瓣细长，上产卵瓣上外缘具细齿；下产卵瓣内、外缘均具细齿。雄性阳茎基背片如图 135, ④，阳茎复合体如图 135, ⑤。

分布：内蒙古赤峰市阿鲁科尔沁旗，黑龙江。

彩图 115　兴安迷蝗 Confusacris xinganensis Li et Zheng
1. 背面观（雄性）；2. 侧面观（雄性）；3. 侧面观（雌性）；4. 背面观（雌性）

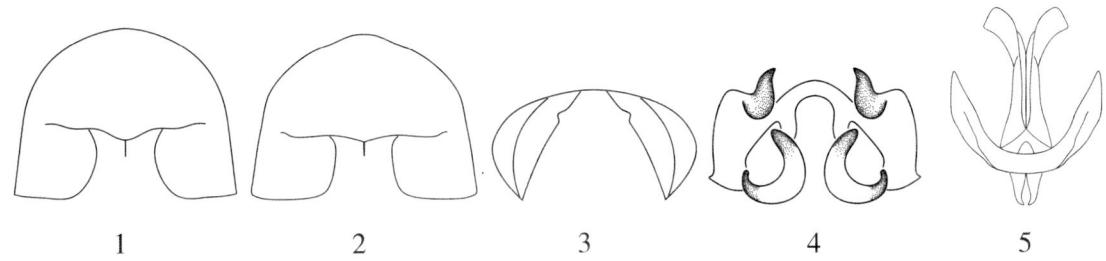

图 135 兴安迷蝗 *Confusacris xinganensis* Li et Zheng (1～5)

1.中胸腹板中隔(雄性);2.中胸腹板中隔(雌性);3.腹部末节背板观(雄性);4.阳茎基背片;5.阳茎复合体

50. 鸣蝗属 *Mongolotettix* Rehn,1928

Mongolotettix for *Chrysochraon japonicu* Bolivar,1898. Rehn,1928. Proc. Acad, Nat. Sci. Philad. 80,200.

模式种: *Chrysochraon japonicus* Bolivar,1898

体中小型,较细。头顶短,几乎等于(雄性)或明显较短于(雌性)复眼前最宽处长,中隆线明显。缺头侧窝。触角呈剑状,基部数节宽阔,顶端之半较细。前胸背板侧隆线在沟前区明显,几乎平行,在沟后区不明显,沟前区明显长于沟后区。雄性前翅发达,超过后足股节中部,顶端中央凹陷,缺中闰脉,具规则的直角形或方形的翅室;雌性前翅呈长卵形(图137,②),侧置,在背部分开。后足股节下膝侧片顶端尖锐。后足跗节第1节长几乎等于第3节长。雄性下生殖板呈锥形,顶端尖。雌性产卵瓣狭长,上产卵瓣上外缘具细齿,近顶端处无凹口。

本属内蒙古有4个种:日本鸣蝗(条纹鸣蝗)*Mongolotettix japonicus vittatus* (Uvarov),狭隔鸣蝗 *Mongolotettix angustiseptus* Wan,Ren et Zhang,郑氏鸣蝗 *Mongolotettix zhengi* Li et Lian,米氏鸣蝗 *Mongolotettix mistshenkoi* Chogsomzhav.

内蒙古草地常见鸣蝗属 *Mongolotettix* Rehn 分种检索表

1(2)中胸腹板侧叶间中隔狭,其前缘宽小于侧叶长的1.25～1.5倍(图136,①)·· **米氏鸣蝗** *Mongolotettix mistshenkoi* Chogsomzhav

2(1)中胸腹板侧叶间中隔宽于侧叶(图137,③)。雌性前翅在白色纵纹之后的黑色纵纹宽(包括径脉、中脉域)。触角短,雄性超过前胸背板后缘,雌性刚到后缘。雄性腹部末节背板具圆形尾片(图137,⑤)。雄性下生殖板呈短圆锥形(图137,⑥) ··· **日本鸣蝗(条纹鸣蝗)** *Mongolotettix japonicus vittatus* (Uvarov)

(116)米氏鸣蝗 *Mongolotettix mistshenkoi* Chogsomzhav,1974 (彩图116)

Mongolotettix mistshenkoi Chogsomzhav,1974. Ent. Obozr. 53:342～335.

雄性体长20.2～21.5mm,雌性体长30.5～32.5mm。体较大,浅褐色。头顶短,具纵沟,中隆线明显,雌性不清晰。颜面隆起倾斜,全长具纵沟,侧缘上段几乎平行,下段近唇基处略分开。复眼呈长椭圆形,明显长于眼下沟之长,雌性几乎等于眼下沟之长。触角呈剑状。前胸背板侧隆线几乎平行,后段略靠近,雌性在沟后区明显;中隆线明显,被后横沟切割,后横沟明显位于中部后段,沟前区长为沟后区长的近2倍。中胸腹板侧叶间中隔狭,宽不足长的1.5倍,雌性宽为长的1.25～1.5倍(图136,①),后胸腹板两侧叶几乎相接,雌性则分开。前翅缩短,略不达腹部第6节背板后缘;雌性前翅非常短缩,侧置,向顶端缩尖,远离腹部第2节背板后缘。前翅顶端无凹陷,翅脉呈方形,中脉域无闰脉(雌性中脉域具闰脉)。后足股节匀称,上膝片圆,下膝片略呈圆形。爪中垫大。跗节第1节等于或略长于第3节长。鼓膜器略呈卵圆形。肛上板呈长三角形,明显大于基部之宽。尾须呈圆锥状,不达肛上板顶端。雌性产卵瓣狭长,上产卵瓣上缘和下产卵瓣下缘有小的齿和小突起,无凹陷。

分布:内蒙古锡林郭勒盟。

彩图116 米氏鸣蝗 Mongolotettix mistshenkoi Chogsomzhav
1.背面观(雄性);2.侧面观(雄性);3.侧面观(雌性);4.背面观(雌性)

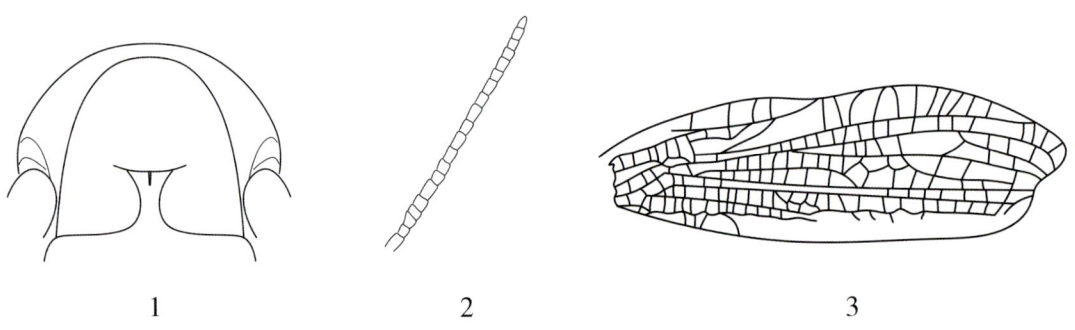

图136 米氏鸣蝗 Mongolotettix mistshenkoi Chogsomzhav(1),素色迷蝗 Confusacris unicolor Yin et Li(2～3)
 1.米氏鸣蝗 Mongolotettix mistshenkoi,中胸腹板腹面观(雄性);2和3.素色迷蝗 Confusacris unicolor,2.触角(雄性);3.前翅(雄性)

(117) 日本鸣蝗(条纹鸣蝗) *Mongolotettix japonicus vittatus* (Uvarov, 1914)(彩图117)

Chrysochraon japonicus Bolivar, 1898. Ann. Mus. Genova, XXXIX. p. 82. n. 32.

Chrysochroan kaszabi Steinmann, 1967. Reichenbachia Mus. Tierk. Dresden 9 NR. 13:108.

Chrysochroan vittatus Uvarov, 1914. Ann Mus. Zool. Ac. Sci. XIX:168.

Mongolotettix vittatus (Uvarov, 1914). Bey-Bienko, 1932. Eos. VIII. 83, 85.

Mongolotettix japonicus vittatus (Uvarov, 1914). Bey-Bienko et Missthenko, 1951. Opered. Fauna SSSR, 40:420.

雄性体长 16.5～18.0mm,雌性体长 26.0～27.0mm。体黄褐色或淡绿色。雄性前翅前缘脉域基部白色纵纹较宽。触角呈剑状,基部的 3～8 节较宽,长约等于头和前胸背板长之和的 1.25 倍(雄性)或刚到达前胸背板后缘(雌性)。缺头侧窝。颜面隆起全长具纵沟。复眼纵径为眼下沟长的 1.64 倍。前胸背板中隆线明显,侧隆线近平行(图137,①),沟前区高于沟后区,后横沟切断中隆线。雄性前翅到达后足股节的 4/5 处,前缘脉域基部有宽的白色纵纹,顶端中央具凹口;雌性前翅呈鳞片状(图137,②),侧置,黑色条较宽(在径脉域和中脉域),与中央白色纵条纹分离。雌、雄两性中胸腹板侧叶间中隔较宽,中隔的长约等于其最狭处的 1.25 倍(图137,③)。后足第 1 跗节与第 3 跗节等长(图137,④)。雄性腹部末节尾片呈圆形(图137,⑤)。雄性下生殖板呈短锥形,顶端明显变细(图137,⑥)。雌性上、下产卵瓣外缘具细齿(图137,⑦)。雄性阳茎背片如图 137,⑧。

分布:内蒙古赤峰市阿鲁科尔沁旗、呼和浩特市、呼伦贝尔市、兴安盟、锡林郭勒盟、阿拉善盟,北京,甘肃,陕西,河北。

彩图117 日本鸣蝗(条纹鸣蝗) *Mongolotettix japonicus vittatus* (Uvarov)
1.背面观(雄性);2.侧面观(雄性);3.侧面观(雌性);4.背面观(雌性)

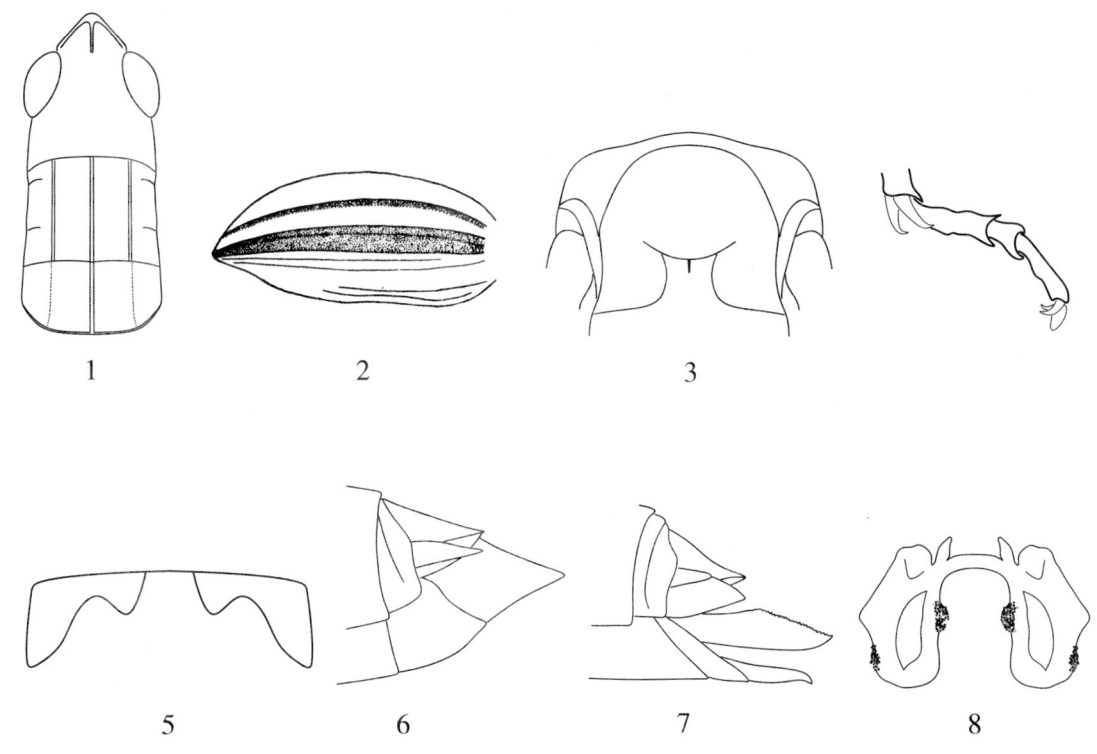

图 137　日本鸣蝗(条纹鸣蝗) *Mongolotettix japonicus vittatus* (Uvarov) (1～8)

1.头、前胸背板背面观(雄性);2.前翅(雌性);3.中胸腹板腹面观(雄性);4.后足跗节;5.腹部末节背板(雄性);6.腹部末端侧面观(雄性);7.腹部末端侧面观(雌性);8.阳茎基背片

(十九)剑角蝗亚科 Acridinae MacLeay, 1821

体中大型,细长。颜面与头顶成锐角。头大而长,等于或明显长于前胸背板。头顶前缘无细纵沟。触角呈剑状,位于侧单眼的前方。头侧窝缺或明显。前胸腹板平坦。前、后翅发达,超过后足股节末端。后足股节细长,不善跳跃,上基片长于下基片,上侧上隆线无细齿,外侧中区具不甚明显的羽状隆线。鼓膜器发达。发音为后翅—前翅型,飞翔时相互摩擦发音。阳具基背片略呈桥状。

内蒙古有 1 个属:剑角蝗属 *Acrida* Linnaeus。

51. 剑角蝗属 *Acrida* Linnaeus, 1758

Acrida Linnaeus, 1758. Syst. Nat. (ed. X.) p. 427.

模式种: *Acrida turrita* Linnaeus, 1758

体大型或中大型,细长。头呈长圆锥形,明显长于前胸背板。颜面极倾斜,头顶端极向前突出。缺头侧窝。触角呈剑状。复眼着生于头部近前端。前胸背板侧隆线近直,几乎平行,后缘中央呈锐角形突出。前翅发达,狭长,顶端尖。前翅与后翅几乎等长。后足股节上下膝片端部具尖锐刺。雄性下生殖板呈长锥形,雌性下生殖板后缘有3个突起。

本属内蒙古有3个种:中华剑角蝗(中华蚱蜢)*Acrida cinerea* (Thunberg)、弯尾剑角蝗 *Acrida incallida* Mistchenko、柯(科)氏剑角蝗 *Acrida kozlovi* Mistshenko。

内蒙古草地常见剑角蝗属 *Acrida* Linnaeus 分种检索表

1(2)前胸背板侧片后下角呈锐角形,向后突出(图138,①);侧片后缘下部具有几个尖锐结节 ··· 中华剑角蝗(中华蚱蜢)*Acrida cinerea* (Thunberg)

2(1)前胸背板侧片后下角呈圆形或角形,不向后突出;侧片后缘下部平坦 ··· 柯(科)氏剑角蝗 *Acrida kozlovi* Mistshenko

(118)中华剑角蝗(中华蚱蜢)*Acrida cinerea* (Thunberg, 1815)(彩图118)

Truxalis cinerea Thunberg,1815. Mem. Acad. Pedersb. ,Ⅴ:p. 263.

Acrida csikii Bolivar,1901. Zichy,3-tes Asiat. Forschungsreise,Ⅱ. p. 228,n. 7.

Acrida korieana antennata Mistshenko,1951. in Bei-Bienko and Mistshenko,1951. Opred Fauna SSSR. 40:401.

Acrida turrita v. koreana Ikonikov,1913. Korea Acrid. :10.

Truxalis chinensis Westwood,1842. Nat. Hist. Ins. China p. 22.

雄性体长30.0～47.0mm,雌性体长58.0～81.0mm。体中大型,绿色或枯草色,沿前翅中脉域具黑褐色纵纹,沿前翅中闰脉具1列较细的淡色斑点,后翅淡绿色。头呈圆锥形。颜面隆起极狭,全长具浅纵沟;头顶突出,顶端圆(图138,①)。触角呈剑状。复眼呈长卵形。有的个体复眼之后、前胸背板侧片上部、前翅肘脉域具宽的淡红色纵纹。前胸背板宽平,具细小颗粒;侧隆线近直,在沟后区较分开;后横沟直,在前胸背板中部略后处穿过;侧片后缘较凹入,下部具几个尖锐的结节。前翅发达,超过后足股节的顶端。后足股节顶端尖锐(图138,②)。鼓膜器内缘直,较圆形。跗节爪中垫超过爪的顶端。雄性下生殖板较粗,上缘直,上下缘成45度角(图138,③)。雌性下生殖板后缘中突与侧突等长(图138,④);产卵瓣短粗,上产卵瓣上外缘无细齿(图138,⑤)。雄性阳茎基背片如图138,⑥,阳茎复合体如图138,⑦。

分布:内蒙古赤峰市阿鲁科尔沁旗、呼和浩特市、呼伦贝尔市、兴安盟、锡林郭勒盟、乌兰察布市、鄂尔多斯市,北京,甘肃,陕西,四川,云南,贵州,山西,河北,山东,江苏,安徽,浙江,福建,江西,湖北,海南,广东,广西,宁夏。

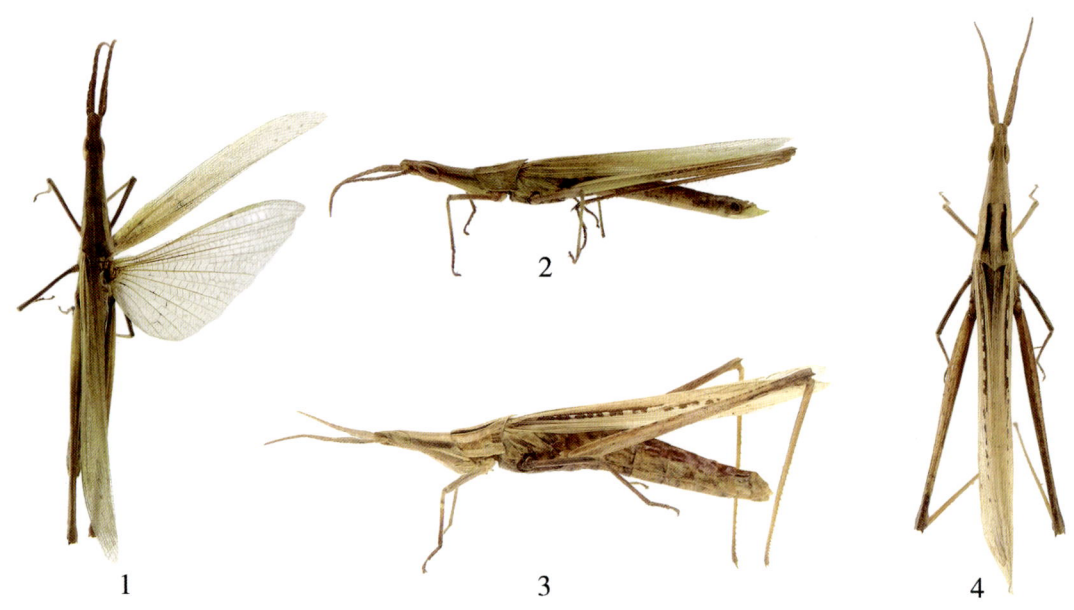

彩图 118　中华剑角蝗（中华蚱蜢）*Acrida cinerea* Thunberg
1.背面观（雄性）；2.侧面观（雄性）；3.侧面观（雌性）；4.背面观（雌性）

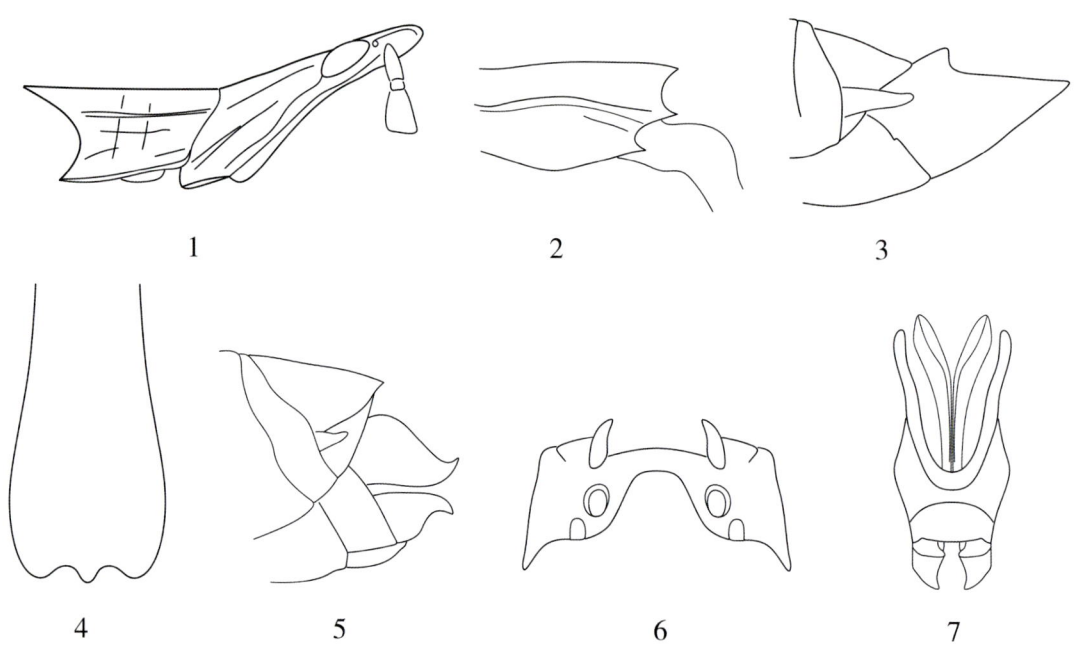

图 138　中华剑角蝗（中华蚱蜢）*Acrida cinerea* Thunberg（1～7）
1.头、前胸腹板侧面观（雄性）；2.后足股节膝部（雄性）；3.腹部末端侧面观（雄性）；4.下生殖板（雌性）；5.腹部末端侧面观（雌性）；6.阳茎基背片；7.阳茎复合体

(119) 柯(科)氏剑角蝗 Acrida kozlovi Mistshenko, 1951 (彩图119)

Acrida kozlovi Mistshenko,1951. in Bei-Bienko and Mistshenko,1951,Opred Fauna SSSR. 40:400.

雄性体长35.0～39.0mm,雌性体长60.0～65.0mm。体细长,绿色或枯草色。头钝圆锥形(图139,①),明显长于前胸背板。颜面颇向后倾斜。颜面隆起明显,全长具细纵沟。头顶较长,自复眼前缘到头顶端的距离等于复眼的最大直径。触角呈剑状(图139,②)。前胸背板较宽平,沟前区与沟后区等长;中隆线和侧隆线均明显,侧隆线向后明显展开,两侧隆线间的最大宽度明显大于最小宽度。前胸背板侧片后下角较圆,无结节。中胸腹板侧叶间中隔较狭,长为最小宽的2.5倍(图139,③)。后胸腹板侧叶分开。前翅发达,超过后足股节端部,顶端尖锐,基部具密的网状脉,中脉域的闰脉明显。后翅略短于前翅,呈三角形。后足股节细长,内侧上膝片略长于外侧上膝片。后足胫节缺外端刺。鼓膜片内缘直,呈圆形(图139,④)。雄性下生殖板呈锥形(图139,⑤)。雌性下生殖板后缘具3个突起,中突与侧突几等长。其余特征相似于雄性。雄性阳茎基背片如图139,⑥,阳茎复合体如图139,⑦。

分布:内蒙古呼伦贝尔市、兴安盟。

彩图119 柯(科)氏剑角蝗 Acrida kozlovi Mistshenko
1.背面观(雄性);2.侧面观(雄性);3.侧面观(雌性);4.背面观(雌性)

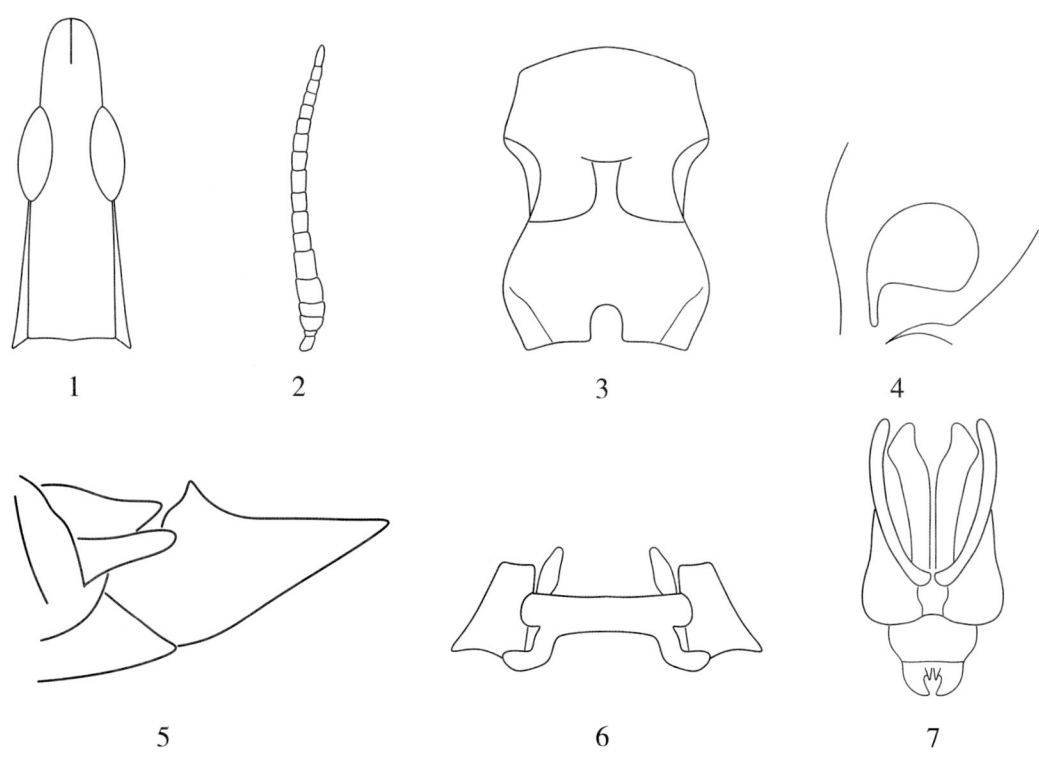

图 139 柯(科)氏剑角蝗 *Acrida kozlovi* Mistshenko (1～7)

1.头部背面观(雄性);2.触角(雄性);3.中、后胸腹板腹面观(雄性);4.鼓膜器;5.腹部末端侧面观(雄性);6.阳茎基背片;7.阳茎复合体

第三章 蝗虫卵及卵囊

一、蝗虫卵

蝗虫的卵通常是圆柱状,中部较粗,有时略弯曲,向两端渐细,顶端呈钝圆或狭圆形(图140)。卵壳外表光滑或粗糙,常因蝗虫的种类不同而具有不同的花纹和不规则的瘤状突起,以及具隆脊围成的网状花纹小室。在围成网状小室隆脊的交接处、网状花纹小室中央及隆脊的交接处也具有小瘤状突起等。这些花纹有的很稳定,有的则随着卵的发育而变化。在卵的一端具有卵孔组成的卵孔带。卵孔通常开口于平坦的卵壳表面,多呈漏斗状,有的则开口于丘状突起物端部的中央。

二、卵囊

卵囊的结构可分五部分(图140):

1. 卵囊盖:在卵囊顶部由泥土或一层胶质薄膜所形成的卵囊盖。若虫孵化时,将卵囊盖顶开逐个爬出卵囊。卵囊盖因种类不同而形状各异,有的两面皆平,有的两面皆凹,还有的一面凸、一面凹等。如果没有卵囊盖,则顶部为胶质粘液所成。

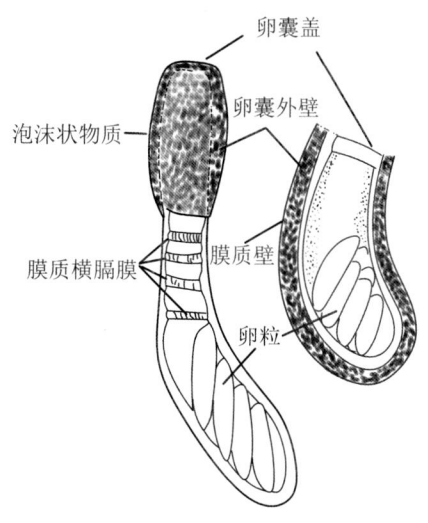

图140 蝗虫卵囊构造(仿郑哲民)

2.卵囊外壁：由泡沫胶质、膜质并黏附泥土所组成,在卵囊的不同部位由不同的材料形成外壁。

3.泡速状物质：雌虫产卵时分泌的一种粘液,经硬化后成为一种海绵状的泡沫体,填于卵粒之间及卵囊中没有卵粒的部分。泡沫体多在卵囊的上部,因种类不同而有差异,也有完全没有泡沫物质的。

4.膜质的横隔膜:将卵囊泡沫体之下和卵粒之上的空间分成几个小室的膜,称为膜质横隔膜。如狭条戟纹蝗的卵囊即是如此。

5.卵室:卵囊内部的下端为卵室,内藏有卵粒。因蝗虫的种类不同,卵粒的多少、排列的行数、与卵囊壁所成的角度、卵粒的色泽以及卵粒外壳的花纹等特征有明显的差异。

第四章 蝗蝻龄期的识别

蝗蝻(蝗虫若虫)是蝗虫发育的第二个阶段。蝗虫在若虫期身体较小,翅尚未长成,活动力较弱,但在此阶段,食量会随着生长而增加,也是危害牧草和农作物的主要危害期。为了减少作物的损失,应有效地消灭蝗虫,最好将其消灭在蝗蝻阶段(若虫期)。在草原保护工作中,要把握防治的有利时机,识别蝗蝻的龄期非常重要。蝗虫在生长发育过程中要进行蜕皮,当蝗蝻从卵壳内孵出脱掉一层白色薄皮后即到一龄期,再继续长大到一定程度,就蜕第二次皮,即到二龄,以后每蜕一次皮就增加一龄。不同的蝗虫龄期不同,同一种蝗虫也因雌雄而会有龄期的差别(一般雌性较雄性多一个龄期)。蝗虫的若虫发育期一般为五龄,个别蝗虫也有六龄。龄期的差异除体长随龄期的增长而增长外,触角的节数、长度,翅芽的形态、长度,前、后翅的位置以及足的长度等都是识别蝗蝻的主要特征。

蝗蝻龄期识别检索表

1 无翅芽或翅芽仅在两侧(图141,①~③) ·· **幼龄期**

2 触角不多于13或14节,无翅芽或略可见,翅芽长度不到前胸背板的后下角(图141,①) ········ **一龄期**

3 触角15~22节,翅芽明显,翅芽顶端指向中胸背板及后胸背板的后下方,翅芽上的翅脉可见或明显。

4 触角17~19节,翅芽顶端指向下方,翅脉略可见,但很稀少(图141,②) ·············· **二龄期**

5 触角17~22节,翅芽顶端明显指向后下方,翅脉数目增多(图141,③) ················ **三龄期**

6 翅芽很明显伸向前胸背板后方并向背部合拢 ··· **老龄期**

7 翅芽短于前胸背板或接近前胸背板之长,前翅在内侧,显著短于外侧的内翅。触角20~25节(图141,④)
·· **四龄期**

8 翅芽不短于前胸背板,并常超过,前翅(内侧的翅芽)不短于或稍短于后翅(外侧的翅芽)。触角22~26节
(图141,⑤) ·· **五龄期**

  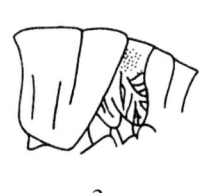  

　　　1　　　　　　2　　　　　　3　　　　　　4　　　　　　5

图141　蝗蝻龄期识别(仿Chopard)

1.一龄;2.二龄;3.三龄;4.四龄;5.五龄

第五章　蝗虫生物学简介

一、交配

雌、雄蝗虫性成熟后，开始交配。交配时雄性爬到雌性体背面，紧抱雌性的前胸背板，晃动腹部末端，从雌性腹部侧面将交接刺插入雌性生殖器中进行交配。交配时间一般维持在几个小时，最长可达16～18小时。交配时，雄性一般不取食，有时通过摩擦前翅或后足股节内侧发声。雌性一生中可多次交配，一般在20～25次，最多可超过40次。

二、产卵

雌性在体内受精卵成熟后开始产卵。雌性产卵前首先选择适当的产卵场所，之后用两对产卵瓣在产卵地钻土后将腹部全部插入土中，将卵逐粒产出，同时分泌胶状液筑造卵囊将其包裹（雌性产完卵后不会立即离开，还要用后足推拨土粒以填平产卵孔道）。

三、孵化、蜕皮和羽化

受精卵胚胎发育完成后，若虫（蝗蝻）将破卵壳而出。孵化是指由卵内胚胎发育完成后的若虫破壳而出的现象。若虫出卵壳后经过一段时间后开始蜕皮。蜕皮是指蝗蝻形成新表皮后将旧表皮蜕去的过程。蝗蝻每脱一次皮，即增加一个龄期。龄期是指蝗蝻相邻两次蜕皮所经历的时间。最后一次蜕皮羽化变为成虫。

蝗虫若虫的龄期一般为4～6个，大多数为5个。蝗虫的龄期因种类的不同而有所差异。

四、变态与生活史

蝗虫是不完全变态昆虫，一生要经历卵、若虫（蝗蝻）和成虫。蝗虫从卵开始发育到性器官成熟并开始产卵为止为一个生活周期或者生活史，又称为一个世代（简称一代）。发生世代的次数与蝗虫种类、分布及所处的温度、湿度密切相关。蒙古高原的蝗虫一年仅发生一代，如亚洲小车蝗（*Oedaleus decorus asiaticus*）、白边痂蝗（*Bryodema luctuosum*）、皱膝蝗属（*Angaracris* ssp.）及雏蝗属（*Chorthippus* ssp.）等。

五、食性

蝗虫是植食性昆虫，不同种蝗虫的食性有较大差异，对不同的食物也有不同的选择性，如毛足棒角蝗（*Dasyhippus barbipes*）、宽翅曲背蝗（*Paracyptera microptera meridionalis*）、小车蝗属（*Oedaleus* ssp.）喜食羊草（*Leymus chinensis*），短星翅蝗（*Calliptomus abbreviatus*）和鼓翅皱膝蝗（*Angaracris barabensis*）等喜食冷蒿（*Artemisia frigida*）、变蒿（*Artemisia commutata*）和砂韭（*Allium bidentatum*）等。

第六章 蝗虫标本的采集制作和保存

一、准备工作

1. 采集地、采集时间和路线的选定:采集地和采集路线的选定是标本采集前的一项主要的准备工作,不同的采集目的和任务,应选择不同的采集地点和采集路线。如草地蝗虫的调查一般选择在不同的生态环境、植被类型的采集区,如痂蝗类(*Bryodema*)蝗虫多生活在植被稀疏、雨量稀少的干旱地区,幽蝗属(*Ognevia*)蝗虫和素色异爪蝗(*Euchorthippus unicolor*)多生活在较潮湿的灌丛和草甸环境,翘尾蝗(*Primnoa*)和无翅蝗属(*Zubovskia*)蝗虫多生活在山地林区等;又如农田蝗虫的采集要选择在不同的作物区。因此,根据采集目的和任务的不同制定不同的采集方案。

2. 采集用具的准备:蝗虫标本的采集用具与其他昆虫标本所用的采集用具基本相似,可以参考其他昆虫采集所用的设备仪器。

二、蝗虫标本的采集

1. 扫网采集较为简单。使用结实的标准捕虫网直接扫网,是草原蝗虫标本最常用的采集法。值得注意的是,在扫网采集后应及时取出网中的标本,以免昆虫数量过多或杂物混杂造成标本逃漏或损坏。此外,在灌木尤其多刺植物多的灌丛环境中采集时易刺破网袋而影响采集质量。

2. 震落采集。敲击植物的枝干往往会使停憩其上的蝗虫受到惊吓而震落,可采到一些停落其上的蝗虫标本。震落采集时,一只手持木棒敲打灌丛,另一只手持一块用支架撑平的白布接获震落的蝗虫。为避免蝗虫逃脱,蝗虫掉落在布上后应及时将其捕捉。震虫布亦可用雨伞代替,为便于观察最好使用白色的雨伞。

3. 如采集到的蝗虫为若虫,最好把活体若虫带回实验室饲养,待发育为成虫后再制做成标本。

4. 网捕标本的处理。网捕采到的标本应立即置入毒瓶中毒死。简易的毒瓶制作,可选一支50毫升离心管,在离心管内放一团餐巾纸或脱脂棉,并将其按放在离心管底部,之后滴入适量的乙酸乙酯或乙醚即可。乙酸乙酯不应过量,过多的化学试剂会使标本褪色。在操作时,将捕获的活蝗虫放进毒瓶并立即盖严瓶塞后进行2~3小时的毒杀。毒杀后的标本应及时从瓶中取出并平放在"面层"上,贴上采集标签(包括采集地、采集日期、采集者、采集地生境、海拔高度及经纬度等)予以保存。对于体形较大的蝗虫也可以在其胸、腹部补充注射乙醇,将其彻底毒死。需要注意的是,蝗虫在毒瓶中挣扎可能导致足及触角等断落,这些断肢亦应保留。目前,毒杀蝗虫常用的麻醉剂是发挥性较强的乙醚和乙酸乙酯。这些麻醉剂对人畜都有一定的毒性,因此使用这些药品时一定要注意安全,千万不能麻痹大意。

5. 标本的保存。毒杀后的标本可放于棉层上,而小型标本可直接放置在三角袋中,有时也可浸泡在75%~80%乙醇中予以保存,但浸泡时间不宜过长,以免标本褪色。标本完全干燥后可长时间存放,待需要时取出并放入回软缸内回软,以备标本的制作。此外,也可以把毒杀后的标本放在纸上并滴少量的乙醇后放入密封袋中保存,短期内可防止标本腐烂。如需较长时间保存,最好将标本放入冰柜。除此之外,研究分子用的标本或不担心褪色的标本,亦可直接浸泡在所需浓度的乙醇中予以保存。长时间在乙醇中浸泡的标本会出现严重的干瘪变形的情况,不利于进一步观察。

三、蝗虫标本的制作

高质量的标本不仅是科学研究的基础,也可为大众提供直观的科普信息。蝗虫标本的制作方法较简单。制作标本所用工具通常有昆虫针、三级台、展翅板、镊子、剪子及硫酸纸等。标本制作前,首先要清理标本表面的杂物和污渍,对于腹部较大的标本,建议用剪子从腹部一侧的节间膜切开一个小口,用镊子取出消化道等内脏,之后用适量的脱脂棉填满腹腔,避免标本再度腐烂。在操作时,应避免将腹部末端的外生殖器等结构破坏,雌性个体腹中剖出的成熟卵粒亦要小心取出,并放入75%~80%的乙醇离心管中浸泡,日后用于标本的进一步鉴定。

1. 回软好的标本从回软缸中取出后,首先用镊子轻轻摆动其足、翅、触角等部位,若正常,则将标本平放在三级台最上方的台级上(高约24mm),然后根据虫体大小,选择适度粗细的昆虫针插入蝗虫前胸背板右下侧的部位(彩图120)。

2. 将针插好的标本固定在展翅板上,用镊子细心正姿好标本的足、触角等部位,同时用镊子

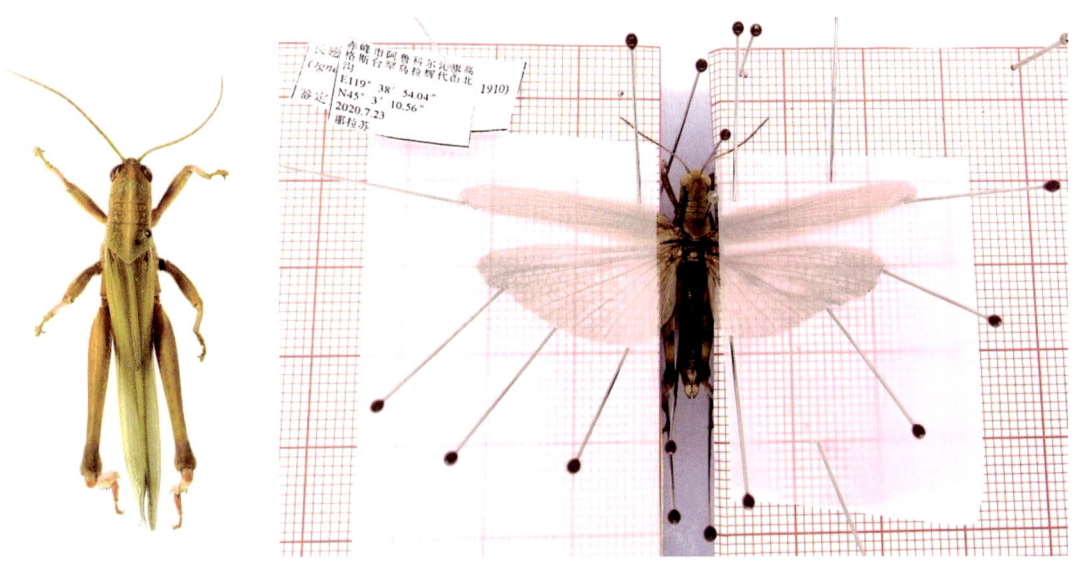

彩图120　蝗虫针插位置及展翅

小心地展开标本一侧的前、后翅（最好打开右侧前、后翅），展翅时后翅前缘尽可能垂直于虫体，并将前翅后缘与后翅前缘尽可能相接，然后用适当宽的硫酸纸压平在展开的翅上，用昆虫针沿翅侧缘压平并固定在展翅板上（彩图120）。对于无翅或无须展翅的个体，可将昆虫针直接插入标本前胸背板右下侧。注意，展翅时前、后翅不能相折叠，以免影响对翅脉的观察。

3. 为方便观察，固定足时尽量将后足小幅扯离腹部，以便于观察听器结构。

4. 制做好的展翅标本放在干燥、通风的阴凉处，避免强光直射而使标本褪色。在保存标本时也应注意标本虫的蛀蚀。在内蒙古，标本的干燥时间通常为5～7天。如用干燥箱干燥，温度不应过高，以免烧坏标本。待标本完全干燥后，小心拔出固定标本的昆虫针，写好采集标签后予以保存。标签应注明采集地点（经纬度、海拔等）、日期、采集人等信息。标签不宜过大，通常要小于昆虫体宽的2倍。除此之外，研究用标本须填写鉴定标签和标本编号。

四、蝗虫标本的永久保存

制好的标本应及时放置在标本盒中。标本盒要求密封，以避免标本虫的侵入。潮湿标本室要注意防潮防霉，如条件允许，首先要将标本放入冰箱中冷冻2～3天，待杀死皮蠹、窃蠹、啮虫等标本虫后存放。为避免光照和标本虫的蛀蚀，尽量将标本盒存放在标本柜内。一旦在标本柜内发现蛀本虫时，应将标本盒冷冻用以杀虫或用杀虫药剂灭虫。

五、蝗虫密度调查

蝗虫的密度调查是蝗灾的预测预报、蝗虫生物学和生态学研究中的一项主要工作，在大量调查资料的基础上，进行数据处理和综合分析，科学地掌握和预报某一特定生态环境下蝗虫的发育期、发生量、发展动态和危害程度，为蝗灾中、长期防治提供科学依据。

调查蝗虫的密度时，应根据调查地的地形和蝗虫龄期、飞行能力等因素而采用随机取样的方式，如目测法、百步扫网法等。在植被稀疏的平坦地，蝗蝻多或飞行能力较弱且体小的蝗虫数量多时，可采取样方取样法进行密度调查；在地形复杂，植被密度大或蝗虫飞行能力较强的蝗虫群落调查时，多采用百步扫网法。在蝗虫种类多且发育期复杂的地区内进行密度调查时，两种方法可兼用。样方取样法，一般采用100cm×100cm的样方框（也可采用50cm×50cm）以"Z"字形式、棋盘式及对角线式取样法取样（图142）。根据草原蝗虫调查相关标准，样方数量为：草场面积5万亩时，取样数（样方数）大于10个；草场面积5～10万亩时，取样数大于15个；草场面积10～20万亩时，取样数大于20个；草场面积20～50万亩时，取样数大于30个；草场面积50～100万亩时，取样数大于50个；草场面积100万亩以上时，取样数也应大于50个。百步扫网法采用的捕虫网直径一般为30cm，网把一般长130cm，标准的摆网100步为一个取样单位。取样结束后记录好该样地草场类型、植被情况、天敌种类数量等自然环境概况，并将样方框和捕虫网内所获取的蝗虫标本全部带回实验室，进行种类鉴定和数量统计分析工作。

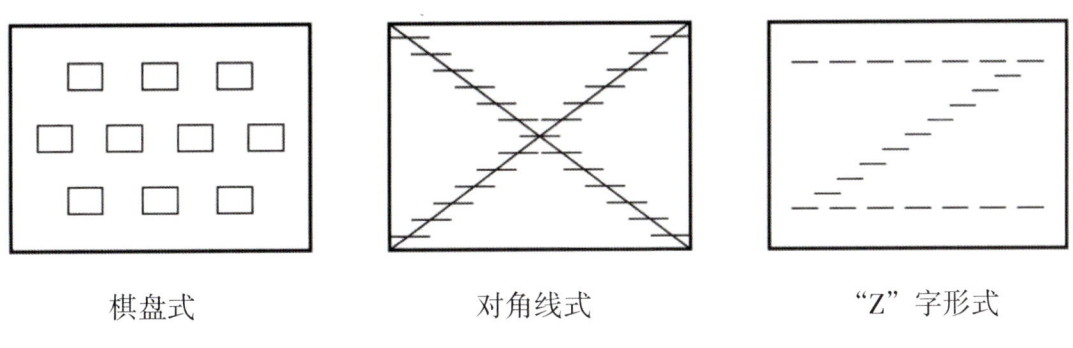

棋盘式　　　　　　　对角线式　　　　　　"Z"字形式

图 142　蝗虫密度调查取样法

彩图 121　在野外调查蝗虫密度

参考文献

[1] 李鸿昌,夏凯龄等.2006.中国动物志 昆虫纲第四十三卷 直翅目:蝗总科:斑腿蝗科.北京:科学出版社.1～736.

[2] 李鸿昌,郝树广,康乐.2007.内蒙古地区不同景观植被地带蝗总科生态区系的区域性分析.昆虫学报,50(4):361～375.

[3] 李鸿昌,陈永林.1988.内蒙古典型草原亚带锡林河流域蝗虫区系的研究.草原生态系统研究,第二集,20～40.

[4] 马耀,李鸿昌,康乐.1991.内蒙古草地昆虫.西安:天则出版社.1～467.

[5] 能乃扎布等.1999.内蒙古昆虫.呼和浩特:内蒙古人民出版社.1～506.

[6] 吴虎山,能乃扎布.2008.呼伦贝尔市草地蝗虫.北京:农业出版社.1～175.

[7] 夏凯龄等.1994.中国动物志 昆虫纲第四卷 直翅目:蝗总科:癞蝗科、瘤锥蝗科、锥头蝗科.北京:科学出版社.1～340.

[8] 夏凯龄.1957.中国蝗虫分类概要.北京:科学出版社.1～239.

[9] 任炳忠.2001.东北蝗虫志.长春:吉林科学技术出版社.1～192.

[10] 任炳忠.松嫩草原蝗虫生物、生态学.长春:吉林科学技术出版社。

[11] 印象初,夏凯龄等.2003.中国动物志 昆虫纲第三十二卷 直翅目:蝗总科:槌角蝗科、剑角蝗科.北京:科学出版社.1～340.

[12] 郑哲民,夏凯龄等.1998.中国动物志 昆虫纲第十卷 直翅目:斑翅蝗科、网翅蝗科.北京:科学出版社.1～616.

[13] 郑哲民,万立生.1993.宁夏蝗虫.西安:陕西师范大学出版社.1～147.

[14] 郑哲民.1985.云贵川陕宁地区的蝗虫.北京:科学出版社.1～405.

[15] 陈永林.2019.中国蝗虫研究.湖北科学出版社.武汉:1～239.

[16] 白文辉.1985.徐绍庭.内蒙古草原昆虫名录.中国草地.1:41～47.

[17] 刘举鹏.1990.中国蝗虫鉴定手册.西安:天则出版社.

[19] 夏凯岭.1957.中国蝗虫分类概要.北京:科学出版社.

[20] Chogsomzhav L.,1974 Orthopterea of the West and South Mongolia. Insects of Mongolia. II:23～33

[21] Latchininsky A. V. et al. 2002 Grasshoppers of Kazakhstan. Middle Asia and adjacent regions. 1～387

[22] Lep P. A., 1986, Key to the Insects of the Far East regions of USSR. I:241～317

[23] Altanchimeg D, and Nonnaizab,2013 Grasshoppers (Acridoidea) of Mongolian Plateau. In:Zhang L et al. (Eds) Orthoptera in scientific progress and human culture. 11th International congress of Orthopterology, Kunming (China), 11～15th, August 2013[J]. Metaleptea-The newsletter of the

Orthopterists' Society (special issue), 81~82 pp.

[24] Bey-Bienko, G. Y., 1926 Notes on some Orthoptera from Palaearctic Asia[J]. Transactions Siberian Academic Agriculture Forest 8(6):1992 11[In Russian].

[25] Bey-Bienko, G. Y., 1930 A monograph of the genus *Bryodema* Fieb. (Orthoptera, Acrididae) and its nearest allies [J]. Annuaire du Musée Zoologique dl'Académie Impériale des Sciences de Sant-Pétersbourg, 31(1):71127. Plates XVIII—XX. [In Russian]

[26] Bey-Bienko, G. Y., 1932 Notes on the genus *Compsorhipis* Sauss. (Orthoptera:Acrididae) [J]. A Journal of Taxonomic Entomology, 1:8284. [In Russian]

[27] Bey-Bienko, G. Y., and Mistshenko, L. L., Locusts and Grasshoppers of the U. S. S. R. and Adjacent Countries[J]. Moskva, Leningrad, 1951, 385, 667:1~291 [In Russian].

[28] Mistshenko, L. L, 1974, Blattoptera, Mantoptera, Orthoptera (Grylloiodea und Tridactyloidea), Dermaptera aus der Mongolei[J]. (Ergebnisse der zool. Forsch. von Dr. Kaszab in der Mongolei). Ann. Hist.-Nat. Mus. Nat. Hung., Tom 66. 150~154.

[29] Mistshenko, L. L. (Мищенко Л. Л.). 1967 Orthopteroid insects (Orthopteroidea) collected by the entomological expedition of the zoological institute, USSR academy of sciences in the Mongolian People's Republic in [J]. Entomological Review, 1968, 47:482, 498. [In Russian].

中名索引

二画

八纹束颈蝗 109，117

三画

大兴安岭雏蝗 168，175
大赤翅蝗 100
大足蝗属 185
大垫尖翅蝗 88
大胫刺蝗 103
小无翅蝗 53
小车蝗属 83，96
小赤翅蝗 100，101
小垫尖翅蝗 88，90
小胫刺蝗 103，104
小翅雏蝗 167，168
飞蝗亚科 66
飞蝗属 66，67

四画

无齿稻蝗 38，39
无翅蝗属 53
友谊贝蝗 24
戈壁蒙癞蝗 26
日本鸣蝗 207，209
日本稻蝗 38，40
中华剑角蝗 211
中华蚱蜢 211
中华雏蝗 148，150
中华稻蝗 38，39

中宽雏蝗 157
贝氏束颈蝗 108，112
贝蝗属 11，23
毛足棒角蝗 195
长角雏蝗 167，170
长翅燕蝗 43
长翅幽蝗 43
长额负蝗 30

五画

甘蒙尖翅蝗 88，91
东方雏蝗 167，169
北方雏蝗 167，171
北极黑蝗 45
北京棒角蝗 195，197
四声跃度蝗 123，124
白边痂蝗 69，72
白边雏蝗 153
白纹翘尾蝗 48
白纹雏蝗 157，164
白膝网翅蝗 128，130
宁夏束颈蝗 108，112

六画

亚洲小车蝗 96
亚洲飞蝗 67
西伯利亚大足蝗 185，187
尖翅蝗属 83，87，88
曲线牧草蝗 141，145

曲背蝗属	120, 132	八画	
曲隆亚属	147, 156, 157	直背蝗属	201, 203, 204
网翅蝗	128, 129	直隆亚属	147, 153
网翅蝗科	10, 120	刺胸蝗亚科	35, 55
网翅蝗亚科	120	轮纹异痂蝗	79, 81
网翅蝗属	120, 127, 128	呼城雏蝗	157, 158
负蝗亚科	27, 30	呼盟金色蝗	202
负蝗属	30	呼盟跃度蝗	123
米氏鸣蝗	207	鸣蝗属	201, 207
米纹蝗属	121	牧草蝗属	121, 140
兴安迷蝗	206	侧翅雏蝗	148, 151
异爪蝗属	121, 177	金色蝗属	201, 202
异色雏蝗	157, 161	肿脉蝗属	121
异痂蝗亚科	66, 79	疣蝗属	11, 17
异痂蝗属	79	河边痂蝗	69, 71
红股秃蝗	51	沼泽蝗	86
红胫牧草蝗	140, 145	沼泽蝗属	83, 86
红胫雏蝗	148, 152	细距蝗	118
红翅瘤蝗	36	细距蝗属	83, 118
红缘短鼻蝗	14, 16		
红腹牧草蝗	141, 143	九画	
红褐斑腿蝗	58	垛背蝗亚科	10
		草地蝗属	121, 138
七画		草绿蝗属	83, 84
赤翅蝗属	83, 99, 100	柯(科)氏剑角蝗	211, 213
花胫绿纹蝗	93, 94	柯氏无翅蝗	53
李氏大足蝗	185	柳枝负蝗	30, 33
束颈蝗属	83, 107, 108	星翅蝗亚科	35, 60
丽突鼻蝗	21, 22	星翅蝗属	60
秃蝗亚科	35, 46, 47	蚁蝗属	184, 198
秃蝗属	47, 51	幽蝗属	42, 43
邱氏异爪蝗	178, 179	科氏痂蝗	70, 75
条纹异爪蝗	178, 181	剑角蝗亚科	201, 210
条纹鸣蝗	207, 209	剑角蝗科	10, 200, 201
条纹草地蝗	138	剑角蝗属	210, 211

胫刺蝗属　　83，102，103
狭翅跃度蝗　　123，125
狭翅雏蝗　　157，165
疣蝗　　106
疣蝗属　　83，105，106
迷蝗属　　201，205
突鼻蝗属　　11，20，21
突颜蝗属　　11，19
贺兰山蛛蝗　　189，194
贺兰疙蝗　　17

十画

素色异爪蝗　　178，182
盐池束颈蝗　　108，109
根河雏蝗　　167，174
夏氏雏蝗　　157，163
柴达木束颈蝗　　108，109
蚍蝗属　　121，134
皱膝蝗属　　69，76
痂蝗亚科　　66，68
痂蝗属　　68，69
宽须蚁蝗　　198，199
宽翅曲背蝗　　132
宽隔蛛蝗　　189，192

十一画

黄胫小车蝗　　96，98
黄胫异痂蝗　　79
跃度蝗属　　120，122，123
笨蝗　　12
笨蝗属　　10，12
隆额网翅蝗　　128
绿纹蝗　　93
绿纹蝗属　　83，92
绿牧草蝗　　140，141

绿洲蝗亚科　　201

十二画

斑翅蝗亚科　　66，82
斑翅蝗科　　9，65
斑简蚍蝗　　134，137
斑腿蝗亚科　　35，57
斑腿蝗科　　9，34，35
斑腿蝗属　　57，58
葱色草绿蝗　　84
棒角蝗属　　184，195
棉蝗　　55
棉蝗属　　55
雅丽束颈蝗　　108，111
翘尾蝗　　48，49
翘尾蝗属　　47，48
裴氏短鼻蝗　　14
蛛蝗　　189，193
蛛蝗属　　185，189
黑肛蛛蝗　　189，191
黑翅亚属　　147，148
黑翅束颈蝗　　109，116
黑翅痂蝗　　70，73
黑翅雏蝗　　148
黑腿星翅蝗　　60，62
黑蝗亚科　　35，42
黑蝗属　　42，45
黑膝异爪蝗　　178
锈翅痂蝗　　69，74
短尾跃度蝗　　123，126
短星翅蝗　　60，61
短翅亚属　　147，166，167
短翅直背蝗　　204
短翅突颜蝗　　19
短鼻蝗属　　11，14

短额负蝗　　30，32

十三画

鼓翅皱膝蝗　　76，77
蒙古束颈蝗　　108，115
蒙古蚍蝗　　134
蒙古痂蝗　　69，70
蒙癫蝗属　　11，25，26
槌角蝗科　　10，184
槌角蝗亚科　　184
楼观雏蝗　　167，173
暗褐网翅蝗　　128，129
锡林蛛蝗　　189，190
锥头蝗　　28
锥头蝗亚科　　27
锥头蝗科　　9，27
锥头蝗属　　28
简蚍蝗　　134，136
雏蝗属　　121，147

意大利蝗　　60，64
裸蝗亚科　　35，53

十四画

赫氏突鼻蝗　　21
褐色雏蝗　　157，160
褐背蝗　　176
褐背蝗属　　176
翠饰雏蝗　　153，155

十五画

稻蝗亚科　　35，38
稻蝗属　　38
瘤背束颈蝗　　108，113
瘤蝗亚科　　35
瘤蝗属　　36

十八画

癫蝗科　　9，10

学名索引

A

Acrida 210,211
   cinerea 211
   kozlovi 211,213
Acrididae 10,200,201
Acridinae 201,210
Aeropedellus 189
   ampliseptus 189,192
   helanshanensis 189,194
   nigrepiproctus 189,191
   reuteri 189,193
   xilinensis 189,190
Aeropus 185
   licenti 185
   sibiricus 185,187
Aiolopus 83,92
   tamulus 93,94
   thalassinus 93
Altichorthippus 147,166,167
Angaracris 69,76
   barabensis 76,77
Arcyptera 120,127,128
   coreana 128
   fusca albogeniculata 128,130
   fusca fusca 128,129
Arcypteridae 10,120
Arcypterinae 120
Atractomorpha 30
   psittacina 30,33
   lata 30
   sinensis 30,32
Atractomorphinae 27,30

B

Beybienkia 11,23
   amica 24
Bryodema 68,69
   mongolicum 69,70
   heptapotamicum 69,71
   kozlovi 70,75
   luctuosum luctuosum 69,72
   nigroptera 70,73
   zaisanica fallax 69,74
Bryodemella 79
   holdereri holdereri 79
   tuberculatum dilutum 79,81
Bryodemellinae 66,79
Bryodeminae 66,68

C

Calliptaminae 35,60
Calliptamus 60
   abbreviatus 60,61
   barbarus cephalotes 60,62
   italicus 60,64
Catantopidae 9,34,35
Catantopinae 35,57
Catantops 57,58

pinguis 58
Celes 83,99,100
   skalozubovi akitanus 100
   skalozubovi skalozubovi 100,101
Chondracris 55
   rosea rosea 55
Chorthippus 121,147,153
Chorthippus (Altichorthippus) 166,167
   dahinganlingensis 168,175
   fallax 167,168
   genheensis 167,174
   hammarstroemi 167,171
   intermedius 167,169
   longicornis 167,170
   louguanensis 167,173
Chorthippus (Chorthippus) 153
   albomarginatus 153
   dichrous 153,155
Chorthippus (Glyptobothrus) 157
   albonemus 157,164
   apricarius apricarius 157
   biguttulus 157,161
   brunneus 157,160
   dubius 157,165
   hsiai 157,163
   huchengensis 157,158
Chorthippus (Megaulacobothrus) 148
   aethalinus 148
   chinensis 148,150
   latipennis 148,151
   rufitibis 148,152
Chrysacris 201,202
   humengensis 202
Chrysochraontinae 201
Compsorhipis 83,102,103

   bryodemoides 103,104
   davidiana 103
Confusacris 201,205
   xinganensis 206
Conophyminae 35,53
Cyrtacanthacridinae 35,55

D

Dasyhippus 184,195
   barbipes 195
   peipingensis 195,197
Dericorys 36
   annulata roseipennis 36
Dericorythinae 35

E

Eotmethis 11,19
   recipennis 19
Epacromius 83,87,88
   coerulipes 88
   tergestinus extimus 88,91
   tergestinus tergestinus 88,90
Eremippus 121,134
   mongolicus 134
   simplex maculatus 134,137
   simplex simplex 134,136
Euchorthippus 121,177,178
   cheui 178,179
   fusigeniculatus 178
   unicolor 178,182
   vittatus 178,181
Euthystira 201,203,204
   brachyptera brachyptera 204

F

Filchnerella 11,14
    beicki 14
    rubimargina 14,16

G

Glyptobothrus 147,156,157
Gomphoceridae 10,184
Gomphocerinae 184

H

Haplotropis 10,12
    brunneriana 12

L

Leptopternis 83,118
    gracilis 118
Locusta 66
    migratoria migratoria 67
Locustinae 66

M

Mecostethus 83,86
    grossus 86
Megaulacobothrus 147,148
Melanoplinae 35,42
Melanoplus 42,45
    Melanoplus (*Bohemanella*) 45
    frigidus 45
Mongolotettix 201,207
    japonicus vittatus 207, 209
    mistshenkoi 207
Mongolotmethis 11, 25, 26
    gobiensis gobiensis 26
Myrmeleotettix 184,198

    palpalis 198, 199

N

Notostaurus 121

O

Oedaleus 83, 96
    decorus asiaticus 96
    infernalis amurensis 96, 98
Oedipodidae 9,65
Oedipodinae 66,82
Ognevia 42,43
    longipennis 43
Omocestus 121,140
    haemorrhoidalis haemorrhoidalis 141,143
    petraeus 141,145
    ventralis 140,145
    viridulus 140,141
Oxya 38
    adentata 38,39
    japonica 38,40
Oxyinae 35,38

P

Pamphagidae 9,10
Pararcyptera 120,132
    microptera meridionalis 132
Podisma 47,51
    pedestris pedestris 51
Podisminae 35,46,47
Podismopsis 120, 122, 123
    angustipennis 123,125
    brachycaudata 123,126
    humengensis 123
    quadrasonita 123,124

Primnoa 47,48
    mandshurica 48
    primnoa 48,49
Pseudotmethis 11,17
    alashanicus 17
Pyrgomorpha 28
    conica deserti 28
Pyrgomorphidae 9,27
Pyrgomorphinae 27

R

Rhinotmethis 11,20,21
    hummeli 21
    pulchris 21, 22

S

Schmidtiacris 121,176
    schmidti 176
Sphingonotus 83,107,108
    beybienkoi 108,112
    elegans 108,111
    mongolicus 108,115
    ningsianus 108,112
    obscuratus latissimus 109,116
    octofasciatus 109,117
    salinus 108,113
    tzaidamicus 108,109
    yenchihensis 108,109
Stauroderus 121
Stenobothrus 121,138
    lineatus 138

T

Thrinchinae 10
Trilophidia 83,105,106
    annulata 106

Z

Zubovskia 53
    koeppeni 53